U1017024

国家出版基金项目
NATIONAL PUBLICATION FOUNDATION

生态气象系列丛书

丛书主编：丁一汇
丛书副主编：周广胜　钱　拴

河北生态气象

主编：石立新
副主编：李春强　赵春雷　甄晓菊

气象出版社
China Meteorological Press

内 容 简 介

本书是近年来河北生态气象的研究成果，由河北省气象与生态环境重点实验室组织科研人员编写完成。本书基于地面气象观测、飞机云水探测和多源卫星遥感等数据，结合数理统计、数值模拟和地理信息系统等技术，主要对河北省农业、城市、水体、林草等生态系统进行了分析和评估，特别对雄安新区生态气象和生态修复型人工影响天气的建设进行了阐述和总结。

本书可供气象、生态、环境、农林、水利、遥感等专业的科研、教学和业务人员参考使用。

图书在版编目（CIP）数据

河北生态气象 / 石立新主编 ; 李春强, 赵春雷, 甄晓菊副主编. -- 北京 : 气象出版社, 2024. 6. -- (生态气象系列丛书 / 丁一汇主编). -- ISBN 978-7-5029-8349-9

Ⅰ. P41

中国国家版本馆 CIP 数据核字第 2024YS5915 号

河北生态气象

Hebei Shengtai Qixiang

出版发行：气象出版社
地　　址：北京市海淀区中关村南大街 46 号　　**邮政编码**：100081
电　　话：010-68407112(总编室)　010-68408042(发行部)
网　　址：http://www.qxcbs.com　　**E-mail**：qxcbs@cma.gov.cn
责任编辑：黄海燕　　**终　　审**：张　斌
责任校对：张硕杰　　**责任技编**：赵相宁
封面设计：博雅锦
印　　刷：北京地大彩印有限公司
开　　本：787 mm×1092 mm　1/16　　**印　　张**：13.5
字　　数：355 千字
版　　次：2024 年 6 月第 1 版　　**印　　次**：2024 年 6 月第 1 次印刷
定　　价：135.00 元

本书如存在文字不清、漏印以及缺页、倒页、脱页等，请与本社发行部联系调换。

编委会

主　编：石立新

副主编：李春强　赵春雷　甄晓菊

编　委（按姓氏笔画排序）：

于长文　孙玉稳　吴国明　张　婧　杨晓亮

孟成真　赵玉广　赵佳玉　段　英　董晓波

前言

党的十八大以来，以习近平同志为核心的党中央站在中华民族永续发展的战略高度，作出了加强生态文明建设的重大决策部署。大自然是人类赖以生存发展的基本条件，尊重自然、顺应自然、保护自然，是全面建设社会主义现代化国家的内在要求。河北是京津冀生态环境支撑区，肩负着当好首都绿色生态屏障的重大使命。统筹推进山水林田湖草沙系统治理，加强生态保护和修复，持续提升生态系统功能，对于促进人与自然和谐共生、推动京津冀协同发展、建设天蓝地绿水秀的美丽河北具有重要意义。

气象工作关系生命安全、生产发展、生活富裕、生态良好。河北省气象与生态环境重点实验室近年来结合河北省生态文明建设需要，围绕城市、农田、森林、草原、湿地等典型生态系统开展了生态气象监测、研究和评估，取得了一系列研究成果，发挥了气象对生态环境改善的科技支撑作用。

本书由河北省气象与生态环境重点实验室组织科研人员编写，石立新担任主编，李春强、赵春雷和甄晓菊担任副主编。全书共包含 9 章内容，总体思路框架设计、主要内容安排以及全书的审稿、统稿、定稿等工作由石立新负责完成；第 1 章为绪论，由石立新、甄晓菊等主笔完成；第 2 章为气候特征，由张婧、杨铭、于长文、许启慧、康西言、井元元等主笔完成；第 3 章为主要气象与环境灾害，由杨晓亮等主笔完成；第 4 章为农业生态气象，由李春强、董航宇、代立芹、王鑫、司丽丽等主笔完成；第 5 章为城市生态气象，由赵玉广、李二杰、杨雨灵、焦亚音、赵春雷、孟成真、甄晓菊等主笔完成；第 6 章为水体生态气象，由赵春雷、孟成真、甄晓菊等主笔完成；第 7 章为森林草原生态气象，由孟成真、赵春雷、甄晓菊、吴国明等主笔完成；第 8 章为雄安新区生态气象，由于长文、高旭旭、赵佳玉、张弥、葛培、包恒鑫、赵春雷、孟成真等主笔完成；第 9 章为生态修复型人工影响天气，由段英、董晓波、孙玉稳等主笔完成。

本书的编写参考了国内外研究者的许多研究成果，在此深表谢意。本书由河北省创新能力提升计划科技研发平台建设专项(21567624H)资助，一并表示感谢。

衷心希望本书的出版能为河北省生态环境保护和修复提供技术支撑，也为相关的科研、教学和业务人员提供参考。由于生态气象涉及面广，本书存在着一定局限，研究还不够深入，欢迎专家学者提出宝贵意见。同时由于作者水平有限，书中瑕疵和纰漏在所难免，敬请读者不吝指正。

作者

2024 年 5 月

目录

第 1 章
绪 论

1.1 行政区划

河北省简称“冀”，省会石家庄，在战国时期大部分属于赵国和燕国，因此河北又被称为燕赵之地。辖石家庄、唐山、秦皇岛、邯郸、邢台、保定、张家口、承德、沧州、廊坊、衡水 11 个设区市和定州、辛集 2 个省直管县市及雄安新区，167 个县（市、区），2254 个乡镇（街道），48485 个行政村，5244 个社区，常住人口 7393 万人。

1.2 自然地理

河北省地处我国华北地区，位于 113°27′—119°50′E，36°05′—42°40′N，面积为 18.88 万 km^2。内环京津，外沿渤海，东南部、南部衔接山东、河南，西部与山西为邻，西北部、北部与内蒙古交界，东北部与辽宁接壤。

河北省地貌复杂多样，是中国唯一兼有高原、山地、丘陵、平原、盆地和海洋的省份，自然地理独特。河北省地势西北高、东南低，由西北向东南倾斜，有坝上高原、燕山和太行山山地、河北平原三大地貌单元。坝上高原属蒙古高原的一部分，地形南高北低，平均海拔 1200～1500 m，占全省总面积的 8.5%；燕山和太行山山地，包括中山山地区、低山山地区、丘陵地区和山间盆地 4 种地貌类型，海拔多在 2000 m 以下，高于 2000 m 的孤峰类有 10 余座，其中小五台山高达 2882 m，为全省最高峰，山地面积占全省总面积的 48.1%；河北平原是华北大平原的一部分，按其成因可分为山前冲洪积平原、中部中湖积平原和滨海平原 3 种地貌类型，海拔多在 50 m 以下，平原面积占全省总面积的 43.4%。

河北省河湖水系密布，有海滦河、辽河、内陆河 3 个一级流域，其中海滦河流域面积最大，包含 8 个二级水系。境内流域面积在 50 km^2 以上的河流 1386 条，年均径流总量 174.83 亿 m^3。大中型水库 65 座，共蓄水 45.91 亿 m^3。全省共有天然湖泊 35 个，其中常年水面面积在 1 km^2 及以上湖泊 23 个，白洋淀素有“华北明珠”的美誉，衡水湖享有“京南第一湖”之称。湿地类型涉及沿海滩涂、内陆滩涂、沼泽草地、灌丛沼泽、森林沼泽、沼泽地 6 种，面积 1411.67 km^2。

河北省属温带半湿润半干旱大陆性季风气候，四季分明。春季冷暖多变，干旱多风；夏季炎热潮湿，雨量集中；秋季风和日丽，凉爽少雨；冬季寒冷干燥，雨雪稀少。年平均降水量 505.6 mm，主要集中在夏季。年平均气温为 12.1 ℃，南北气温差异大。

1.3 环境资源

河北省林地面积 6.43 万 km^2，森林覆盖率 35%，森林主要分布在北部及西北部山区，森林生态系统类型自然保护地 130 处、79.61 万 hm^2，占陆域国土面积 4.22%；草地面积 1.94 万 km^2，草原综合植被盖度 73%，草原主要分布在坝上及西北山区，草原生态系统类型自然保护地 3 处、6.25 万 hm^2，占陆域国土面积 0.33%；湿地零散分布，主要分布在坝上、平原和沿海地区，山区有零星分布，湿地生态系统类型自然保护地 64 处、17.30 万 hm^2，占陆域国土面积 0.92%；海洋位于河北省东部，海洋生态系统类型自然保护地 3 处、4.81 万 hm^2，占管辖海域面积 6.66%；荒漠主要分布在坝上及燕山北部区域，荒漠生态系统类型自然保护地 3 处、0.71 万 hm^2，占陆域国土面积 0.04%。

河北省水资源多年平均 176.47 亿 m^3。其中地表水资源量 90.27 亿 m^3，地下水资源量 114.22 亿 m^3；人均及亩①均水资源量分别为 237 m^3 和 195 m^3。

河北省是农业大省、产粮大省，耕地资源总量较大，面积 6.09 万 km^2，居全国第 7 位，其中水田、水浇地占 66%，粮食总产量 3810 万 t，居全国第 7 位。冬小麦种植面积 3350 万亩，居全国第 4 位；玉米种植面积 5160 万亩，居全国第 6 位；蔬菜播种面积 1266 万亩，其中设施蔬菜 290 万亩，蔬菜总产量 5498 万 t，居全国第 4 位。

1.4 生态保护修复

河北省是京津冀生态环境支撑区，肩负着筑牢首都绿色生态屏障的重大使命。但由于自然和历史原因，存在着生态空间不足、生态环境脆弱、环境污染严重等问题。生态环境结构性矛盾突出，全省产业结构偏重、能源结构偏煤、交通运输结构偏公路，大气污染物排放总量居高不下；水资源短缺严重，全省人均水资源量不足全国平均水平的八分之一，工业化和城市化快速发展、农业高耗水作物占比大，地下水长期大量超采出现平原地区的华北地下水“大漏斗”，河湖水域存在不同程度污染；自然生态系统质量不高，全省乔木林单位面积蓄积量仅 37.6 m^3/hm^2，草原退化沙化荒漠化未得到根本性扭转，湖淖萎缩干涸，永久湿地变为季节性湿地趋势明显；气候变化风险增大，全球气候持续变暖，极端天气和自然灾害频次增加，粮食、水资源、能源和生物安全风险加剧。

党的十八大以来，以习近平同志为核心的党中央站在中华民族永续发展的战略高度，作出加强生态文明建设的重大决策部署。习近平总书记对河北充满深情、寄予厚望，先后 11 次视察河北，多次发表重要讲话，作出重要指示，为河北生态保护修复指明了方向。京津冀协同发展、雄安新区建设、绿色办奥和后冬奥时代绿色发展等重大国家战略深入实施，为河北生态保护修复带来了历史机遇。加快建设经济强省、美丽河北，为河北生态保护修复带来了新契机。河北省委、省政府深入学习贯彻习近平生态文明思想，坚持生态优先、绿色发展，践行人与自然和谐共生、绿水青山就是金山银山、山水林田湖草沙是生命共同体和尊重自然、顺应自然、保护自然等理念，大力实施蓝天、碧水、净土保卫战，协同推进降碳、减污、扩绿、增长，持续抓好北方

① 1 亩≈666.67 m^2，下同。

防沙带等生态保护和修复重点工程建设,生态环境显著改善,生态系统稳定性全面增强,京津冀生态安全屏障日趋稳固。通过深入开展污染治理攻坚战,统筹推进压能、减煤、治企、抑尘、控车、增绿组合拳,坚持精准治污、科学治污、依法治污,打好蓝天、碧水、净土保卫战。2023年全省 $PM_{2.5}$ 平均浓度38.6 μg/m³,比2013年下降了62.9%,优良天数达到了250 d,地表水国控断面优良比例连续两年达到80%以上。2022年所有设区市空气质量第一次全部退出全国168个重点城市排名后十位,2023年该成果进一步巩固;通过大力推动绿色低碳转型,扎实推进产业、能源、交通运输结构调整,大力开展钢铁、焦化等重点行业企业的环保绩效创A,抽水蓄能规划建设总规模居全国第1位,风电光伏装机总量、新能源重型货车保有量都居全国前列,经济高质量发展"含绿量"显著提升;通过持续推进生态系统修复,坚持山水林田湖草沙一体治理,开展北方防沙带建设、京津风沙源治理,实施燕山、太行山等生态治理工程,森林生态系统服务功能显著提升,水土流失状况明显好转,沙化荒漠化土地面积持续减少,农田生态质量有效改善,平原超采区地下水位逐步回升。承德的塞罕坝是世界上面积最大的人工林,荣获联合国"地球卫士奖""土地生命奖",成为生态文明建设的生动范例。

《河北省国土空间规划(2021—2035年)》提出构建"一屏四带五区"的国土空间开发保护总体格局,提升燕山—太行山天然生态屏障功能,提高坝上高原生态防护带、渤海近岸海域生态保护带、环首都生态过渡带、大运河文化生态带"四带"生态安全防护能力,夯实山前平原高产农业区、黑龙港生态节水农业区、燕山—太行山特色农产品区、坝上绿色生态农业区、沿海高效渔业产业区"五区"农业空间基底。河北省委、省政府提出美丽河北的建设目标,到2035年,全省生态环境根本好转,国土空间开发保护格局全面优化,绿色生产生活方式广泛形成,碳排放达峰后稳中有降,生态安全更加稳固,生态环境治理体系和治理能力现代化基本实现,美丽河北建设目标基本实现;到21世纪中叶,生态文明全面提升,绿色发展方式和生活方式全面形成,重点领域实现深度脱碳,生态环境健康优美,天蓝、地绿、水秀的美丽河北全面建成。

1.5 气象与生态环境

气象与生态环境密切相关,习近平总书记提出了气象工作关系生命安全、生产发展、生活富裕、生态良好的战略定位,做好气象工作意义重大、责任重大。国务院《气象高质量发展纲要(2022—2035年)》强调要强化生态文明建设气象支撑,中国气象局要求健全生态文明建设气象保障机制,融入生态环境治理体系。

河北省气象局面向生态文明建设,构建了覆盖多领域的生态环境气象服务保障体系,适应气候变化、人工影响天气、大气污染防治、气候资源保护利用、生态保护修复气象保障等工作成效显著。通过服务污染防治攻坚战,建立了大气污染气象条件、重污染天气预报预警、气象条件对污染防治效果的定量化评估服务体系;面向重点生态功能区服务需求,优化云水资源立体监测网络布局,构建了空地一体化生态修复型人工影响天气作业体系;围绕山水林田湖草沙生态保护修复,开发了包括植被生态、湖泊水体、大气环境以及城市热岛、沙尘雾霾、暴雨洪涝、森林草原火情的生态气象遥感综合监测评估系统;结合适应气候变化行动,开展了农业气象灾害风险评估预警,实现了对气候变化事实和主要天气气候事件的全过程监测。

1.6 本章小结

河北省东临渤海，北枕燕山，西依太行，内环京津，地貌类型齐全，生态系统多样，区位优势独特，战略地位突出。生态保护修复对高水平建设京津冀生态环境支撑区、美丽河北具有重要意义，气象工作在河北省生态文明建设中发挥了重要的科技支撑作用。

第 2 章
气候特征

2.1 基本气候特征

2.1.1 平均气温

河北省位于中纬度亚欧大陆东岸，受纬度跨度和地形地貌影响，南北气温差异显著。据近 30 年（1991—2020 年）气象资料统计，全省年平均气温为 12.1 ℃，各地年平均气温在 2.5～14.8 ℃，年平均气温分布由北向南逐渐升高，其中，张家口北部年平均气温最低，不足 4 ℃，石家庄、衡水和沧州及以南地区年平均气温最高，在 13.0～14.8 ℃。张家口地区年平均气温 6.9 ℃，保定地区 12.6 ℃，石家庄地区 13.6 ℃，邯郸地区 13.9 ℃，邯郸峰峰年平均气温最高，为 14.8 ℃，张家口康保年平均气温最低，为 2.5 ℃（图 2.1）。

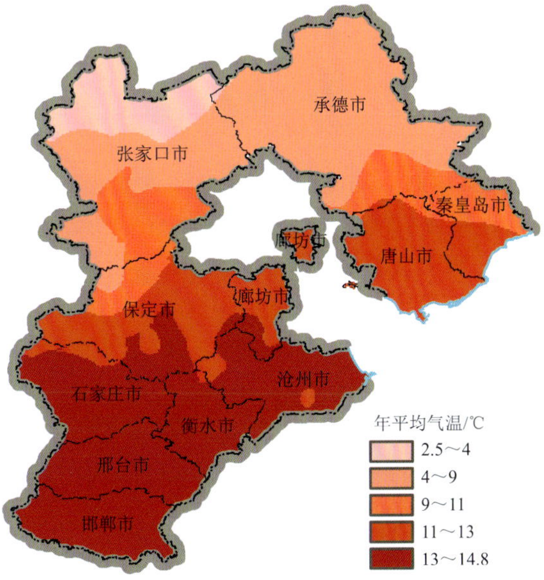

图 2.1 1991—2020 年河北省年平均气温空间分布

2.1.2 降水量

河北省年降水量空间分布不均，全省年平均降水量为 505.6 mm，各地年平均降水量为 345.9～706.3 mm。张家口西部年平均降水量不足 400 mm，张家口康保最少，为 345.9 mm；承德南部、唐山北部、秦皇岛中北部年平均降水量超过 600 mm，是河北省降水最多的区域，其中承德兴隆最多，为 706.3 mm，其他地区为 400～600 mm(图 2.2)。

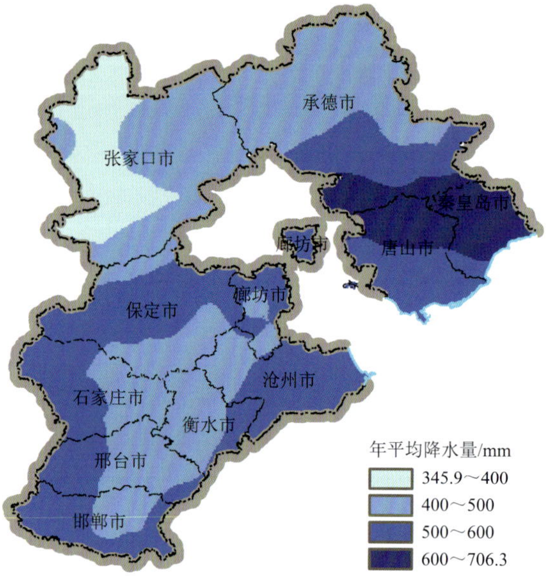

图 2.2 1991—2020 年河北省年平均降水量空间分布

2.1.3 日照时数

日照时数是太阳在一地实际照射地面的时数，用日照计来测量，与白昼长度、云量和地形条件有关。河北省年日照时数为 2000.3～2968.5 h。保定中部、石家庄、邢台和邯郸为河北省日照低值区，邯郸武安年日照时数最低，仅 2000.3 h；高值区位于张家口和承德西部，年日照时数超过 2700 h，张家口沽源最大(图 2.3)。

2.1.4 相对湿度

河北省年平均相对湿度呈西北低、南部高的空间分布特征，年相对湿度在 47%～70%，其中，张家口南部较低，相对湿度不足 55%，张家口市最低，为 47%，邯郸东南部等地区较高，相对湿度超过 66%，邢台柏乡最高，相对湿度为 70%(图 2.4)。

2.1.5 气压

河北省年平均气压自西北向东南递增，张家口北部气压最低，不足 880 hPa，张家口南部、承德大部和太行山区气压在 880～1000 hPa，其他地区年平均气压均高于 1000 hPa，其中，唐山曹妃甸最高，为 1016.6 hPa，张家口康保最低，仅 855.2 hPa(图 2.5)。

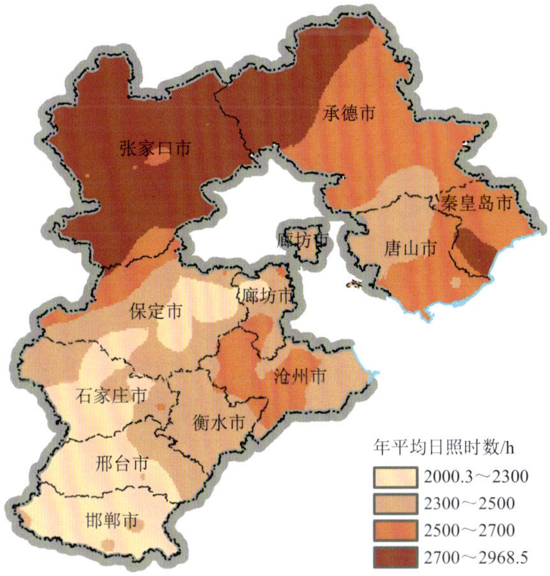

图 2.3　1991—2020 年河北省年平均日照时数空间分布

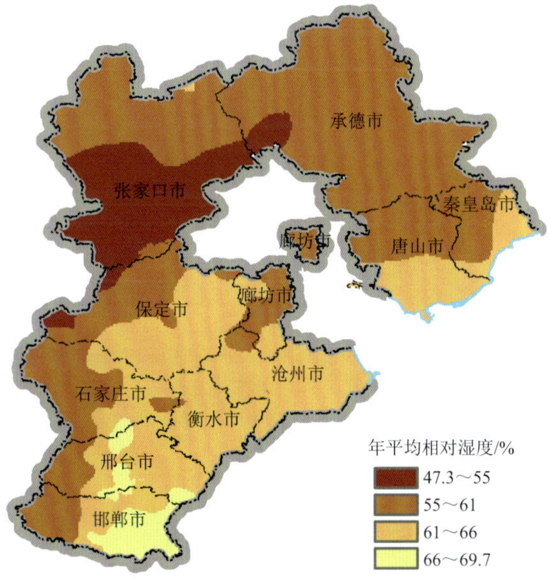

图 2.4　1991—2020 年河北省年平均相对湿度空间分布

2.1.6　平均风速

河北省年平均风速空间分布较复杂，总体上为西北和东部较高，承德东部和保定西部、北部较低的分布特征，全省各地年平均风速在 1.0～3.2 m/s，其中，张家口北部等地平均风速最大，超过 2.4 m/s，张家口南部和河北东部次之，年平均风速为 2.0～2.4 m/s，承德东部和保定西部、北部平均风速最小，为 1.0～1.7 m/s。张家口尚义和张北平均风速最大，为3.2 m/s，保定唐县平均风速最小，为 1.0 m/s(图 2.6)。

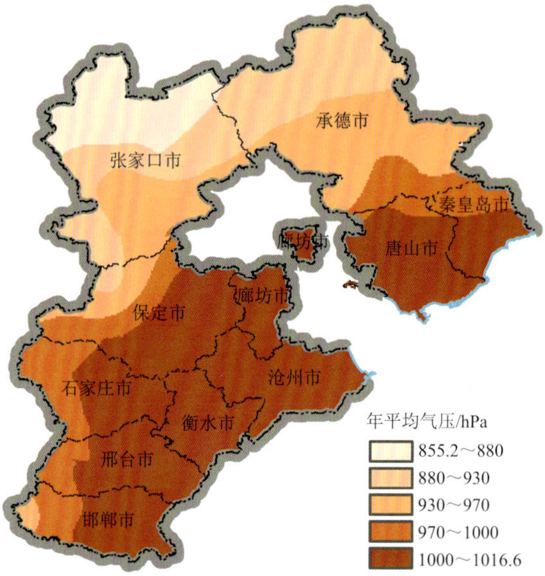

图 2.5　1991—2020 年河北省年平均气压空间分布

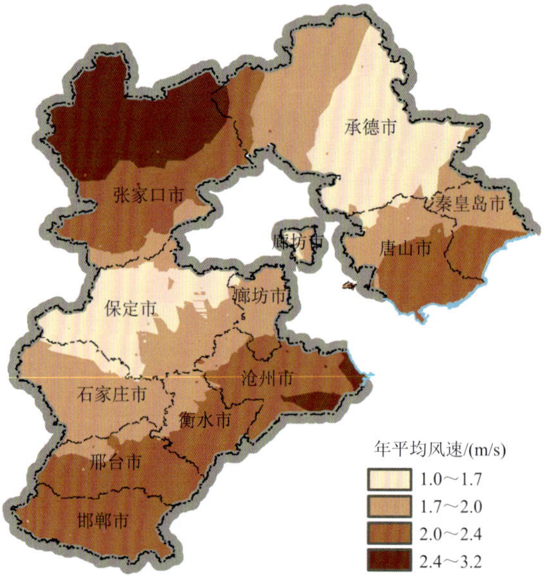

图 2.6　1991—2020 年河北省年平均风速空间分布

2.2 气候变化事实

2.2.1 近百年平均气温

依据英国东安吉利亚大学气候研究室（Climatic Research Unit，CRU）气候数据集，1901—2020 年，河北省年平均气温呈显著升高趋势，平均升温速率为 0.14 ℃/(10 a)。20 世纪 60 年代末以来，升温趋势尤其显著，20 世纪前 80 年相对常年(1991—2020 年平均值)为偏冷阶段，80 年代以来为偏暖阶段。1901—2020 年，河北省年平均气温上升了 1.70 ℃(图 2.7)。

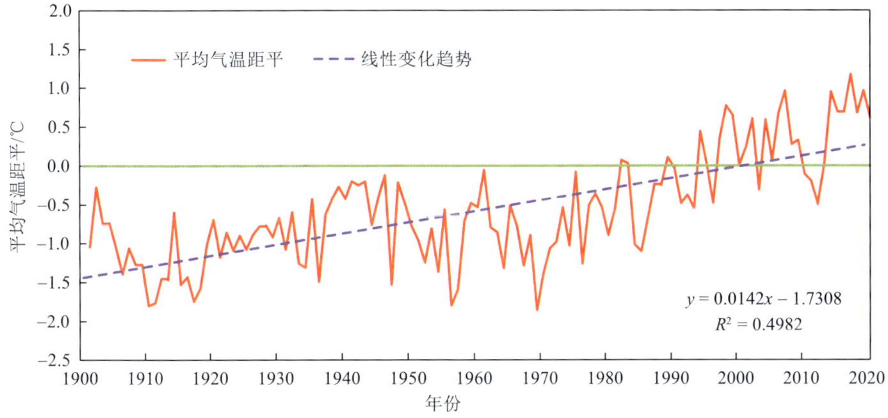

图 2.7　1901—2020 年河北省年平均气温距平变化(相对 1991—2020 年平均，下同)

1901—2020 年，河北省各地年平均气温普遍呈显著上升趋势($P<0.01$)，自北向南年平均气温增温趋势逐渐减小。其中张家口和承德大部、廊坊北部地区增温趋势较为明显，超过 0.15 ℃/(10 a)，其中张家口康保上升趋势最为显著，为 0.17 ℃/(10 a)，石家庄和衡水两市南部、邢台和邯郸增温趋势较小，其中邯郸涉县上升趋势最小，仅为 0.12 ℃/(10 a)(图 2.8)。

2.2.2 近百年降水量

利用 CRU 气候数据集，1901—2020 年，河北省年降水量表现出明显的年代际变化特征，其中，20 世纪上半叶降水量多低于常年值，50—70 年代降水总体偏多，2000—2010 年降水量以偏少为主，2010 年以来降水量有增多趋势(图 2.9)。

1901—2020 年，河北省各地年降水量总体呈增多趋势，变化趋势在 0.3～4.7 mm/(10 a)，自北向南降水量增多趋势逐渐增大。其中唐山迁安降水量增多趋势最小，为 0.3 mm/(10 a)，邯郸大名降水量增多趋势最大，为 4.7 mm/(10 a)(图 2.10)。

2.2.3 平均气温

在分析 1961—2020 年河北省气候变化事实时，为避免气象观测站空间分布疏密差异带来的统计误差，经过对站点的评估、分析，采用河北省 72 个地面气象观测站的年数据。

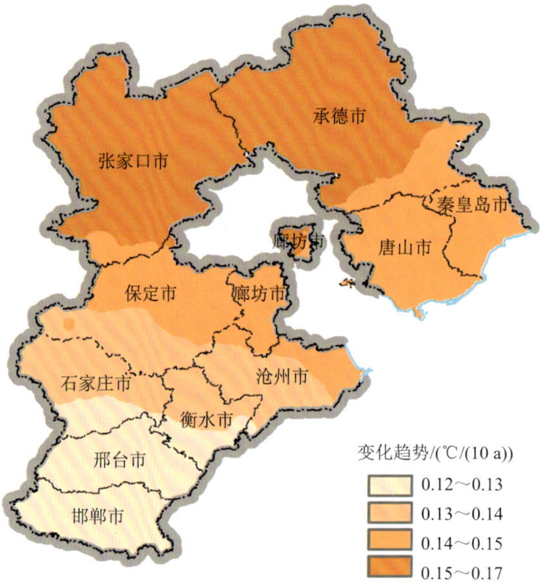

图 2.8　1901—2020 年河北省年平均气温变化趋势空间分布

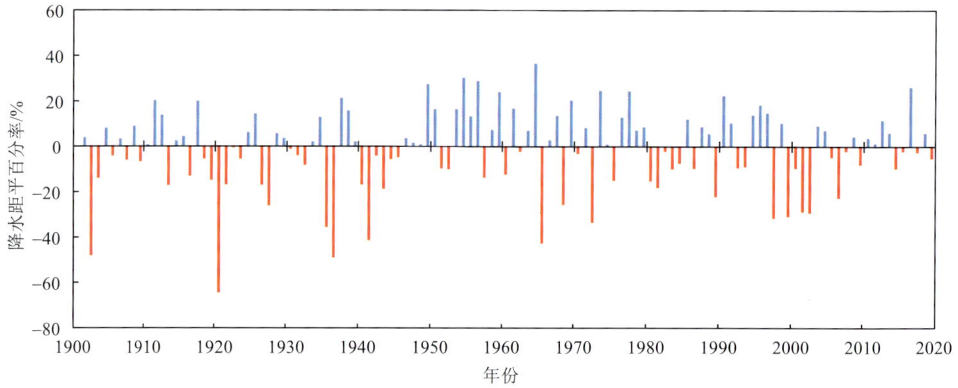

图 2.9　1901—2020 年河北省年平均降水距平百分率变化(相对 1991—2020 年平均,下同)

1961—2020 年,河北省年平均气温呈显著上升趋势($P<0.01$),平均每 10 年升高 0.27 ℃。20 世纪 60—80 年代,河北省年平均气温多低于常年值(11.30 ℃),20 世纪 90 年代以来,年平均气温以偏高为主(图 2.11)。

1961—2020 年,河北省各地年平均气温普遍呈显著上升趋势($P<0.01$),其中张家口和廊坊大部、唐山和沧州东部及中南部部分区域增温趋势较为明显,超过 0.30 ℃/(10 a),其中张家口蔚县上升趋势最为显著,高达 0.52 ℃/(10 a),保定西南部及承德东部部分地区增温趋势较小,不足 0.15 ℃/(10 a),仅保定曲阳出现下降趋势,年平均气温变化趋势为−0.02 ℃/(10 a)(图 2.12)。

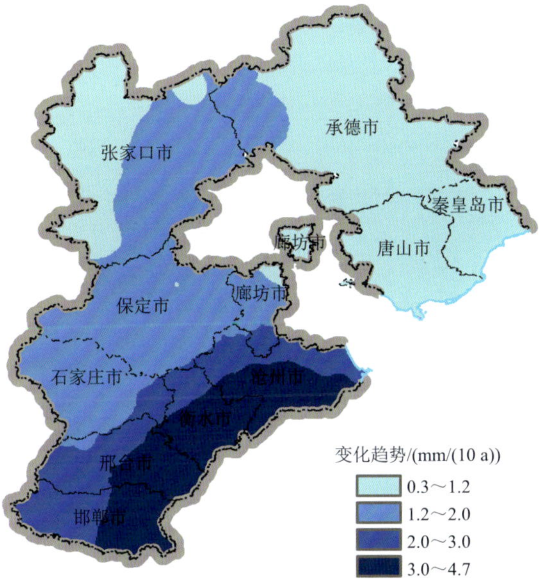

图 2.10　1901—2020 年河北省年降水量变化趋势空间分布

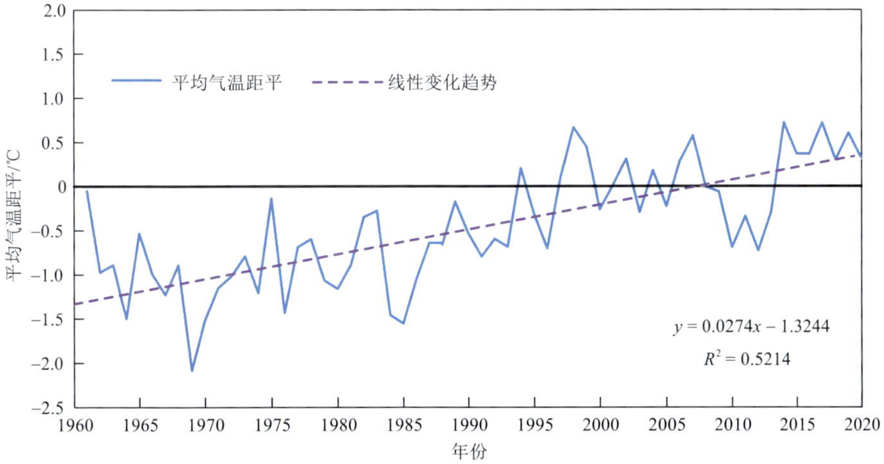

图 2.11　1961—2020 年河北省年平均气温距平变化

1961—2020 年，河北省年最高气温呈显著上升趋势($P<0.01$)，平均每 10 年升高 0.21 ℃。20 世纪 60—90 年代河北省年最高气温变化相对稳定，多低于常年值(17.56 ℃)，90 年代以后呈快速上升趋势(图 2.13)。

1961—2020 年，河北省各地年最高气温普遍呈显著上升趋势($P<0.01$)，空间上呈现出南北差异，河北北部大部分地区增温幅度超过 0.20 ℃/(10 a)，其中张家口和承德部分地区增温趋势超过 0.30 ℃/(10 a)，张家口涿鹿最高气温增温趋势高达 0.37 ℃/(10 a)；保定、沧州南部及以南地区增温趋势低于 0.20 ℃/(10 a)，其中邢台中部和邯郸东南部地区增温趋势不足 0.10 ℃/(10 a)(图 2.14)。

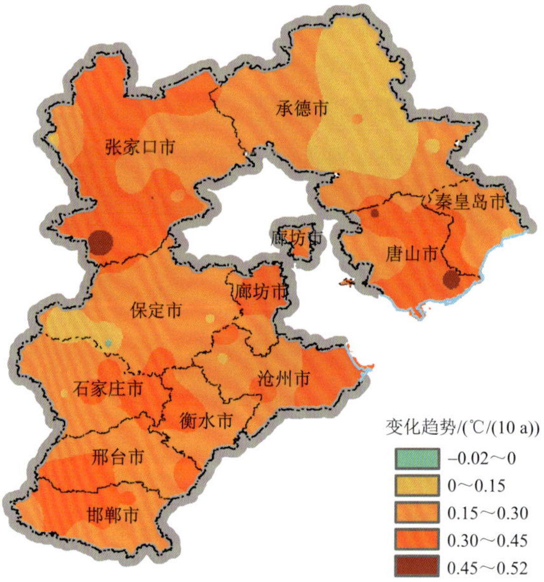

图 2.12　1961—2020 年河北省年平均气温变化趋势空间分布

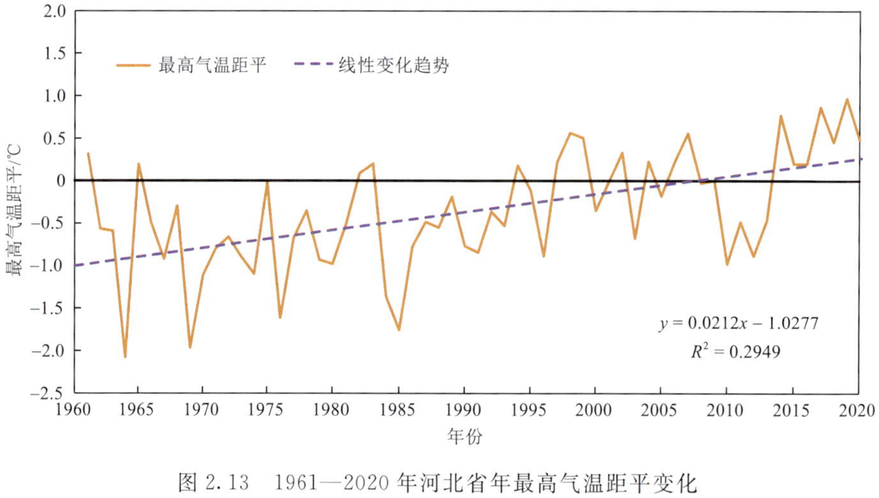

图 2.13　1961—2020 年河北省年最高气温距平变化

1961—2020 年，河北省年最低气温呈显著上升趋势($P<0.01$)，平均每 10 年升高 0.40 ℃，高于年平均气温和年最高气温的升温速率。20 世纪 90 年代之后，河北省年最低气温的升温速率高于 90 年代以前，仅在 2009—2012 年有一定下降趋势。2020 年，河北省年最低气温为 6.23 ℃，比常年值偏高 0.23 ℃，是 1961 年以来第 9 高值年(图 2.15)。

1961—2020 年，河北省各地年最低气温普遍呈显著上升趋势($P<0.01$)，张家口和邢台二市南部、唐山和石家庄二市东部、衡水西部年最低气温增温趋势超过 0.50 ℃/(10 a)，其中张家口蔚县上升趋势最大，为 0.84 ℃/(10 a)，保定曲阳和承德市年最低气温出现下降趋势(图 2.16)。

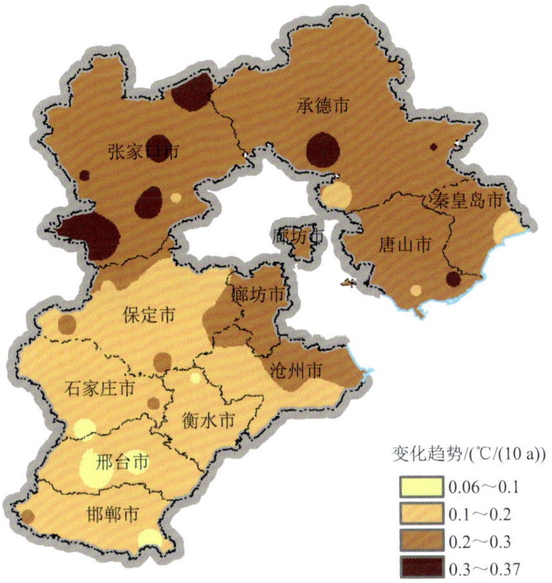

图 2.14　1961—2020 年河北省年最高气温变化趋势空间分布

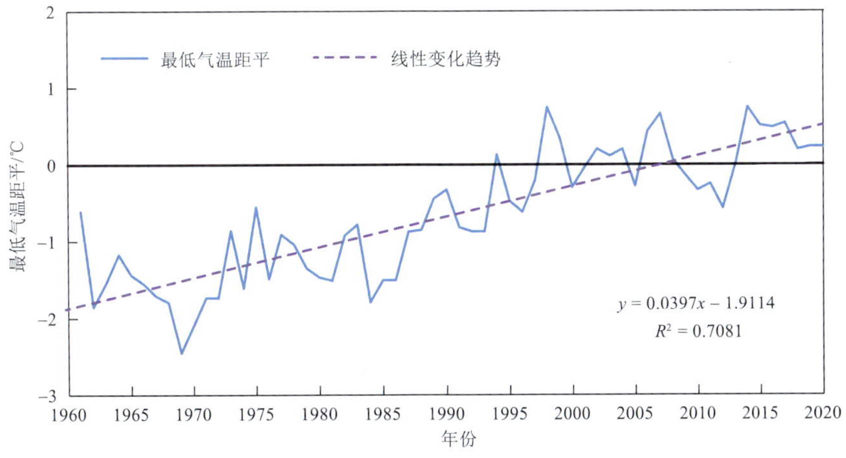

图 2.15　1961—2020 年河北省年最低气温距平变化

2.2.4　降水量

1961—2020 年，河北省年降水量呈减少趋势，降水距平百分率平均每 10 年减小 1.8%(图 2.17)。其中 1961—1997 年降水呈减少趋势，平均每 10 年减小 2.3%，1997—2020 年降水呈显著增加趋势($P<0.1$)，平均每 10 年增加 4.4%。

1961—2020 年，河北省各地年降水量变化趋势在−31.4～10.6 mm/(10 a)，除张家口大部、承德北部和石家庄局地年降水量呈增加趋势外，大部分地区年降水量呈减少趋势，其中唐山大部和秦皇岛南部等地区年降水量减少趋势超过 20 mm/(10 a)，唐山滦县年降水量减少趋势最显著，为−31.4 mm/(10 a)(图 2.18)。

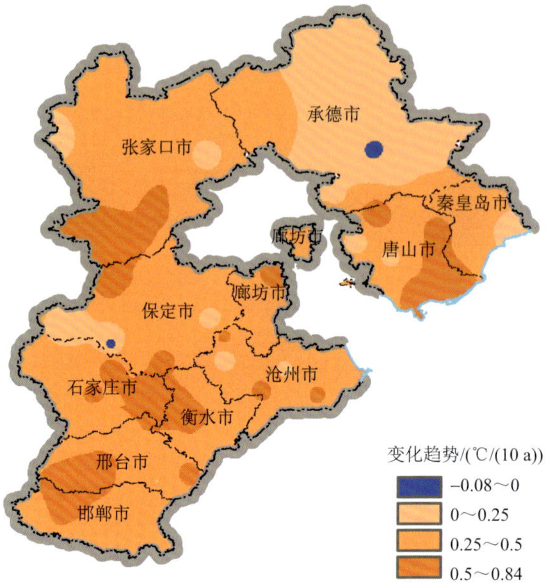

图 2.16　1961—2020 年河北省年最低气温变化趋势空间分布

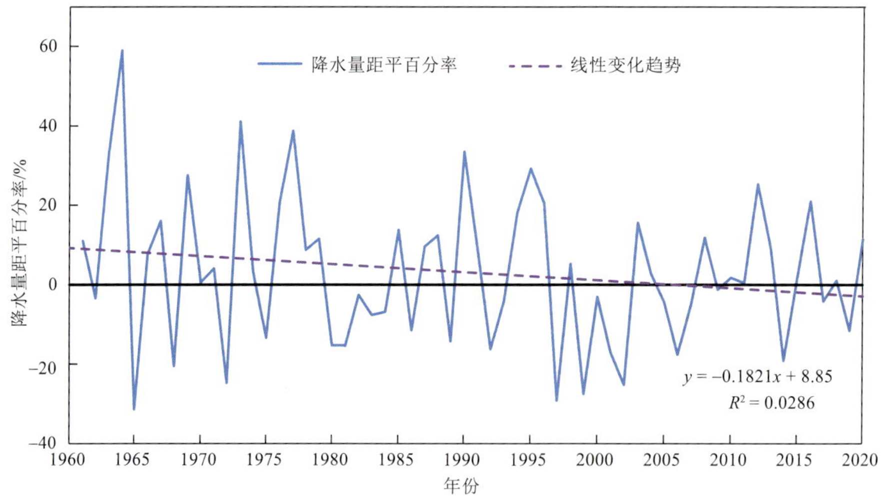

图 2.17　1961—2020 年河北省年降水量距平百分率变化

1961—2020 年，河北省年雨日呈现减少趋势($P<0.01$)，平均每 10 年减少 2.0 d。河北省年雨日的年代际变化表现为 20 世纪 60—70 年代较常年值(70.1 d)普遍偏多，年雨日数最低时段主要出现在 20 世纪末(图 2.19)。

2.2.5　日照时数

1961—2020 年，河北省年日照时数呈显著减少趋势($P<0.01$)，平均每 10 年减少 67.9 h。20 世纪 60 年代日照时数相对较多，其后呈波动减少趋势，至 20 世纪 80 年代末仍高于常年(2495.5 h)，20 世纪 90 年代波动减缓，21 世纪以来年日照时数总体上较常年值偏低(图 2.20)。

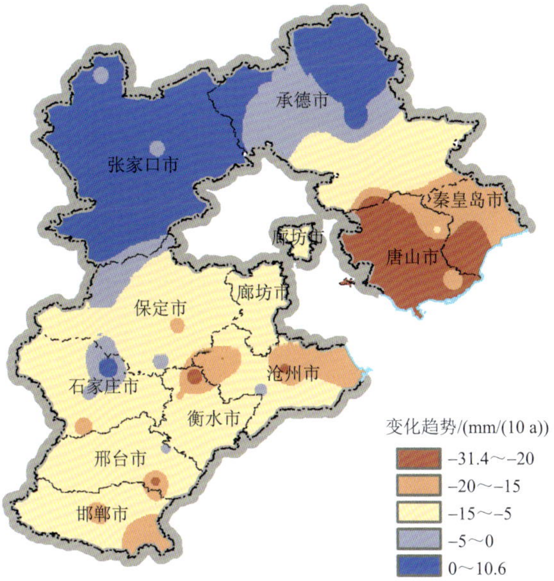

图 2.18　1961—2020 年河北省年降水量变化趋势空间分布

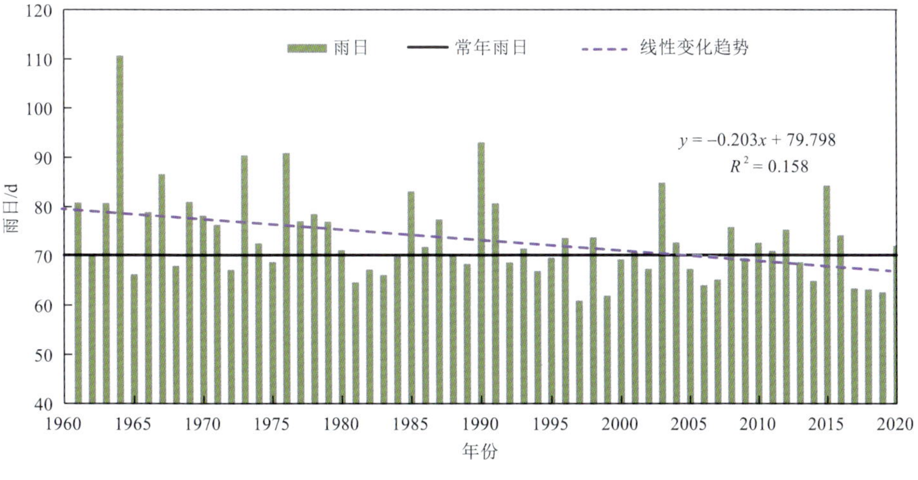

图 2.19　1961—2020 年河北省年雨日变化

1961—2020 年，河北省各地年日照时数多呈减少趋势，仅个别站点出现增加趋势。年日照时数减少较多的地区主要出现在石家庄中南部、邢台中部及邯郸东部等地区，其年日照时数减少趋势超过 120.0 h/(10 a)，石家庄井陉年日照时数减少趋势最大，为−170.4 h/(10 a)，秦皇岛昌黎年日照时数增加趋势最大，为 18.0 h/(10 a)(图 2.21)。

2.2.6　平均风速

1961—2020 年，河北省年平均风速总体呈显著减小趋势($P<0.01$)，平均每 10 年减小 0.17 m/s。20 世纪 60 年代至 80 年代末年平均风速呈显著下降趋势($P<0.01$)，但该时段年

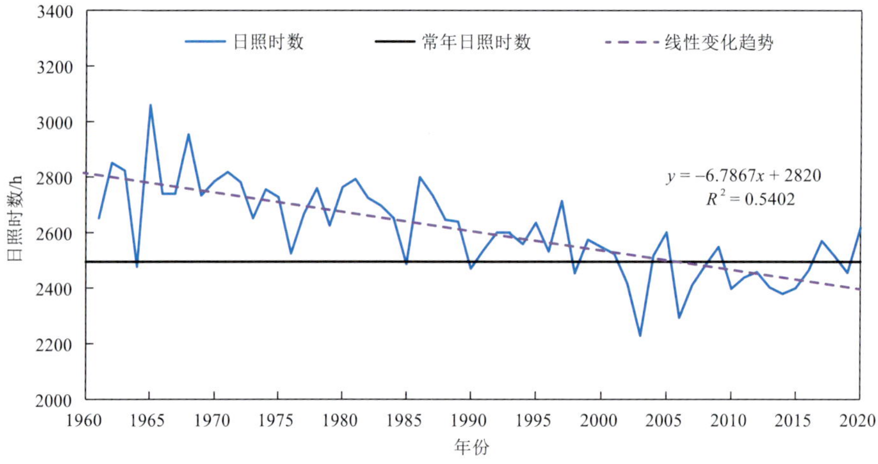

图 2.20　1961—2020 年河北省年日照时数变化

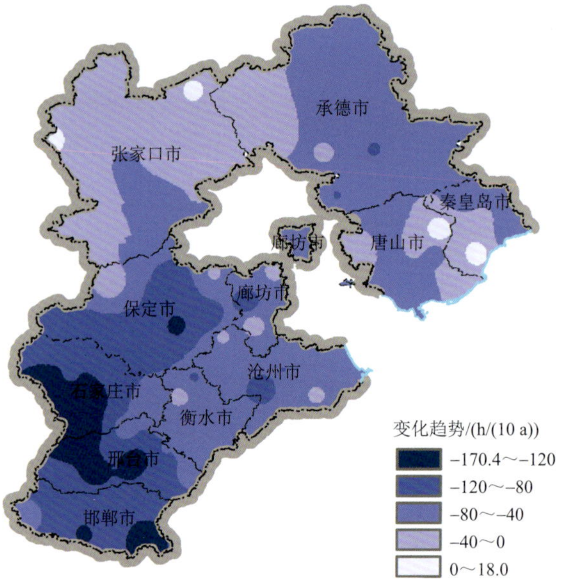

图 2.21　1961—2020 年河北省年日照时数变化趋势空间分布

平均风速均高于常年值(2.03 m/s),90 年代以来年平均风速变化趋缓,2003 年之后风速略有上升,2010 年前后年平均风速大于常年值(图 2.22)。

1961—2020 年,除承德局部地区外,河北省其他地区年平均风速均呈现减小趋势,其中风速减小较多的地区主要出现在张家口北部、唐山和沧州两市南部、衡水中部等地区,其年平均风速每 10 年减小超过 0.3 m/s,张家口沽源年平均风速降幅最大,达到−0.46 m/(s·(10 a))(图 2.23)。

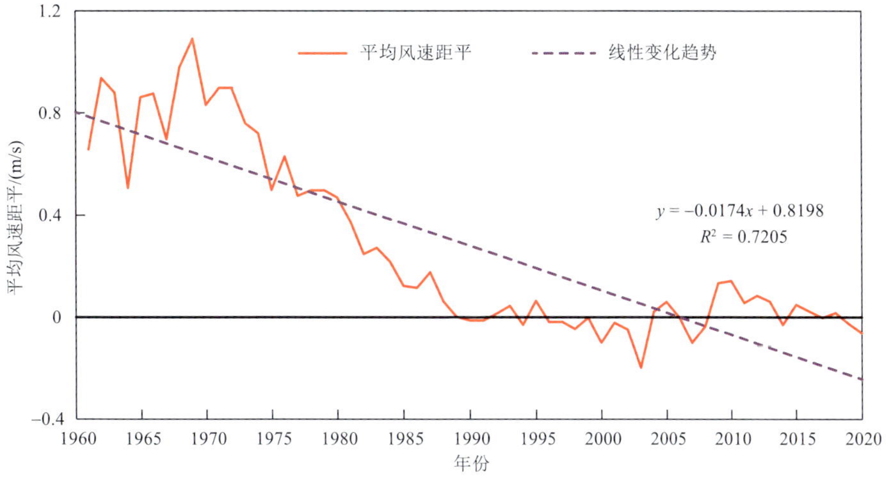

图 2.22　1961—2020 年河北省年平均风速距平变化

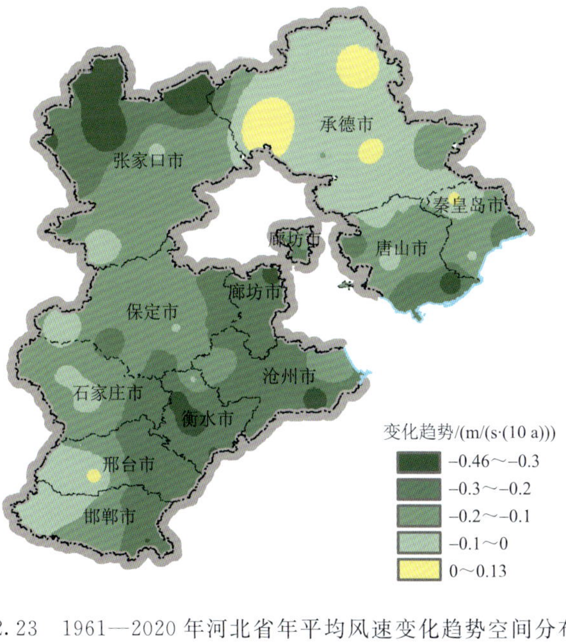

图 2.23　1961—2020 年河北省年平均风速变化趋势空间分布

2.3　气候资源

2.3.1　风能资源

2.3.1.1　风能资源概述

风能是可再生且无污染的自然资源，它不会因其本身的转化和人类的利用而减少，是地球上“取之不尽，用之不竭”的气候资源之一。风能资源分布广泛，开发潜力大，不需运输，便于获取,利用方便。但风能资源分布分散,单位面积上平均能量的密度较低,受天气气候的变化影响较大,同煤、石油和天然气等能源相比,风能资源具有高度的随机波动性和间歇性。近年来,在全球气候变化背景下,世界上许多国家将风能资源的开发利用作为国家的重要战略之一,我国已经成为世界上风能资源开发利用大国,其风力发电累计并网装机容量已经位居全球第一。面对河北省经济社会发展面临的能源需求和日益增大的生态环境保护压力,开发河北省风能等可再生资源对实现碳达峰、碳中和具有重要意义。

河北省南北跨度大、地形复杂,全省各地风能资源分布不均。北部高原、燕山山脉中高山区和太行山西部地区、沿海地带风速较大,燕山低山盆地、太行山山前平原风速较小。之所以出现这种分布特征,其主要原因是各地所处的地理位置、地形条件、海拔高度和大气环流综合影响,蒙古冷高压是影响河北省风的主要天气系统,而高原地区及太行山北部是蒙古冷空气南下的必经之路,再加上地势较高,因此该地区出现大风日数较多,风速也较大。而沿海地区多大风主要是由于海洋的影响,由于海面粗糙度比陆地明显偏小,而且当大陆高压东移出海变性加强,并停滞在海上,或太平洋高压显著加强,当其后部或北部有低压(低槽)发展,则高压后部往往产生偏南大风,所以出现大风日数较多,风速较大。太行山山前平原由于受西、北部山脉阻挡且位于内陆地带,所以风速较小。因此,河北省风能资源丰富区主要包括两个地带:一是分布在张家口、承德的低山丘陵地区;二是秦皇岛、唐山、沧州沿岸地区。此外,在河北省的太行山、燕山山区还存在一些山谷地带,由于特殊地形影响,存在风能资源相对丰富区,但未连成片,呈孤岛式分布。风速的年变化表现为冬春季最大,秋季次之,夏季最小。风向变化主要受季节变化和地形地势的影响,冬夏风向有明显的季节转换。冬季受蒙古高压控制,盛行西北风和偏北风;夏季受大陆热低压控制,大部分地区盛行南到东南风。

2.3.1.2 风能参数的计算方法

统计分析中,年和月平均风速、平均风功率密度、威布尔(Weibull)分布参数 k、c 值和年平均有效小时数,以及年风向频率、风能方向频率和风速频率分布、风能频率分布计算方法参照《全国风能资源评价技术规定》,以及《风电场风能资源评估方法》(GB/T 18710—2002)执行。

(1)平均风速($\overline{V}_E$)

在风能资源评估中,平均风速按下式计算:

$$\overline{V}_E = \frac{1}{n}\sum_{i=1}^{n} V_i \tag{2.1}$$

式中:$\overline{V}_E$ 为平均风速;V_i 为风速观测序列;n 为平均风速计算时段内(年、月)风速序列个数。

(2)风向频率

根据风向观测资料,按 16 个方位统计观测时段内(年、月)各风向出现的小时数,除以总的观测小时数即为各风向频率。

(3)风能方向频率(F)

根据风速、风向逐时观测资料,按不同方位(16 个方位)统计各方位具有的风能,其与总风能之比作为该方位的风能频率,即

$$F_{东} = \frac{\frac{1}{2}\rho\sum_{i=1}^{m} V_i^3}{\frac{1}{2}\rho\sum_{j=1}^{n} V_j^3} \tag{2.2}$$

式中：$F_{东}$ 为一年内东风所具有的风能占总风能的比值；ρ 为空气密度；$i=1,\cdots,m$；m 为风向为东风的小时数；$j=1,\cdots,n$；n 为全年小时数（平年为 8760，闰年为 8784）。

（4）风速频率或风能频率

以 1 m/s 为一个风速区间，统计代表年测风序列中每个风速区间内风速出现的频率或风能所占比率。每个风速区间的数字代表中间值，如 5 m/s 风速区间为 4.6 m/s 到 5.5 m/s。

（5）年平均风功率密度（D_{WP}）

年平均风功率密度按下式计算：

$$D_{WP}=\frac{1}{2n}\sum_{k=1}^{12}\sum_{i=1}^{n_{k,i}}(\rho_k v^3{}_{k,i}) \tag{2.3}$$

式中：n 为计算时段内风速序列个数；ρ_k 为月平均空气密度（$k=1,2,\cdots,12$）；$n_{k,i}$ 为第 k 个月的观测小时数；$v_{k,i}$ 为第 k 个月风速序列。

平均风功率密度的计算是设定时段内逐小时风功率密度的平均值。D_{WP} 中的 ρ_k 为测站各月平均空气密度值，取决于当地月平均气温、月平均气压、月平均水汽压：

$$\rho=\frac{1.276}{1+0.00366t}\left(\frac{p-0.378e}{1000}\right) \tag{2.4}$$

式中：ρ 为空气密度（kg/m^3）；p 为平均大气压（hPa）；e 为平均水汽压（hPa）；t 为平均气温（℃）。

采用以下公式计算某时刻的地面空气密度：

$$\rho=\frac{p}{R_d T}\left(1-0.378\frac{e}{p}\right) \tag{2.5}$$

式中：R_d 为干空气的比气体常数，$R_d=287$ J/(kg·K)；T 为地面气温（K）；e 可由下式计算：

$$e=E\cdot f \tag{2.6}$$

式中：E 为饱和水汽压；f 为地面相对湿度。

$$E=E_0\cdot 10^{\frac{7.5t}{237.3+t}} \tag{2.7}$$

式中：$E_0=6.11$ hPa；t 为地面气温（℃）。

（6）有效小时数

统计代表年测风序列中风速在 3～25 m/s 的累计小时数即为有效小时数。

（7）威布尔（Weibull）分布参数 k、c 的估算

建议采用以平均风速 $\bar{v}$ 和标准差 S_v 估算 Weibull 两个参数。

以平均风速 $\bar{v}$ 估计 μ，以标准差 S_v 估计 σ：

$$\mu=\bar{v}=\frac{1}{n}\sum_{i=1}^{n}V_i \tag{2.8}$$

$$\sigma=S_v=\sqrt{\frac{1}{n}\sum_{i=1}^{n}(V_i-\mu)^2} \tag{2.9}$$

式中：V_i 为风速观测序列；n 为计算时段内风速序列个数。

Weibull 两参数 k、c 按下式估计（保留两位小数）：

$$k=\left(\frac{\sigma}{\mu}\right)^{-1.086} \tag{2.10}$$

$$c=\frac{\mu}{\Gamma(1+1/k)} \tag{2.11}$$

式中：$\Gamma(1+1/k)$ 为伽马函数，可查表求得。

2.3.1.3 风能资源数值模拟方案

风能资源评估的数值模拟方法基于大气动力和热力学基本原理，可给出模拟范围内连续分布的面上风能资源状况。国际上在风能资源数值模拟领域中已形成了较为完善的理论和技术方法，目前，风能资源数值模拟技术可以模拟任意高度上、水平分辨率几十米到几千米的风能资源分布。由于模式对下垫面的参数化描述尚不能达到完全准确客观，因此，数值模拟场参数仍存在一定程度的偏差，在山区、水陆交界等复杂下垫面上，模拟偏差会更大一些。因此，需要利用风能观测网测风塔实测资料对模拟结果进行校验和订正。

本节采用中国气象局风能资源数值模拟评估系统进行风能资源模拟评估。模拟思路是先将评估区历史上出现过的天气进行分类，再从各天气类型中随机抽取5%的样本作为数值模拟的典型日，分别对每个典型日进行逐时数值模拟，最后根据各类天气型出现的频率，统计分析得到风能资源30年（1979—2008年）气候平均分布。其中WRF用9 km网格距，CALMET模式采用Lambert保角投影，中心点为（39.35°N，116.61°E）；范围大小（35.83°—42.82°N，113.36°—120.31°E），东西向格点数581，南北向格点数751，格距1 km。该区域包含了整个河北省区域。图中彩色阴影区色差表明了地面高程，红色圆点代表测风塔的位置（图2.24）。

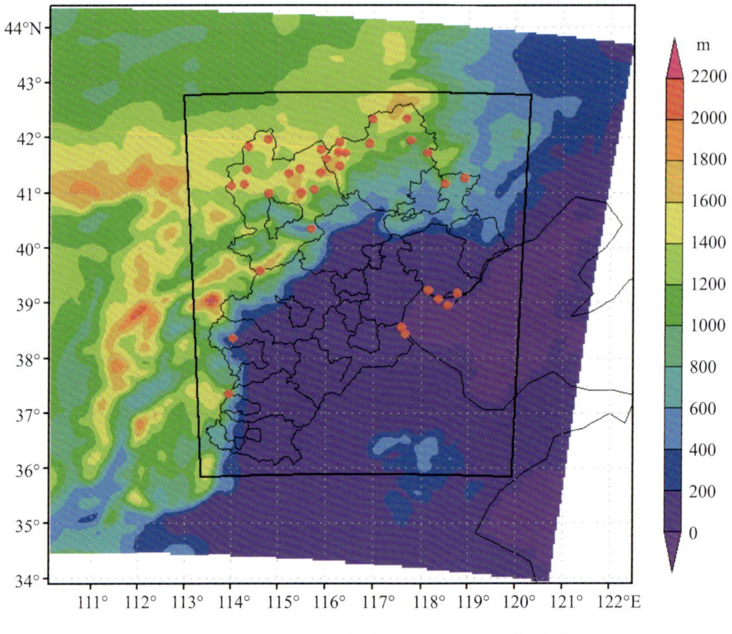

图2.24 模拟区域嵌套示意和测风塔分布

2.3.1.4 数值模拟计算结果的统计分析

（1）年平均风速、风功率密度分布

①年平均风速

从河北省不同高度风能资源模拟结果来看，其分布趋势与地形地势关系密切，高原、山地、沿海风速较大，主要由于北部区域地势较高，是冷空气南下必经之地；沿海地区由于海面粗糙度相比陆地明显偏小，大陆高压东移出海变性加强，致使风速较大；山间盆地、背风坡、山前平原风速较小，因为这些地区地势较低，周围的山地阻挡了来自西北南下的冷空气，夏季风也不易到达，所以年平均风速最小。

北部高原、燕山山脉中高山区、太行山西部较高山地、沿海地带以及东南部平原 50 m、70 m、100 m 高度风速都较大，大部在 5.5 m/s 以上。分析不同高度年平均风速分布及其变化(图 2.25—图 2.27)，在平坦的高原和平原以及山地的缓坡地带，年平均风速随高度增加而增大。而在山脊以及附近，70 m 和 100 m 高度的风速值小于 50 m 高度，主要是风在爬坡翻山过程中，风速梯度发生改变，使风速在一定高度达到最大，而后有一个减小的过程，这在风廓线观测中得到了验证。

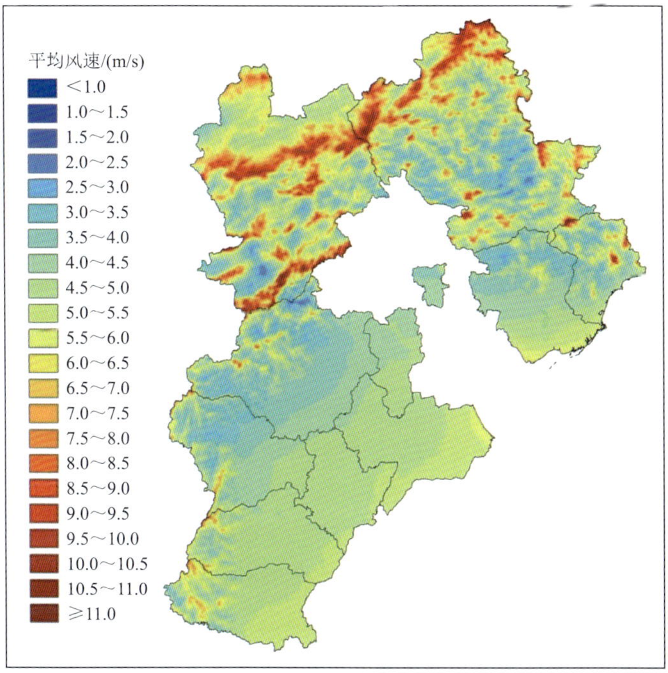

图 2.25　河北省 50 m 高度模拟的长年代平均风速分布

②年平均风功率密度

不同高度年平均风功率密度模拟结果与平均风速分布相似，也是高原、山地、沿海大，盆地和背风坡小。在 50 m 高度上，年平均风功率密度超过 250 W/m^2 的区域分布在高原北部以及燕山和太行山中、高山区和东部沿海近海地带，其中北部高原、燕山和太行山中高山区的部分区域在 400 W/m^2 以上，资源丰富；山前平原和山间盆地小于 200 W/m^2，此高度风能资源匮乏(图 2.28)。70 m 高度上，全省年平均风功率密度明显增加，超过 250 W/m^2 的区域在张家口和承德高原及山地、东部沿海的范围比 50 m 高度明显扩大。其中高原和山地 400 W/m^2 以上的区域也明显增加，沿海近海区此高度上平均风功率密度达到 300 W/m^2 以上(图 2.29)。100 m 高度上，全省年平均风功率密度继续增加，张家口高原及山地、承德北部高原和山地及其东部和南部山地大部、太行山区局部以及东部平原超过 250 W/m^2，范围较 70 m 高度显著增加。其中高原和山地 400 W/m^2 以上的区域也明显增加，沿海近海区此高度上平均风功率密度超过 350 W/m^2(图 2.30)，风能资源丰富。

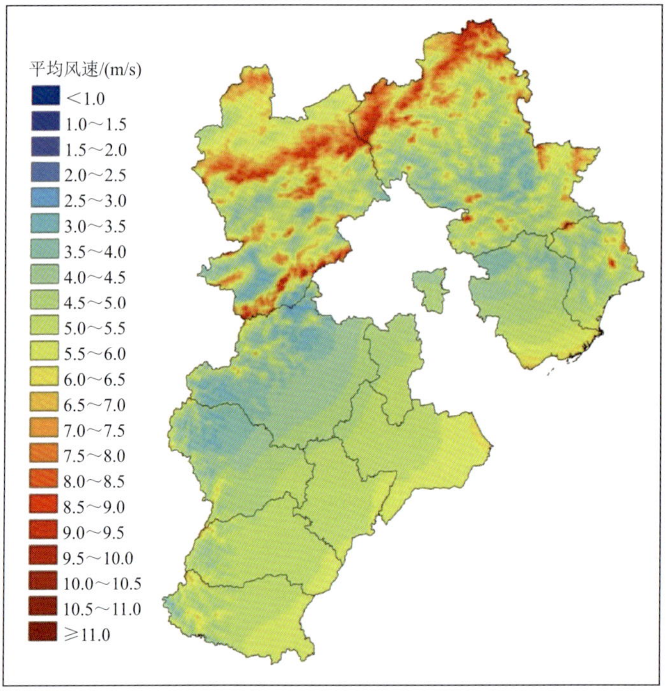

图 2.26　河北省 70 m 高度模拟的长年代平均风速分布

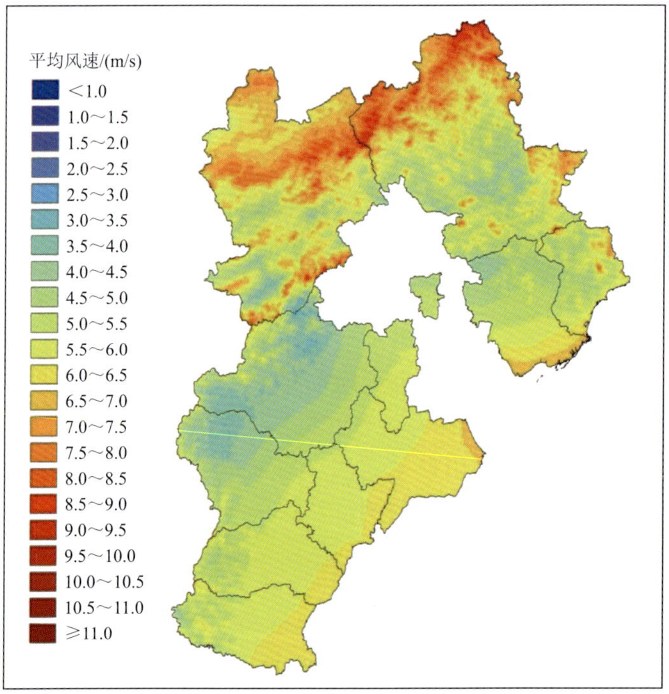

图 2.27　河北省 100 m 高度模拟的长年代平均风速分布

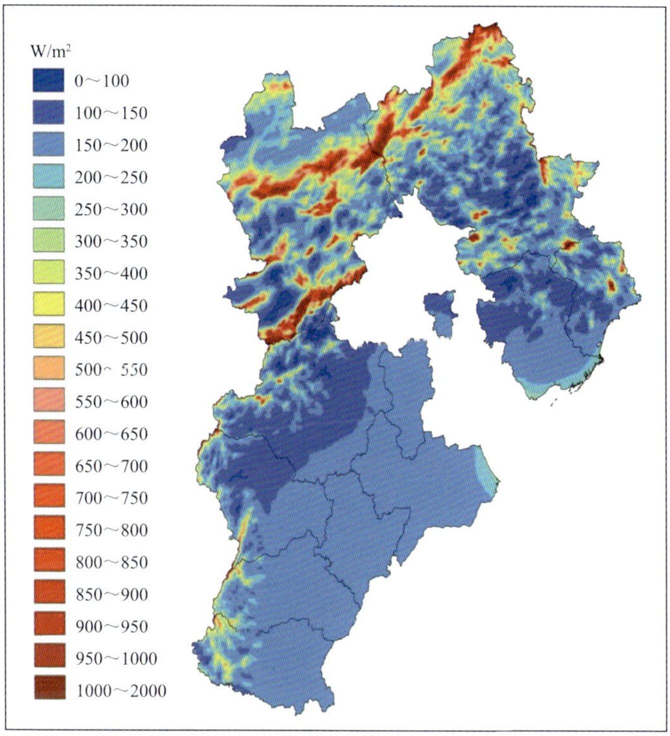

图 2.28　河北省 50 m 高度模拟的长年代平均风功率密度分布

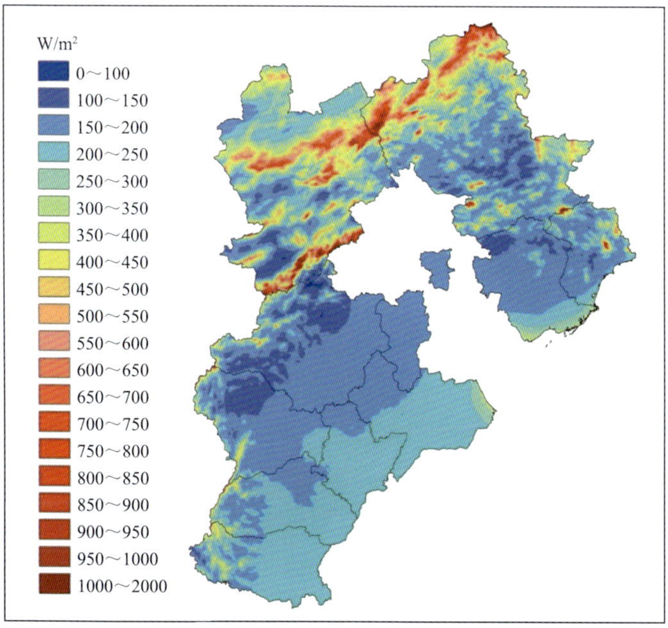

图 2.29　河北省 70 m 高度模拟的长年代平均风功率密度分布

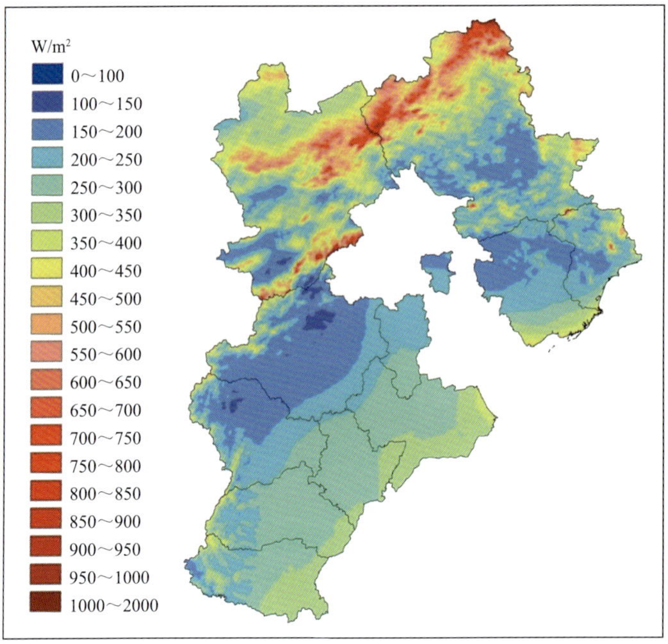

图 2.30　河北省 100 m 高度模拟的长年代平均风功率密度分布

(2)各季平均风速、风功率密度分布

①各季平均风速

四个季节平均风速长期模拟结果显示,全省春季平均风速最大,冬季次之,夏季最小,其年内趋势变化与实际观测趋势相一致(图 2.31—图 2.34)。

春季,70 m 高度与 50 m 高度相比,6.5 m/s 以上区域范围扩大,在东部沿海区域由 50 m 高度的近海地带扩展到东部平原地区,近海地带风速增加到 7.5 m/s 以上;100 m 高度 6.5 m/s 以上的区域遍及北部高原、中高山地以及东部平原,风速普遍增大,东部沿海近海地带平均风速超过 8.0 m/s,局部在 8.5 m/s 以上(图 2.31)。

夏季,全省风速为四季中最小。50 m 高度 5.0 m/s 以上区域主要在北部高原、中高山地及近海地带,山间盆地、山前平原大部平均风速小于 3.5 m/s;70 m 高度以上风速 5.0 m/s 以上的区域呈扩大趋势(图 2.32)。

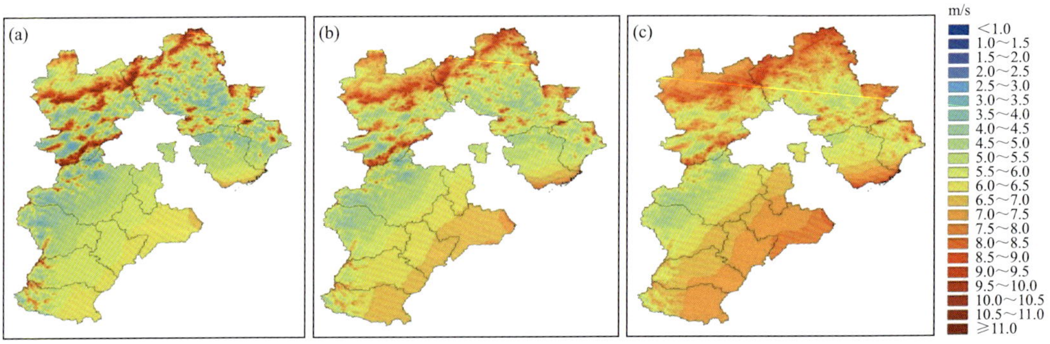

图 2.31　河北省春季不同高度数值模拟平均风速分布(a. 50 m;b. 70 m;c. 100 m)

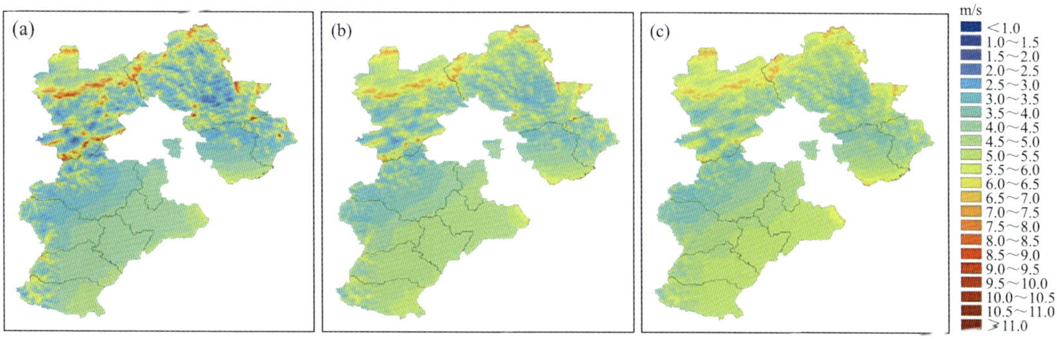

图 2.32　河北省夏季不同高度数值模拟平均风速分布(a. 50 m;b. 70 m;c. 100 m)

秋季,随着冬季风加强,全省平均风速比夏季大。70 m 高度上在北部高原、中高山地及近海地带平均风速超过 5.5 m/s(图 2.33)。

冬季,平均风速明显增大,增加最明显地区主要为北部高原及中高山地,70 m 高度平均风速大部超过 6.0 m/s,中高山地在 8.0 m/s 以上(图 2.34)。

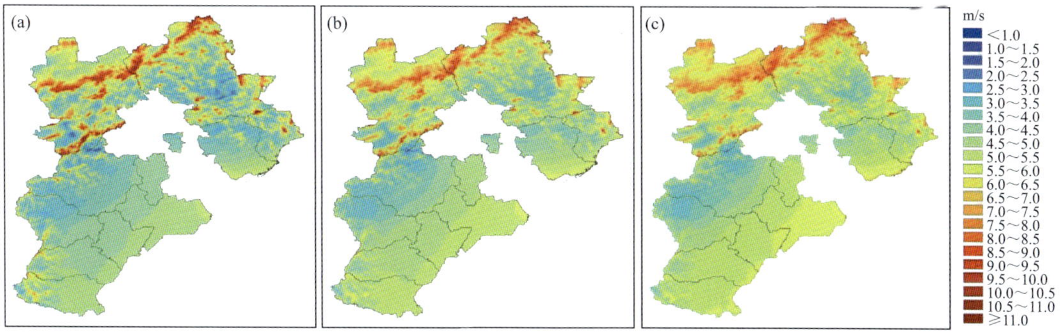

图 2.33　河北省秋季不同高度数值模拟平均风速分布(a. 50 m;b. 70 m;c. 100 m)

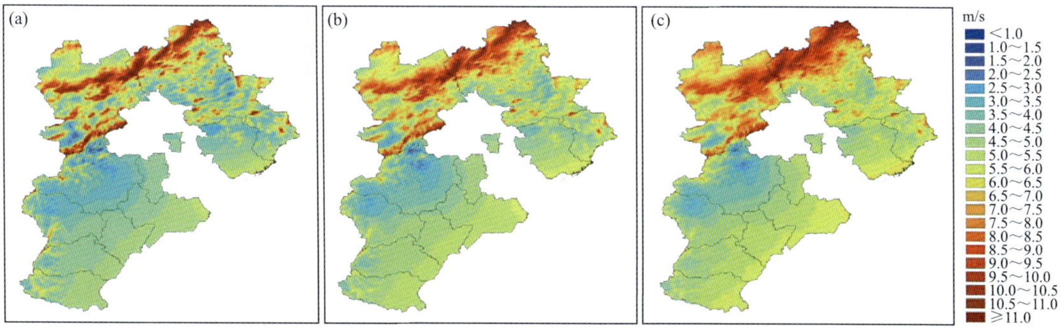

图 2.34　河北省冬季不同高度数值模拟平均风速分布(a. 50 m;b. 70 m;c. 100 m)

②各季平均风功率密度

各季平均风功率密度变化特征与平均风速相似,春季最大,冬季次之,夏季最小(图 2.35—图 2.38)。

春季,北部高原和燕山、太行山的中高山地以及东部平原大部 70 m 高度风功率密度在

300 W/m² 以上，其中北部高原和燕山、太行山的中高山地、东部沿海超过 400 W/m²（图 2.35）。

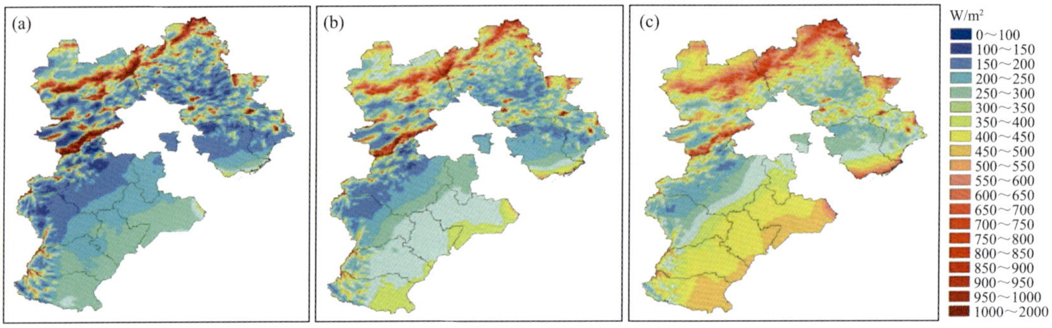

图 2.35　河北省春季不同高度数值模拟平均风功率密度（a. 50 m；b. 70 m；c. 100 m）

夏季，各高度层平均风功率密度较小。70 m 高度 200 W/m² 以上的区域仅主要出现在北部高原和山地的部分地区以及近海地带，其他大部区域风功率密度大多小于 200 W/m²（图 2.36）。

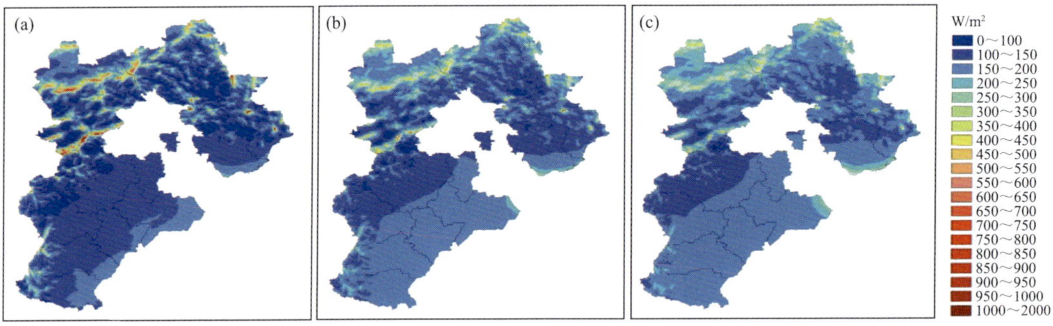

图 2.36　河北省夏季不同高度数值模拟平均风功率密度（a. 50 m；b. 70 m；c. 100 m）

秋季，平均风功率密度比夏季大，高层比低层增加明显。70 m 高度 200 W/m² 以上区域主要出现在北部高原、中高山地以及东部近海地区，范围比夏季明显扩大（图 2.37）。

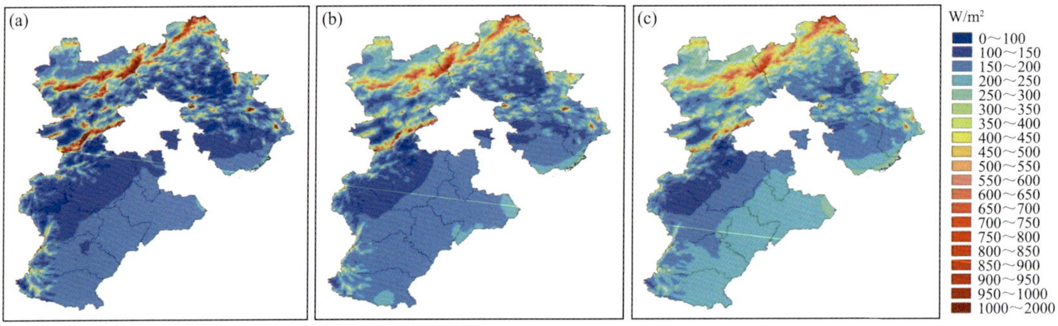

图 2.37　河北省秋季不同高度数值模拟平均风功率密度（a. 50 m；b. 70 m；c. 100 m）

冬季，平均风功率密度较秋季明显增加，70 m 高度 200 W/m² 以上区域出现在北部高原、中高山地大部以及东部平原地区，范围明显增加。此季节风功率密度也是北部地区较南部地区增加明显（图 2.38）。

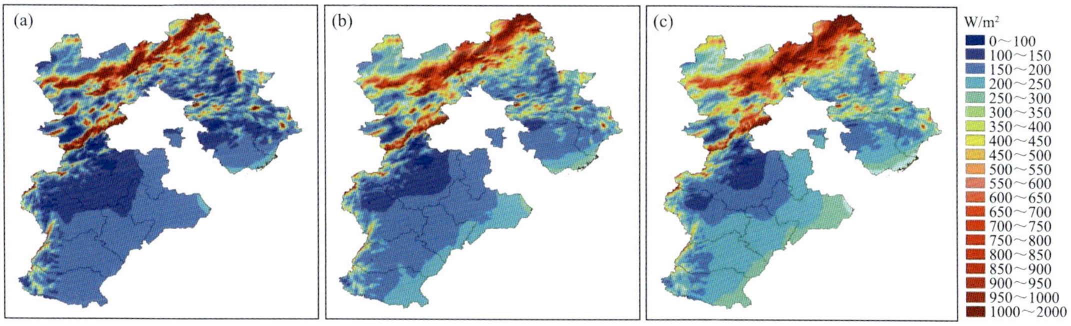

图 2.38 河北省冬季不同高度数值模拟平均风功率密度(a. 50 m; b. 70 m; c. 100 m)

2.3.1.5 风能资源储量

装机密度系数是计算风能资源技术开发量的重要参数,因此计算并绘制了河北省装机密度系数分布图(图 2.39)。由图可见,装机密度系数在 1 MW/km² 以上的区域主要集中在张家口、承德、秦皇岛、唐山和沧州沿海以及太行山部分地区。其中,装机密度系数超过 3 MW/km² 的区域主要集中在北部高原、怀来水库附近和东部沿海一带,东部沿海和怀来官厅水库附近装机密度系数超过 4 MW/km²,是河北省区域装机密度系数最大区域。此外,河北南部的邯郸西部太行山山前丘陵区,也存在装机密度系数在 4 MW/km² 以上的小块区域。

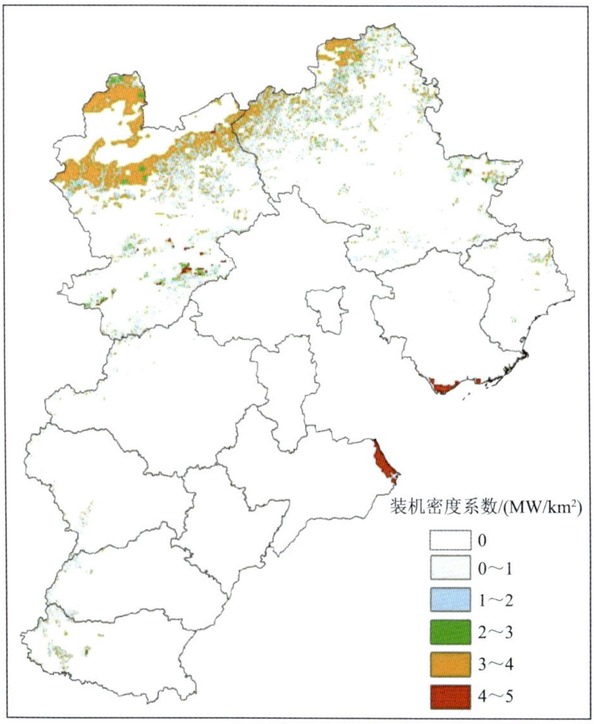

图 2.39 河北省装机密度系数分布

根据风能资源数值模拟结果,应用 GIS(地理信息系统)分析技术,按照 70 m 高度风能资源不同等级标准(200 W/m²、250 W/m²、300 W/m² 和 400 W/m²)分别对全省风能资源技术开发量和开发面积进行了计算。结果表明，全省风能资源技术开发量依次为 7567 万 kW、5784 万 kW、4188 万 kW 和 1199 万 kW，技术开发面积依次为 21252 km^2、15731 km^2、11870 km^2 和 3477 km^2（表 2.1）。

表 2.1 河北省不同等级标准下风能资源技术开发量及开发面积

高度	≥400 W/m^2		≥300 W/m^2		≥250 W/m^2		≥200 W/m^2	
	技术开发量/万 kW	技术开发面积/km^2	技术开发量/万 kW	技术开发面积/km^2	技术开发量/万 kW	技术开发面积/km^2	技术开发量/万 kW	技术开发面积/km^2
70 m	1199	3477	4188	11870	5784	15731	7567	21252

2.3.1.6 风能资源分区域评述

张家口、承德地区的坝上六县（康保、尚义、张北、沽源、围场、丰宁）及张家口坝下的蔚县和崇礼的高海拔地区 70 m 高度年平均风速可达 6.3～8.5 m/s，主要盛行西北风，年平均风功率密度为 300～580 W/m^2，有效风速利用时数在 7000～8300 h，全年绝大部分时间风能资源可以利用。该区域开发利用风能资源具有盛行风向稳定、破坏性风速小（风机选型均为Ⅲ类风机）、地势相对平坦（多为低山丘陵）、工程地质条件好、无占用农田问题（地表多为荒漠、草原或退化草场）等优势。

沿渤海湾近海地区 70 m 高度年平均风速为 5.8～7.1 m/s，全年以偏南和偏西南风为主。年平均风功率密度为 230～410 W/m^2，有效风速利用时数在 7200～7900 h，全年大部分时间风能资源可以利用。该区域开发利用风能资源具有电网条件好、离电力负荷中心近、风速随高度增加快、湍流强度较小、低温影响相对较小、施工期长等优势。

西部太行山区 70 m 高度年平均风速为 4.5～5.0 m/s，全年以偏西北风为主，年平均风功率密度为 127～230 W/m^2，有效风速利用时数在 5167～5472 h，全年部分时间风能资源是可以利用的。但由于该区域地形复杂、重峦叠嶂，在进行大型风电场建设之前，需要深入进行实地勘察、论证。该区域在建设小型风电场或小规模的风力提水灌溉应用等方面具有一定的开发价值。

2.3.2 太阳能资源

2.3.2.1 太阳辐射计算方法

从太阳辐射计算技术路线图（图 2.40）可以看出，太阳辐射计算分为地面（水平面）太阳辐射计算和倾斜面太阳辐射计算。地面太阳辐射计算分两种情况：一是晴天太阳辐射，二是云天太阳辐射。晴天太阳辐射计算基于 SMARTS 模式，对气溶胶、水汽、大气成分等各种因子的消光作用采用相应的参数化方案分别计算；云天太阳辐射计算以晴天结果为基础，按照“直散分离”原理，考虑不同类型的云状对直接辐射的消光作用，建立云天参数化方程计算直接辐射，进而按照不同时段下散射比与晴天指数的拟合关系计算散射辐射，最终获得实际气象条件下的水平面辐射。

2.3.2.2 太阳能资源评估

河北省地形为西北高东南低的分布，受地形和气候因子的综合影响，太阳能资源分布总体呈现从西北向南呈逐渐递减的趋势（图 2.41），张家口大部、承德西北部等地超过 1500 kW·h/m^2；邯郸、邢台、石家庄和保定中东部、衡水中南部、廊坊中部和北部、沧州东部不足 1400 kW·h/m^2，

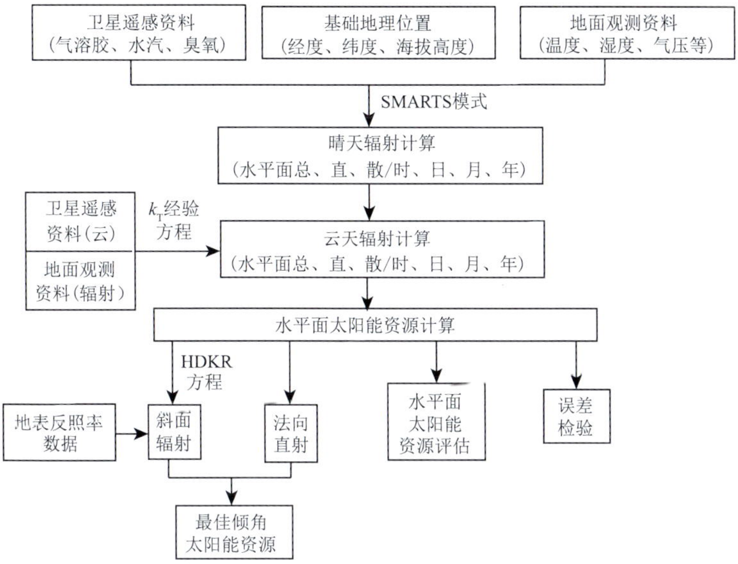

图 2.40　太阳辐射计算技术路线图

其他地区在 1400～1500 kW·h/m²。从各市年太阳辐射总量看,张家口较大,达 1559 kW·h/m²,其中又以康保为最,达 1626.61 kW·h/m²;邯郸市较小,为 1343 kW·h/m²;峰峰矿区最小,仅 1282.41 kW·h/m²。

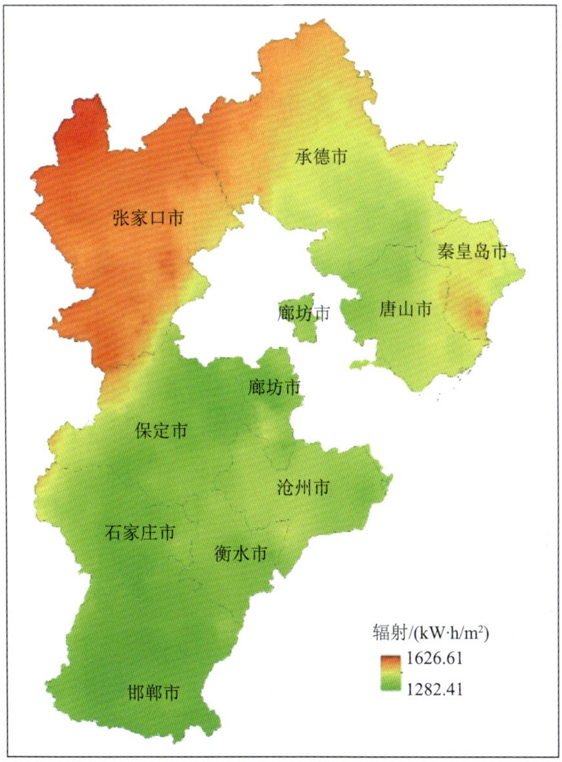

图 2.41　河北省太阳能资源分布

2.3.2.3 太阳能资源区划

以太阳总辐射的年总量为指标，按照《太阳能资源评估方法》(GB/T 37526—2019)中年水平面总辐照量(GHR)等级(表2.2)进行太阳能资源丰富程度的区划，河北省太阳能资源主要表现为很丰富、丰富和一般。

表2.2 年水平面总辐照量(GHR)等级

等级名称	分级阈值/(MJ/m^2)	分级阈值/($kW \cdot h/m^2$)	等级符号
最丰富	GHR≥6300	GHR≥1750	A
很丰富	5040≤GHR<6300	1400≤GHR<1750	B
丰富	3780≤GHR<5040	1050≤GHR<1400	C
一般	GHR<3780	GHR<1050	D

(1)很丰富区

该区主要包括长城以北的张家口和承德地区(图2.41)。这一区域年太阳总辐射在5040～6300 MJ/m^2，日照时数在2700～3000 h，是河北省太阳能最佳地区，对于光电直接利用非常有利。同时这一地区风能资源也是异常丰富，是河北省一处成片的太阳能和风能都丰富的地区，且两种能源出现的最大和最小值的时间是相反的，恰好补充了两者各自不足，可以实现风电、光电的互补，是河北省综合利用太阳能、风能最优越的地区。

(2)丰富区

该区在河北省分布最广，包括东部的燕山山区及山前平原、西部太行山区的大部及河北省中南部平原的广大地区。这一区域年太阳总辐射在3780～5040 MJ/m^2，日照时数在2400～2700 h。该区是河北省粮棉重点生产区域，处于电网负荷中心地带，人口稠密，经济发展水平高，且太阳能资源禀赋较好，适宜开展屋顶光伏、农光互补、渔光互补等多种形式的太阳能资源规模化或分布式开发利用。

(3)一般区

该区主要分布在河北省最南部的邯郸市所属范围，在武安、磁县、肥乡、曲周等县(市)的围合区域内。这一区域年太阳总辐射不足3780 MJ/m^2，日照时数不足2400 h，是河北省太阳能资源相对一般的地区，不适宜建设大型光伏发电厂，适合光热利用及小型分布式太阳能光伏发电的开发利用。

2.3.3 农业气候资源

2.3.3.1 热量资源

热量条件在作物生长发育及产量形成中，是一个极重要的外界因素，而积温是评价热量资源的一种重要指标，其可揭示热量资源的分配格局。图2.42给出了1991—2020年河北省不同温度条件下积温的空间分布，由图可见，≥0 ℃、≥5 ℃和≥10 ℃活动积温及≥10 ℃有效积温自南向北呈递减趋势；≥0 ℃、≥5 ℃和≥10 ℃活动积温低值区多集中在张家口和承德地区，低于4000 ℃·d，其中张家口北部地区低于3000 ℃·d；高值区均集中在河北中南部地区，对于≥0 ℃、≥5 ℃活动积温，河北中南部多高于5000 ℃·d，而≥10 ℃活动积温多高于4500 ℃·d。与上述空间分布相类似，≥10℃有效积温在张家口北部地区最低，低于1300 ℃·d，高值区出现在河北中南部，高于2500 ℃·d。

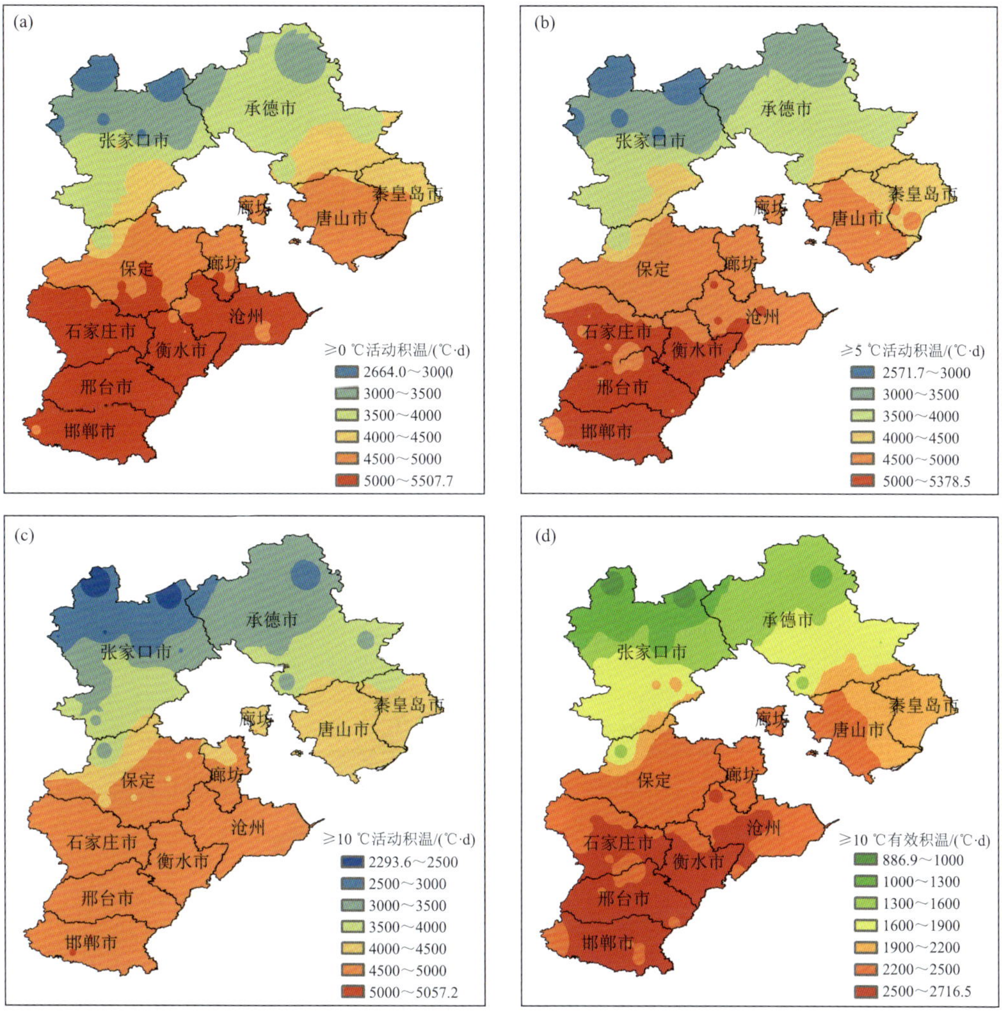

图 2.42　1991—2020 年河北省积温空间分布
（a. ≥0 ℃活动积温；b. ≥5 ℃活动积温；c. ≥10 ℃活动积温；d. ≥10 ℃有效积温）

2.3.3.2　光照资源

光照条件在作物光合作用中起着决定性的作用。图 2.43 给出了 1991—2020 年河北省 4—10 月农作物生长季的日照时数空间分布，由图可见，全省日照时数 1276.4～1861.0 h，自南向北呈递增趋势；张家口、承德北部、秦皇岛大部、唐山和廊坊两市南部及沧州西部等地日照时数超过 1600 h，张家口沽源最大，为 1861.0 h，邯郸武安最小，为 1276.4 h。

2.3.3.3　水分资源

水分是农业生产的基本条件之一，降水是当地农业水分资源的重要组成部分。图 2.44 给出了河北省 4—10 月农作物生长季的降水量空间分布，可以看出，承德南部、唐山、秦皇岛、廊坊北部、保定西南部、石家庄西北部、沧州东部等地降水量在 500 mm 以上，承德兴隆最大，为 669.4 mm；其他地区在 500 mm 以下，其中张家口大部在 400 mm 以下，张家口康保最小，为 323.8 mm。

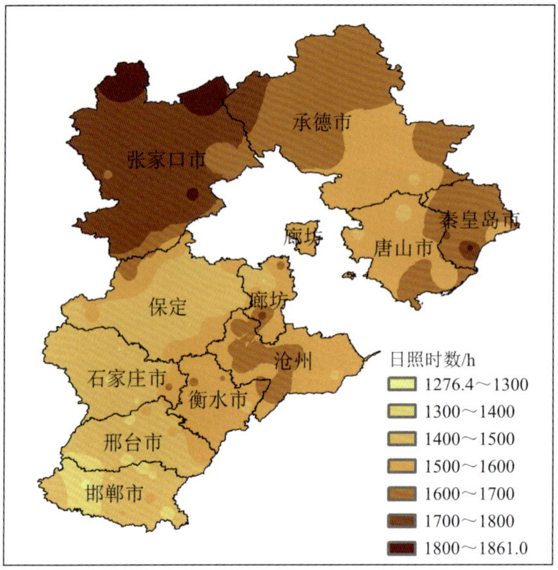

图 2.43　1991—2020 年河北省作物生长季(4—10 月)日照时数空间分布

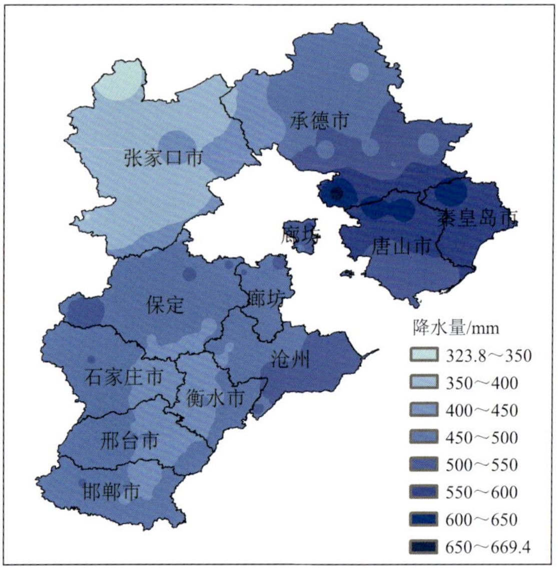

图 2.44　1991—2020 年河北省作物生长季(4—10 月)降水量空间分布

2.3.3.4　农业气候生产潜力

应用联合国粮食及农业组织(FAO)“农作物生产潜势”以及“因水分限制所能实现的作物产量”估算方法，估算河北省气候生产潜力。

(1)光温生产潜力

当作物最大干物质生产率 y_m(每小时每公顷生产量)>20 kg 时：

$$ymp=CL\times CN\times CH\times G\times[F\times(0.8+0.01\times y_m)\times y_0+(1-F)\times(0.5+0.025\times y_m)\times y_c]$$

当作物最大干物质生产率 y_m(每小时每公顷生产量)≤20 kg 时：

$$ymp=CL\times CN\times CH\times G\times[F\times(0.5+0.025\times y_m)\times y_0+(1-F)\times(0.05\times y_m)\times y_c]$$

式中：ymp 为作物的光温生产潜力（kg/hm^2）；CL 为叶面积指数对产量的校正值；CN 为净干物质生产量的校正值；CH 为收获指数；G 为作物的总生育期（d）；y_m 为一定气候条件下作物最大干物质生产率（kg/（hm^2 · h））；F 为云层覆盖率（%）；y_0 为一定地区作物在全阴天情况下总干物质生产率（kg/（hm^2 · d））；y_c 为一定地区作物在全晴天情况下总干物质生产率（kg/（hm^2 · d））。其中，CL、CN、CH、y_m、y_0、y_c 可根据给出的表查算。

云层覆盖率（F）：云层覆盖率与日照百分率（n/N）、短波有效辐射量（R_{se}）和实际测得的辐射量（R_g）有关。F 的计算公式为

$$F=(R_{se}-0.5R_g)/(0.8R_{se}) \tag{2.12}$$

利用该方法估算的冬小麦光温生产潜力，由空间分布图可以看出，冬小麦光温生产潜力南高北低，基本上呈纬向分布特征，北部麦区光温生产潜力最低，为 6820～6880 kg/hm^2，其次为中部麦区，为 6880～6980 kg/hm^2，南部麦区最高，为 6980～7080 kg/hm^2（图 2.45）。

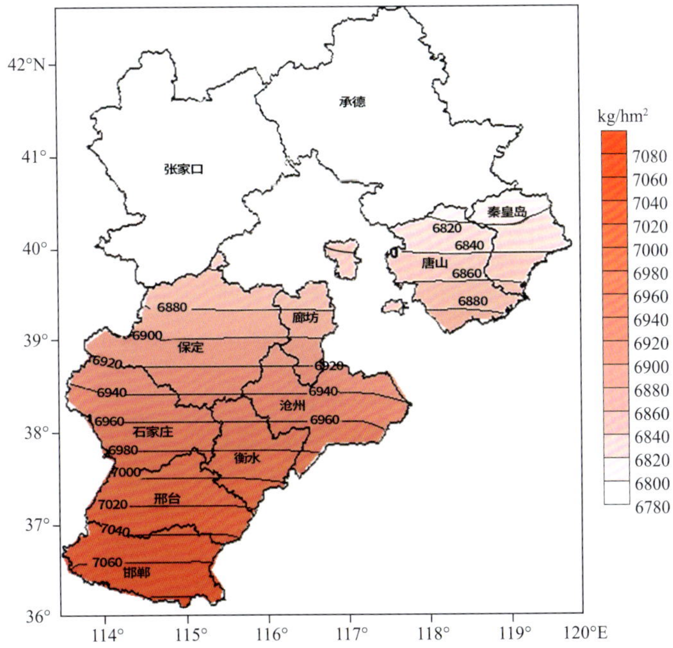

图 2.45　河北省冬小麦光温生产潜力分布

（2）冬小麦农业气候生产潜力

考虑自然条件下水分的影响，对光温生产潜力进行订正就得到气候生产潜力。

步骤 1：计算各旬作物需水量（ET_m：mm/旬）：

$$ET_m = K_c \times \text{PET} \tag{2.13}$$

式中：K_c 为作物需水系数；PET 为可能的蒸腾蒸发量。

步骤 2：计算作物实际耗水量（ET_a：mm/旬）和土壤有效贮水量（S_a）。ET_a 指在水分供应特定数量的情况下，作物实际得到的水量（mm）。S_a 指在作物实际消耗一部分水量后，土壤贮存的有效量（mm），按生育阶段列出，计算方法如下：

当本旬降水量（P）＋上一旬有效储存量（S_a）≥ET_m时，则 $ET_a=ET_m$，本旬末的土壤有效水分储存量 $S_a=P+$上一旬 S_a-ET_m。

当本旬降水量(P)+上一旬有效储存量(S_a)<ET_m 时,则 $ET_a=P$+上一旬 S_a,本旬末的土壤有效水分储存量 $S_a=0$。

步骤 3:计算播前土壤有效水分储存量(S_a)。

$$S_a = \text{播前 } N \text{ 旬降水量总和} - K \times \text{播前 } N \text{ 旬可能蒸腾蒸发量的总和}$$

N 与 K 的取值由具体作物及作物的季节搭配而定。一般选播种以前 3 个旬来计算土壤有效水分储存量(即 $N=3$),取 $K=0.1$。

当 $S_a<0$ 时,记为零。

步骤 4:计算作物不同生育阶段产量降低率(U)。

$$U = K_y \times \left(1 - \frac{ET_a}{ET_m}\right) \times 100\% \tag{2.14}$$

式中:K_y 为作物产量反应系数,即作物不同生育阶段缺水对产量的影响系数。

步骤 5:计算各生育阶段产量指数(I_y)。

$$I_{yi+1} = I_{yi} \times (1 - u_{i+1}) \times 100\% \tag{2.15}$$

由此可算得各生育阶段的产量指数:

$$I_{y1} = 1 - u_1 \times 100\%$$

$$I_{y2} = I_{y1} \times (1 - u_2) \times 100\%$$

$$I_{y3} = I_{y2} \times (1 - u_3) \times 100\%$$

I_{y1}、I_{y2}、I_{y3} 分别为营养生长阶段、生殖生长阶段和灌浆成熟阶段的产量指数。u_1、u_2、u_3 分别为 3 个生育阶段的产量降低率。

步骤 6:计算在自然降水条件下(无灌溉条件)的作物实际产量 Y。

$$Y = \text{ymp} \times I_{y3} \tag{2.16}$$

对冬小麦光温生产潜力进行水分订正得到冬小麦气候生产潜力空间分布,由图 2.46 可以

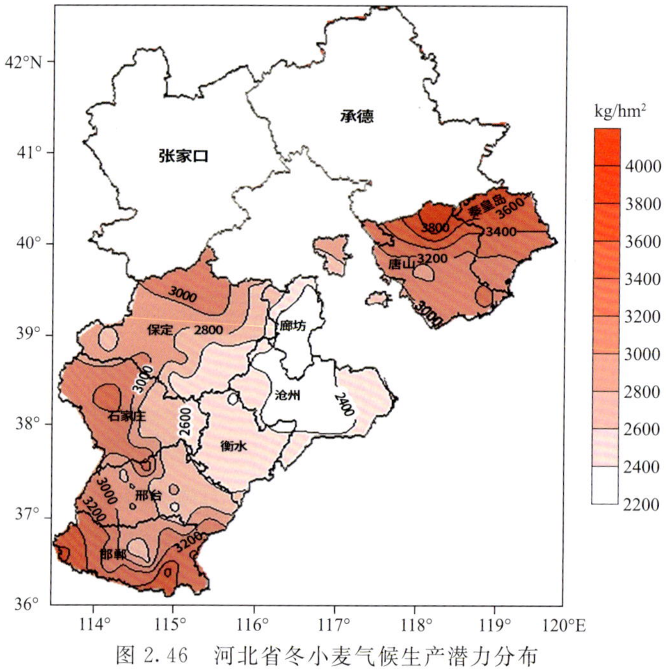

图 2.46 河北省冬小麦气候生产潜力分布

看出，河北省东北部、南部以及石家庄西部冬小麦气候生产潜力较高，为 3000～3600 kg/hm^2，廊坊中南部、沧州大部最低，为 2200～2400 kg/hm^2，其他地区在 2400～3000 kg/hm^2。

自然降水条件下，受水分制约冬小麦气候生产潜力小于光温生产潜力，水分引起的产量降低率为 0.328～0.578，发展灌溉是提高河北省冬小麦产量的主要途径。由图 2.47 可知，廊坊中南部、保定东南部、沧州大部、衡水大部冬小麦气候生产潜力仅达到光温生产潜力的 0.328～0.368，主要分布在黑龙港地区，是水分条件制约最明显的区域。

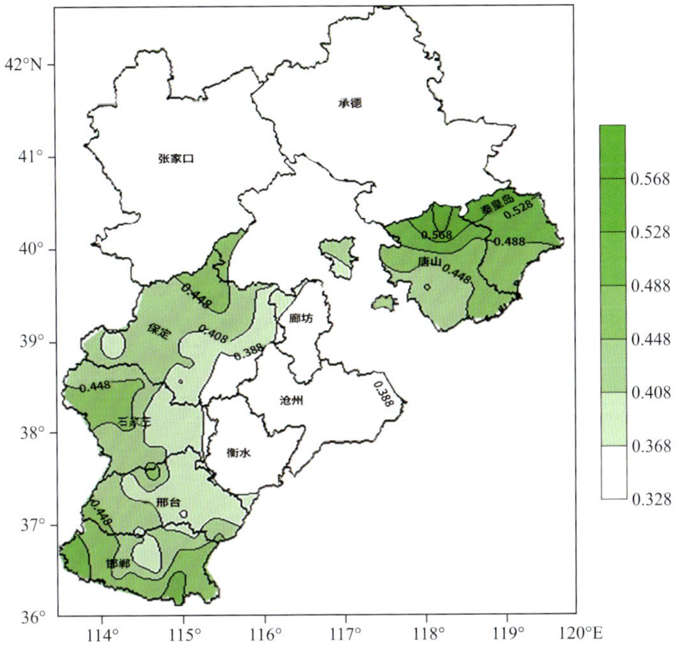

图 2.47 冬小麦受水分制约引起的产量降低率

2.4 本章小结

气候是自然生态系统中最活跃的因素，气候变化对自然生态系统影响深远。本章介绍了河北省气温、降水、风速、日照、湿度、气压等要素的气候特征，分析了 1961 年以来河北省气候变化情况。结合绿色转型发展、适应气候变化、农业气候区划需要，研究了河北省风能、太阳能等气候资源，分析了热量、光照、水分等农业气候资源。

第3章 主要气象与环境灾害

3.1 高温干旱

气象学上日最高气温达到35 ℃及以上，则称之为高温天气。

高温可以分为干热型和闷热型两种。干热型高温指气温极高、太阳辐射强而且空气湿度小的高温天气。在夏季，我国北方地区如新疆、甘肃、宁夏、内蒙古等地经常出现干热型高温，河北省的石家庄、邢台、邯郸在6月多出现此类高温。闷热型高温是由于夏季水汽丰富，空气湿度大，在气温并不太高（相对而言）时，人们的感觉是闷热，就像在蒸笼中，此类天气被称为闷热型高温。由于出现这种天气时人们感觉像在蒸桑拿一样，所以又称“桑拿天”。在我国沿海及长江中下游，以及华南等地的夏季经常出现闷热型高温，河北中南部地区在“七下八上”的主汛期也会出现此类高温。

高温对人畜健康有一定的不利影响。长时间在烈日、高温条件下作业，体力消耗大，容易引起中暑和死亡。河北省人畜因高温而直接或间接死亡的事件时有发生。1971年7月15—17日，石家庄地区因高温（36～38 ℃）和高湿（相对湿度70%）有一百多人和数百头牲畜死亡。1972年6月下旬到7月初，河北南部平原地区，因高温酷热而死亡的人数竟达数百人（臧建升，2008）。2009年6月20日—7月7日，河北省出现持续性、大范围高温天气，平均日最高气温34.7 ℃，中南部地区超过35 ℃，其中石家庄正定、藁城、无极、栾城、石家庄市、邢台任县连续15 d日最高气温超过35 ℃。全省有26个县（市）达到或超过有气象记录以来历史同期最长连续高温日数，其中14个县（市）突破历史同期最长连续高温日数。特别是23—25日，中南部地区连续3 d出现超过40 ℃的高温酷热天气（张迎新 等，2010）。25日，邢台市沙河站日最高气温达44.4 ℃，突破河北省有气象记录以来日最高气温历史极值，18个站突破该站有气象观测记录以来的最高值。

干旱是河北省发生最频繁、影响最大的气象环境灾害。长时间无降水或降水偏少等气象条件是造成干旱的主要因素。河北省属大陆性季风气候，大部分地区年降水量不足，降水变率大，季节分配不均，降水主要集中于夏季。因此，春旱、初夏旱、伏旱、秋旱发生频繁，又以春旱最为频繁，素有“十年九春旱”之说。20世纪50年代以来，河北省气温随年代逐渐上升，往往是高温干旱同时出现，在高温酷热期间，农田蒸发量大，降水量很小，又正值农作物大量需水时期，致使旱情持续发展，因此高温加剧了旱情；高温也使城市生活用水量增加，加大了城市供水的负担，高温干旱是导致水资源趋于紧张的重要因素。

干旱的发生导致生态环境进一步恶化。

一方面，干旱造成湖泊、河流水位下降，部分干涸和断流。由于干旱缺水造成地表水源补给不足，只能依靠大量超采地下水来维持居民生活和工农业发展，然而超采地下水又导致了地下水位下降、漏斗区面积扩大、地面沉降、海水入侵等一系列的生态环境问题。由于降水少，水资源严重不足。20 世纪 80 年代以来，由于用水量增加，地下水累计超采超过了 1000 亿 m^3，造成地下水位持续下降，导致土地干化、地面塌陷、地表裂缝，造成很大损失。目前华北平原地区已经出现了总面积超过 4 万 km^2 的地下水漏斗。

另一方面，干旱导致草场植被退化。我国大部分地区处于干旱半干旱和亚湿润的生态脆弱地带，由于气候环境的变迁和不合理的人为干扰活动，导致植被严重退化，进入 21 世纪以后，干旱有加重的趋势，而且是春夏秋连旱，对脆弱生态系统非常不利。

此外，气候干旱还加剧了土地荒漠化进程。

3.2 暴雨洪涝

暴雨是指地面日降水量≥50 mm 的降雨。河北省受夏季风活动的影响，虽然暴雨发生频率不如南方高，但降水强度的季节性变化很大，在雨量相对集中的夏季，常有暴雨发生。暴雨具有强度大、历时长等特点，易导致平地积水，河道漫溢，有时甚至导致山洪暴发、良田淹没、房屋倒塌，给国家和人民的生命财产造成重大损失(杨晓亮 等，2021a，2022)。

洪涝灾害包括洪水灾害和雨涝灾害两类。其中，由于强降雨、冰雪融化等原因引起江河湖泊及沿海水量增加、水位上涨而泛滥以及山洪暴发所造成的灾害称为洪水灾害；因大雨、暴雨或长期降雨量过于集中而产生大量的积水和径流，排水不及时，致使土地、房屋等渍水、受淹而造成的灾害称为雨涝灾害。暴雨是造成洪涝灾害的重要原因，加之基础设施的防御能力弱于南方，暴雨洪涝是河北省最主要的灾害之一。河北省历史上的洪涝灾害，如 1963 年 8 月河北洪水、1996 年 8 月华北洪水、2016 年河北特大洪涝灾害等，几乎都是由大暴雨引起的(宋善允 等，2017)。

3.2.1 1963 年 8 月海河流域持续性大暴雨(“63・8”暴雨)

1963 年 8 月上旬在太行山东麓，河北省海河流域出现了有气象记录以来的特大洪水，这次大洪水由为期一周的持续性强降水造成(图 3.1a)，过程总降水量达到 1329 mm，在太行山的獐么记录到 2051 mm 总降水量。8 月 4 日在邢台专区的司仓站 24 h 降水量达到 704 mm。这次暴雨强度大、面积广，影响极其严重，河北大范围地区成一片泽国，津浦铁路长时期中断，这在历史上是少见的。

“63・8”暴雨的分析表明，稳定维持的大尺度环流形势，是暴雨持续的主要原因。在特定的长波形势下，天气尺度系统的停滞、充分的水汽供应以及有利的地形是造成这次持续大暴雨的原因。从 1963 年 8 月 1—10 日亚欧 500 hPa 平均环流形势图(图 3.1b)可见。暴雨期间，由于日本海高压稳定，同时在贝加尔湖地区有阻塞高压建立，并与日本海高压对峙，在这两个高压之间形成了近于南北向的深厚切变线。在这种形势下，副热带高压脊边缘强劲的西南气流、日本海高压后部的偏东气流和北方一股股的冷空气，持续交汇于华北地区。在此辐合区中不断地有中尺度系统发生发展，它们一次又一次带来暴雨，从而形成长时间的暴雨。西南涡北上和西风带高空槽的活动，是引起这次暴雨的主要天气尺度系统。贝加尔湖和日本海高压的阻塞作用是这种形势维持的重要条件。充足的水汽，保证能有持久的大量降水。850 hPa 平均流场也表示有深厚的潮湿空气从中印半岛孟加拉湾进入暴雨区（图 3.1c）。另外，在华北平原西面的太行山脉对偏东气流的抬升作用，在一定程度上加强和稳定了这次暴雨过程。

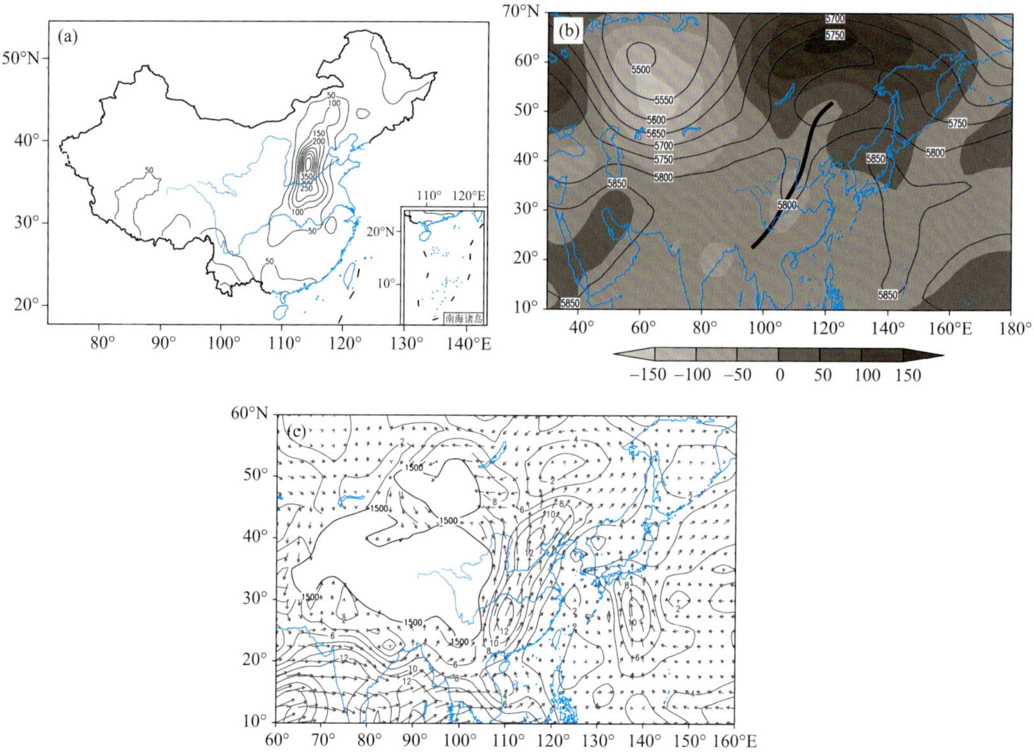

图 3.1　1963 年 8 月 1—10 日海河流域持续性大暴雨的降水总量（a，单位：mm），500 hPa 高度场（等值线）和高度纬向偏差（阴影区）（b，单位：gpm，粗实线代表槽线位置），850 hPa 风场（矢量）和风速（等值线）（c，单位：m/s，粗实线为高于 1500 m 地形）

3.2.2　1996 年 8 月 3—5 日河北大暴雨（“96·8”暴雨）

1996 年 8 月 3—5 日，河北发生了“63·8”特大暴雨以来范围最广、强度最大的一次特大暴雨（简称“96·8”暴雨）。暴雨落区覆盖了太行山的东西两侧，即冀中南、晋东南和豫北等地区。位于“96·8”暴雨中心的石家庄、邢台两市的太行山迎风坡气象站过程雨量普遍超过 400 mm（图 3.2a），邢台县野沟门水库和井陉县吴家窑水文站分别观测到 616 mm 和 670 mm 雨量。这次特大洪涝灾害，受灾地区主要在农村。据统计，全省受灾县（市）达 113 个，涉及 1052 个乡镇 15900 个村庄，受灾人口 1618.89 万，成灾人口 1353.99 万，倒塌房屋 135.81 万间，损坏房屋 135.65 万间，死亡人口 677 人，失踪人口 231 人，被洪水围困群众达 130 万人，造成直接经济损失 456.3 亿元。

环流形势分析表明，“96·8”特大暴雨发生在西北太平洋副热带高压（简称“副高”）连续北跳和中纬度强经向型的环流背景下，热带辐合带明显偏北，达到 25°—30°N。热带和副热带天气系统加强北抬是“96·8”特大暴雨形成的主要原因。8 月 4 日 08 时 500 hPa 天气形势（图 3.2b），副高呈块状，位置偏北、偏西，588 dagpm 等值线控制了河北大部地区，9608 号台风

"Herb"以强热带风暴的强度在我国福建沿海登陆后，沿块状副高外围偏南气流北上，在河南变性填塞。850 hPa 台风减弱，低涡环流北上，与东侧副高之间有超过 12 m/s 的东—东南风低空急流，逐渐伸展到河北东部，地面台风倒槽北上伸展到河北南部地区，形成北高南低的形势，偏东风在太行山东麓迎风坡爬升，山前出现大暴雨中心（杨晓亮 等，2021b）。

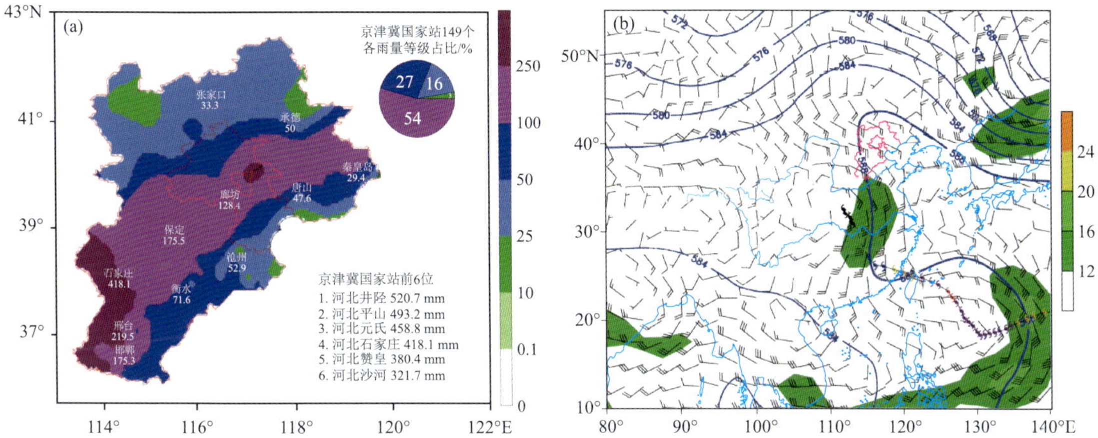

图 3.2　1996 年 8 月 3 日 08 时—6 日 08 时累计降水量(a，单位：mm)以及 8 月 4 日 08 时 500 hPa(b，蓝线，单位：dagpm)和 850 hPa 风场(b，风向杆，单位：m/s，风速≥12 m/s 填色)叠加 9608 号台风"Herb"(b，彩色符号)

3.2.3　2016 年 7 月 19—20 日河北大暴雨("7·19"暴雨)

2016 年 7 月 19—21 日，华北地区普降大暴雨，降水中心在太行山东麓（图 3.3a），位于太行山东麓的邯郸、石家庄、保定等地的部分地区降水量超过 700 mm，最大降水量(783.5 mm)出现在邯郸的陶泉乡。石家庄井陉、邯郸武安、石家庄市等 7 站突破历时同期极值，保定安新、徐水、容城、涿州、廊坊霸州、沧州献县、邢台清河 7 个县站日最大降水量突破历时极值。据民政部门统计，暴雨共造成华北及附近地区 1476.2 万人受灾、164 人死亡、125 人失踪，直接经济损失 311.4 亿元。本次过程具有降水量大、持续时间长、致灾严重等特征，是华北地区"63·8"暴雨以来最强降水过程。

17—21 日南亚高压逐渐东伸加强，同时副高西伸北抬，有利于雨带北抬至华北地区。我国北方地区为一槽两脊的形势，18 日 08 时西风带高空槽位于西北地区东部，同时高原槽位于西南地区东部，之后西风带高空槽不断加深发展东移，并与高原槽同位相叠加，于 20 日 02 时在华北南部切断为低涡。受低涡切断发展以及东侧大陆高压和副高阻挡，低涡沿太行山东麓缓慢北上，于 21 日 20 时在河北境内减弱填塞。此次低涡系统发展深厚，地面有气旋发展，对流层低层至 200 hPa 均有低涡存在，低涡系统最强时段对应 500 hPa 低涡位势高度为 575 dagpm，地面气旋中心气压为 992.7 hPa，均较气候平均场偏强。850 hPa，18 日 20 时在川、陕交界及湘、鄂、赣交界有南北向和东西向两条切变线，在切变线附近及偏南急流的顶端产生南北向和东西向两条雨带。19 日 08 时川、陕交界的切变线向东北方向倾斜，东部的东西向切变线也随西南急流向北推进而北抬，两条切变线逐渐呈"人"字形，同时在切变线附近出现了西南、东南、东北 3 支气流的加强。19 日夜间涡旋系统快速发展，20 日 08 时已在华北上空形成闭合完整的低涡环流及大范围的涡旋雨带，并稳定维持。受副高西伸加强与高空槽发展共同影响，低涡东侧西南风急流与偏东风急流建立，且边界层内存在超低空急流，925 hPa 和 850 hPa 急流核最大风速分别达到 24 m/s 和 26 m/s（图 3.3b），为强降水提供了有利的水汽和不稳定能量的输送。

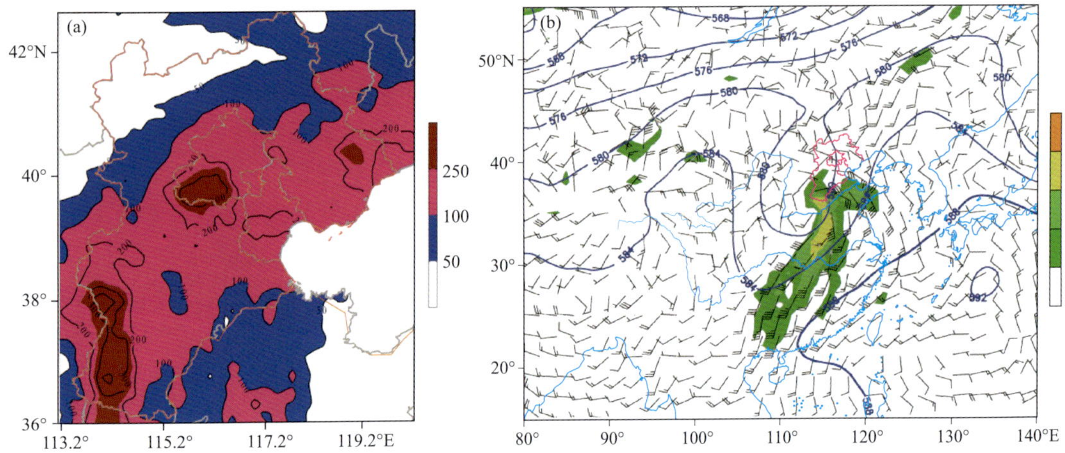

图 3.3　2016 年 7 月 18 日 08 时—21 日 08 时累计降水量（a，单位：mm）以及 7 月 19 日 20 时 500 hPa（b，蓝线，单位：dagpm）和 850 hPa 风场（b，风向杆，单位：m/s，风速⩾12 m/s 填色）

3.3　大风

大风是一种严重的气象灾害，一年四季均有发生，给工农业生产和国民经济造成重大损失。大风不仅危害陆地且危及海面（Yang et al.，2022）。夏季雷雨大风具有很强的破坏性，刮倒大树、吹断电线等事件经常发生；春季渤海上东北大风常刮翻船只，造成渔业生产的损失。沿海地区出现偏东、东北大风时常产生拍岸浪，甚至出现风暴潮。

河北省范围内，大风的主要表现形式为台风大风、寒潮大风、雷雨大风、龙卷等。河北省地处沿海，易受台风影响，台风常带来狂风、高潮、巨浪和暴雨，极易酿成灾害。寒潮大风是伴随寒流带来的大风天气。雷雨大风是指伴随强雷暴天气出现的、瞬时风力达到或超过 8 级的直线型强烈短时大风，是强对流风暴经常产生的灾害性天气之一（柴东红 等，2017；杨晓亮 等，2020a，2020b）。雷暴大风由中尺度对流系统直接产生，具有突发性强、致灾严重等特点。龙卷是一种小范围的猛烈旋风，是自积雨云底伸展出来到达地面的、强烈旋转的漏斗状云体，是一种破坏力极强的小尺度风暴。在其涡旋内部，空气柱强烈旋转着，当龙卷发生时，一个漏斗形或象鼻似的空气柱自积雨云底部向下伸展。龙卷旋转空气柱的直径一般不超过 1000 m，常规地面天气图上发现不了它，其移动路径长度为数十米至数十千米，一般出现在春、夏季。龙卷的类型可分为 3 种：陆龙卷、水龙卷和高空漏斗云。漏斗云的母体是积雨云，未触地时，称为高空漏斗云；若伸及水面，称为水龙卷；若伸及地面，称为陆龙卷。陆龙卷、水龙卷和高空漏斗云之间可以相互转化。陆龙卷移到水面，就成为水龙卷；水龙卷移到陆地，就成为陆龙卷。龙卷具有极大的吸力，若它在水面上经过，能吸起巨大的水柱；经由陆地时，能吸起巨大的沙尘，形成尘柱。龙卷风速很大，通常约 50 m/s，高者可达 150～200 m/s，甚至还可超过声速。强大的风力能卷走巨大的物品。

3.4 冰雹

冰雹是从发展旺盛的积雨云中降落到地面的坚硬的球形、锥形或不规则的固体降水，是一种季节性明显、局地性强、来势凶猛、持续时间短，以机械性伤害为主的灾害性天气。冰雹是以雹胚为核心，在冰雹云中大量过冷却水滴碰并而形成的，常伴随飑线、局地强风暴等强对流系统出现的一种天气现象，破坏性很大，常给人民的生命财产带来严重危害。河北省每年因遭受冰雹袭击造成农作物减产和绝收的面积在 9 万 hm^2 以上。

河北冰雹分布的特点是山地多于平原，内陆多于沿海，并具有明显的季节变化特征（连志鸾 等，2022）。地势、地形、地貌对冰雹天气发生的物理条件有显著影响。省内冰雹地理分布有两个特点，一是山区高于平原，二是海拔高处多于海拔低处。在同一纬度带内，西部太行山区多于东部平原，北部张家口坝上高原和承德山区冰雹日数多于其他地区（李江波 等，2011）。全省各地地方志中关于冰雹灾害记录之多，仅次于旱涝。俗话说“雹打一条线”，但有时降雹范围很广，成片地区受其影响，如 1977 年 5 月 25 日下午到前半夜，北京、天津两市及河北省 8 个地区 56 个县降雹。

3.5 大雾

雾是大量微小水滴或冰晶悬浮于空中，使近地面水平能见度降到 1 km 以内的天气现象。雾中的水滴或冰晶，直径一般在 5～50 μm。雾的分类方法很多，河北最常见的是大雾类型为辐射雾和平流雾（李江波 等，2020）。辐射雾是空气因辐射冷却达到饱和而形成的，它多出现于晴朗、微风、近地面水汽比较充沛的夜晚或早晨，天空无云阻挡，地面的热量迅速向外辐射出去，地面散热冷却，近地面层的空气温度很快降低，如果空气中水汽较多，便很快达到过饱和状态而凝结成雾。平流雾是暖空气流经冷的海面或陆面时，低层因接触冷却而凝结成雾。雾一旦形成，只要有适宜的风向和风速，大雾会持续很久，暖湿空气来源中断，雾会立刻消散。

雾对海、陆、空、交通及通信等方面的影响很大，尤其在较严重的情况下，常导致交通事故发生、通信中断、电网遭到破坏等，给人民的生命财产及国民经济带来巨大的损失。例如 1990 年 2 月 5—12 日，全省大面积出现大雾期间，在沧州任丘路段发生了一起死亡 7 人、伤 5 人的特大交通事故；大雾造成大面积“污闪”掉闸，国网河北省电力有限公司 6 个地区的大面积“污闪”波及 5 个 220 kV 站，27 条 220 kV 线路和多条 110 kV 线路损毁，造成大面积停电，损失相当严重。石家庄火车站停电 1 h，造成 30 列火车停开。

大雾对农业生产也有不利影响。长时间的大雾遮蔽了日光，妨碍了农作物的呼吸，使农作物对碳水化合物的储量减少，延迟开花、生长不良，从而影响产量和质量。每年山东半岛沿海一带小麦扬花期间，正是海雾多发期。如遇上持续几天的海雾，常导致小麦锈病的发生，严重时会减产 2～3 成。

此外，大雾还对人体健康有不利影响，对呼吸系统影响最大，可以引起急性上呼吸道感染、急性气管炎、支气管炎、肺炎、哮喘等疾病。另外，雾气持续不散，会加重老年人循环系统的负担，可能诱发心绞痛、心肌梗死、心力衰竭等，使慢性支气管炎出现肺源性心脏病等。

3.6 霾

空气中的灰尘、硫酸、硝酸、有机碳氢化合物等粒子能使大气混浊，视野模糊并导致能见度恶化，如果水平能见度小于 10 km 时，将这种非水成物组成的气溶胶系统造成的视程障碍现象称为霾或灰霾。霾一般呈乳白色，它使物体的颜色减弱，使远处光亮物体微带黄红色，而黑暗物体微带蓝色。组成霾的粒子极小，不能用肉眼分辨，霾粒子的来源有自然来源，如微小尘粒、海盐粒子等，也有人类活动排放的污染物，包括直接排放的气溶胶和气态污染物通过光化学反应转化成的细粒子气溶胶。

污染物排放是形成霾的“元凶”，而气象条件是形成霾的“帮凶”（杨晓亮 等，2014）。京津冀地区为全国霾气溶胶污染最严重的地区之一，霾日数呈现城市比农村多、平原比山区多的特点。北京、天津、石家庄等大中型城市及周边地区年雾或霾日数在 120 d 以上。

河北省中南部平原地区由于受太行山、燕山山脉组成的“弧形山脉”影响，山前暖区空气流动性较小，污染物和水汽容易聚集，同时迫使来自河北省的偏南风回流后上升，为霾形成提供了条件。在没有冷空气影响时，平原吹东南风、偏南风，受山脉的阻挡，霾容易在平原一带积聚。太行山“焚风效应”造成偏西气流越过太行山后下沉增温（王宗敏 等，2012；杨晓亮，2018），空气干燥，使大气层结更加稳定，下沉气流也不利于污染物的垂直扩散（李江波 等，2020）。

持续性的雾、霾天气严重影响人们的身体健康和心理健康，霾的组成成分非常复杂，其中直径小于 2.5 μm 的即常说的细颗粒物，能直接进入并黏附在人体上下呼吸道和肺叶中，可引起鼻炎、支气管炎等病症，长期处于这种环境还会诱发肺癌。此外，霾天气导致近地层紫外线的减弱，易使空气中的传染性病菌的活性增强，传染病增多。阴沉的雾、霾天气由于光线较弱，容易让人产生精神懒散、情绪低落及悲观情绪。持续雾、霾天气带来低温寡照还影响农作物的正常生长。大气污染物对太阳光的吸收和散射作用使大气能见度降低，低能见度给陆、海、空交通活动的正常进行带来诸多不便和各种危害，常常是造成交通和飞机起降重大事故的重要原因。

3.7 沙尘暴

沙尘暴是由于强风将地面大量沙尘吹起，使空气混浊，水平能见度低于 1000 m 的一种天气现象。冀北高原俗称“黄毛风”。河北省沙尘暴一般持续 1～2 d，连续时数也不太长，一般只有几小时，有时也可达十几个小时。沙尘暴加重了空气污染的程度，使能见度降低，对人们身体健康和交通安全都有一定不利影响。

研究表明，尽管我国北方沙尘暴次数 50 多年来总体趋势是在减少，但近年来，沙尘暴发生的频率有回升趋势。20 世纪 80 年代以来，由于气候变暖，蒙古气旋减弱，高压加强，阻挡了北方冷空气南下，使得中国北方沙尘暴次数减少。但近年来，这种情况开始改变，河北省沙尘天气发生的频率也较高，可能将进入新一轮的沙尘暴相对活跃期。例如，2010 年 4 月 26 日，受地面气旋和冷空气影响，河北省保定、沧州、石家庄、衡水、邢台、邯郸和张家口的部分地区有 91 个县(市)出现大风，风力 7～8 级、阵风 9～10 级，其中任县和临城风速达 30 m/s，风力为

11级;衡水南部、邢台东部、邯郸东部有13个县(市)出现沙尘暴,其中平乡、广宗、威县出现能见度小于500 m的强沙尘暴,为1994年以来同期日沙尘暴范围最大的一天。2021年4月26日—5月8日,河北省连续出现较大范围的沙尘天气。全省有131个县(市、区)出现浮尘或扬沙。2021年3月14—18日,受蒙古气旋和冷锋影响,中国北方出现了近10年最强沙尘天气。此次强沙尘暴于3月14日上午起源于蒙古国南部,14日夜间进入中国,先后影响中国华北、东北、西北、江淮等地区,其中在15日凌晨开始影响京津冀,河北省94个县(市、区)出现沙尘天气,其中33个县(市)出现扬沙,北部8个县(市)出现沙尘暴,为近10年来影响范围最大、强度最强的沙尘暴天气。沙尘天气PM_{10}浓度明显增高,致使AQI(空气质量指数)值增高,大部分地区出现重度—严重污染,给人们的出行和身体健康造成不利影响。

3.8 寒潮与霜冻

寒潮是指强冷空气活动使地面气温在24 h内下降8 ℃以上,最低气温达4 ℃以下的天气。冬半年在特定的天气环流背景下,高纬度地区的冷空气聚积并暴发南下,造成大范围气温骤然大幅度下降,风向突变、风力猛增,常伴有雨雪、雨凇和霜冻天气,这种强冷空气活动称为寒潮。寒潮是秋冬季影响河北省的主要灾害性天气(赵玉广 等,2012),常常会引发其他一些灾害出现,低温冻害就是其中的主要灾害之一。春季寒潮易冻伤作物幼苗,秋季寒潮易影响作物成熟,冬季寒潮会危害作物越冬。在秋末的11月,由于寒潮降温,日最低气温≤−7 ℃时,常使冬小麦遭受冻害甚至死亡。低温冻害也会对北部高原和山区的畜牧业及日光温室蔬菜生产带来危害。寒潮天气过程出现时产生的低温冻害、大风、积雪,也常会使铁路路轨冻裂,影响交通,冻坏室外的各种设备和各种输送管道,酿成事故。寒潮大风不仅会影响航运安全,还会毁坏建筑、刮断电线等,影响通信畅通和电力供应,干扰人们正常的社会生产和生活。

霜冻是指春末秋初,在夜间和早晨,地面或叶面最低温度骤然下降到0 ℃以下,使农作物遭受冻害的低温现象。霜冻主要是由于冷空气入侵引起的。如果冷空气入侵造成平流降温,再加上夜间地面的辐射冷却,可使局地降温幅度加大。每年秋季出现的第一次霜冻称为初霜冻,每年春季最晚一次出现的霜冻称为终霜冻。

初霜冻出现得早,其强度虽小,但对作物的危害甚重,因此时作物尚未成熟,低温超过作物所能忍受的程度而受到伤害,进而影响产量。初霜冻出现得晚,其强度虽重,但作物已进入成熟阶段或已开始收获,其损失较小。终霜冻出现越早对作物的危害越轻,越晚则越重,尤其在河北省的北部和东北部。霜冻强度具有不连续性。初霜冻南轻北重,终霜冻南重北轻。在同一纬度上,山区重于平原,山谷洼地重于高岗平原。

3.9 连阴雨

连阴雨是指连续几天以上的阴雨天气过程。把日降水量≥0.1 mm作为一个雨日,全天日照≤2 h算作阴日,河北气象部门规定:连续3 d及以上雨日,同时至少连续2个阴日即视为一次连阴雨天气过程。河北省连阴雨天气春、夏、秋三季都可能出现,对农业生产影响大、危害重的主要是4—9月出现的连阴雨,尤其是春播、麦收、秋收季节的连阴雨对农业生产影响更大。

4 月正值河北省春作物播种时期，播种前出现连阴雨会造成播种推迟，播后出现连阴雨会使种子霉烂。春季连阴雨常与低温相伴，影响春小麦、春玉米、棉花等春播作物的出苗和生长；9 月是秋作物成熟收获的季节，同时也是冬小麦播种的时期，秋季出现的连阴雨会造成秋粮和棉花及经济作物减产，影响秋收秋种。

2007 年 9 月 26 日—10 月 10 日，河北省中南部地区持续出现连阴雨天气，其持续时间之长、连续降水日数之多为历史同期所罕见。据统计，此次灾害共造成全省 393.77 万人受灾，农作物受灾面积 479870 hm^2，倒塌毁坏房屋 11413 间，造成直接经济损失 25.79 亿元，其中农业经济损失 24 亿元。

3.10 本章小结

气象与环境灾害严重威胁经济社会发展和人民群众生命财产安全，有时会造成巨大的经济损失。本章对影响河北的气象与环境灾害进行了介绍，包括高温干旱、暴雨洪涝、大风、冰雹、大雾、霾、沙尘暴、寒潮与霜冻、连阴雨等九类，重点介绍了各类气象与环境灾害的定义、分类、气候特征及天气学成因，给出了各种气象与环境灾害对社会生活、农业生产和生态环境的主要影响，对部分典型气象与环境灾害事件进行了分析。

第 4 章
农业生态气象

4.1 主要作物农业气候特征

4.1.1 冬小麦与气候

4.1.1.1 冬小麦生产概况

冬小麦是河北省主要粮食作物之一，河北省是我国小麦生产第三大省。进入 21 世纪以来，冬小麦常年播种面积保持在 3300 万亩以上，总产量在 1200 万 t 以上。由于河北省地貌类型多样和地区气候差异，形成了多种冬小麦种植制度和品种生态类型。河北省冬小麦种植区域主要分布在长城以南，即秦皇岛、唐山以南地区，中南部（保定、廊坊以南）地区是河北省冬小麦主要产区。影响冬小麦生长发育和产量形成的生态环境包括气候、土壤和生物等自然因素，也有耕作栽培管理技术和社会经济条件，其中气候因素具有主要的决定性作用。根据与生态环境相联系而形成的冬小麦品种生态类型，河北省冬小麦主要分为河北低平原冬小麦区、太行山山前冬小麦区、太行山浅山丘陵冬小麦区、冀东平原冬小麦区（贾银锁 等，2009）。河北省地处温带季风气候区，天气变化与气候特征对冬小麦生产有着明显影响。冬小麦生长季降水相对偏少、温度相对较低、日照相对较弱，干旱、冻害、霜冻和干热风等是影响冬小麦正常生育的主要农业气象灾害。影响河北省冬小麦稳产高产的首要气候因素是水分不足引起的干旱，其次是温度变化造成的冻害和霜冻害，以及生育后期的干热风危害。

4.1.1.2 冬小麦与气候

（1）光照

冬小麦属于长日照作物，在通过春化阶段后，在适宜条件下进入光照阶段。冬小麦分蘖期需要较高的光照强度，通过合理密植，使光合作用强度增强，这样不仅使分蘖数量增加，而且分蘖健壮。在光照强度减弱时，冬小麦的单株分蘖数量和单株干重都明显降低。在冬小麦小穗分化过程中，日照缩短，穗分化时间响应延长，有利小穗数增加。若光照强度不足，则降低小穗分化速度，使小穗数减少，并且小穗退化增加。在冬小麦籽粒形成期，光照不足，特别是阴雨天气易造成受精不良或籽粒退化（贾银锁 等，2009）。如冬小麦灌浆期，充足的光照有利于提高灌浆强度。

（2）温度

温度是冬小麦生长发育和产量形成过程中极为重要的环境因素。冬小麦从播种到收获需要活动积温1700～2400 ℃·d,不同类型的冬小麦品种对积温的要求不同。冬小麦生长发育在不同阶段有不同的适宜温度范围。在最适温度时,生长最快,发育最好。在其他条件适宜时,冬小麦种子发芽出苗的最适温度是20～30 ℃;其根系生长的最适温度为16～20 ℃,最低温度为2 ℃,超过30 ℃则受到抑制。在2～4 ℃时,冬小麦开始分蘖生长,分蘖的最适温度为13～18 ℃,高于18 ℃分蘖生长减慢。冬季当日平均气温下降到0 ℃时,植株基本停止生长,开始进入越冬期。次年冬末春初,当日平均气温稳定通过0 ℃时,冬小麦根系已开始生长,同时植株的心叶也开始生长。在气温稳定通过3 ℃,晴天午间气温达到10 ℃以上时,新生分蘖、根和叶片都将明显生长。当气温稳定通过5 ℃时,冬小麦进入春季分蘖期。冬小麦茎秆一般在10 ℃以上开始伸长,在12～16 ℃形成短矮粗壮的茎,高于20 ℃易徒长,茎秆软弱,容易倒伏。拔节期的适宜温度为12～16 ℃,此期温度若适宜偏低,则有利壮秆,延长小花分化时间,利于增加穗粒数。通常冬小麦抽穗后2～3 d开始开花,当日平均气温在20 ℃左右时开花迅速,10 ℃左右时开花显著减慢。冬小麦灌浆期的适宜温度为20～22 ℃,上限温度为26～28 ℃,下限温度为12～14 ℃。适宜温度范围稍偏低,可延长灌浆时间,有利于提高粒重(贾银锁 等,2009)。如干热风多,或日平均气温高于25 ℃,因失水过快,灌浆过程缩短,籽粒重量降低。

温度是影响冬小麦种植分布的决定性因子,冬小麦栽培种植北界一般为最冷月平均最低气温−8～−6 ℃,极端最低气温−24～−22 ℃。河北小麦种植基本以长城为分界线,长城以北为春小麦种植区,长城以南是冬小麦种植区。

(3)水分

冬小麦是水分需求较多的作物。河北省冬小麦全生育期总需水量为400～600 mm,其中高产麦田一般为500～600 mm(贾银锁 等,2009)。

播种后至拔节前,冬小麦植株小,温度低,农田土壤蒸发量小,耗水量占全生育期耗水量的35%～40%,每亩日平均耗水量为0.4 m^3左右。拔节到抽穗,冬小麦进入旺盛生长时期,耗水量急剧上升。在30～35 d时间内耗水量占总耗水量的30%以上,每亩日耗水量为2.2～3.4 m^3。此期是冬小麦需水临界期,如果缺水会造成严重减产。冬小麦抽穗到成熟,共35～40 d,耗水量占总耗水量35%～40%,日耗水量比前一段略有增加。尤其是在抽穗后的灌浆期,是冬小麦一生中需水最大的阶段,日耗水量约4 m^3。

冬小麦一生中有两个水分敏感期,如果此期缺水将会影响冬小麦生长发育和产量,第一个水分敏感期是拔节期,此时小穗小花分化,代谢旺盛,细胞液浓度低,抗旱能力弱,如果此期缺水,小穗发育不良,称为水分临界期(关键期)。第二个水分敏感期是扬花—灌浆期,此期营养物质从母体各部分输送到籽粒,如果缺水一方面影响旗叶的光合作用与寿命,减少有机物的制造,另一方面使有机物输送变慢,造成灌浆困难,产量下降。

4.1.1.3 冬小麦生育与气候

根据冬小麦生长发育变化,冬小麦全生育期分为三个阶段:苗期,从出苗到返青起身期,主要以根、叶和分蘖的生长为主,是决定亩穗数的关键阶段;中期,从起身到开花期,是营养生长与生殖生长并进阶段,既有根、茎、叶的生长,也有穗分化发育,是决定穗粒数阶段;后期,从开花到成熟期,即籽粒形成阶段,是决定粒重阶段。所以,冬小麦生育的三个阶段分别决定了其产量构成的三要素变化。

(1)苗期阶段

播种到越冬前是冬小麦冬前形成壮苗的关键阶段。冬小麦播种期适宜气温为16～18 ℃,

冬前形成壮苗的活动积温为 550～650 ℃·d。据此要求,结合 20 世纪 90 年代以来的气候变化特征,以及夏玉米生育状况,河北省冬小麦适宜播种期现在为:南部麦区 10 月 7—15 日,中部 10 月 5—12 日,北部 9 月 28 日—10 月 8 日。一般播种后 7 d 出苗,出苗到分蘖 15 d 左右,此后一个月进入冬前分蘖盛期。冬小麦分蘖的适宜气温是 13 ℃,4 ℃以下分蘖停止。11 月是河北冬小麦分蘖的主要阶段。随着气温不断下降,冬小麦开始进入越冬抗寒锻炼时期,其中 0～5 ℃为抗寒锻炼第一阶段,进行糖分积累,适应越冬消耗;−5～0 ℃为抗寒锻炼第二阶段,进行细胞脱水,增强越冬期抗寒能力。冬小麦抗寒锻炼两个阶段一般均需要 10～15 d,若时间太短,则越冬抗寒能力差。因此,11 月是河北冬小麦形成冬前壮苗(具有足够分蘖)和良好抗寒能力的关键期。随气温下降,河北冬小麦一般在 11 月下旬到 12 月中旬从北到南陆续进入越冬期。次年 2 月下旬开始,随着气温回升,河北省冬小麦从南向北陆续开始返青恢复生长。由于早春气温波动较大,返青到起身一般持续 30 d 左右。

(2)中期阶段

早春由于气温多变,以及晚霜冻影响,同时冬小麦抗寒能力开始下降,在气温下降到−3 ℃以下时,小麦容易受冻。4 月上旬到下旬陆续开始拔节,要求适宜气温为 12～16 ℃,气温回升缓慢或稍偏低,有利于形成大穗。拔节孕穗期冬小麦植株生长旺盛,叶面积指数迅速增加,田间逐渐郁闭,对水分需求急剧增加,日耗水量在 6 mm 以上,一般要求土壤相对湿度为 75%以上。生产上考虑早春天气多变和冬小麦拔节期对水分的需求,以及对土壤水分的合理利用,通常"春一水"灌溉在拔节期进行。

(3)后期阶段

河北冬小麦 5 月上旬到下旬从南到北陆续进入抽穗、开花、灌浆期。抽穗、开花期要求日平均气温 16～20 ℃,开花后 2～4 d 开始灌浆,一般灌浆时间持续 1 个月左右,冬小麦灌浆期要求的适宜气温为 20～22 ℃,高于 32 ℃或低于 20 ℃灌浆速度下降。灌浆期是冬小麦一生水分需求量最大阶段,如果不能满足需求,则产量直接受到影响。5 月自然降水开始增加,但降水量年际变化较大,因此,要结合冬小麦灌浆进程和土壤水分变化以及天气条件,适时灌溉。生产中影响冬小麦灌浆的不利天气主要是高温和干热风。高温对冬小麦开花后的影响主要是:受高温胁迫影响,小麦光合作用下降,光合产物输出受阻,籽粒灌浆物质不足,影响籽粒发育,胚乳细胞减少,粒重下降(封超年 等,2000)。

4.1.1.4 冬小麦春化阶段与光照阶段

冬小麦是喜凉作物,适应性较强。其一生需经历两个阶段,即春化阶段(感温阶段)和光照阶段(感光阶段)。

春化阶段是指冬小麦在出苗后,需要在 0～5 ℃低温条件下,经过 25～50 d,一般在冬前进行,否则不能抽穗结实。春化阶段是分化叶片和茎节,决定叶片、分蘖原基数量的时期,延长春化阶段可增加分蘖数量。春化阶段是在温度、光照、水分和营养等条件综合作用下完成的,但主导因子是温度,低温是完成春化阶段的决定因素。在平均气温降到 4～7 ℃时开始春化,当气温高于 10 ℃或低于−4 ℃时,春化停止。不同的冬小麦品种通过春化阶段的温度要求和时间不同,大体分为三种类型。冬性品种,通过春化阶段的适宜温度是 0～3 ℃,时间需要 35 d 以上,对温度反应敏感,温度过低,春化速度慢,温度过高,则不能通过春化阶段。春性品种,通过春化阶段的适宜温度是 0～12 ℃,需要 5～15 d,对温度反应不敏感,未经春化处理的种子春播能够正常抽穗。过渡性品种,通过春化阶段的适宜温度是 0～7 ℃,需要 15～35 d。

光照阶段是作物对光周期敏感的阶段，即每天昼夜光暗交替时间的长短影响冬小麦的开花结实，也称光周期现象。冬小麦是长日照作物，通过春化阶段后，在适宜条件下即可进入光照阶段。光照阶段受多种外界环境条件的综合作用，但光照时间长短是主导因子。当气温高于 25 ℃或低于 10 ℃，日照少于 12 h，则光照阶段进展缓慢。冬小麦在光照阶段对短日照和低温非常敏感，这一特性可使冬小麦在早春返青后不致立即开始幼穗分化，对维持植株较强的抗寒力、抵御倒春寒危害非常重要。光照阶段一般需要经过 30～40 d、每天 8～12 h 的光照阶段，然后才能抽穗。在光照阶段要求以长日照为主的综合外界条件。根据冬小麦通过光照阶段对日照长短的要求和反应，也分为三种类型。反应敏感型，要求每天光照 12 h 以上，经历时间为 30～40 d。反应中等型，要求每天光照 8～12 h，经历时间为 24 d 左右。反应迟钝型，要求每天光照在 8 h，经历时间为 16 d 左右。

河北省种植的冬小麦品种多属敏感型。从地理位置来看，在春季冬小麦通过光照阶段时，每天光照都在 12 h 以上，完全可以满足要求。

4.1.1.5 冬小麦主要农业气象灾害

河北省冬小麦生育期主要农业气象灾害是干旱、冻害、霜冻害和干热风等。

(1)干旱

河北省冬小麦生长期为 10 月—次年 6 月，正是自然降水较少的时期，冬季、春季一般仅占年降水总量的 15%左右，因此干旱发生频繁，而且对冬小麦正常生长发育具有明显的影响。通常，冬小麦苗期，由于生长缓慢、气温低，需水量较少，一般干旱影响不大；在生长中期和后期，即拔节—灌浆阶段，水分需求量大，拔节期是水分临界期，灌浆期是需水最大期，这两个阶段发生的干旱将直接影响产量。由于河北大部麦区灌溉条件较好，一般年份干旱实际影响较小。

2008 年 10 月下旬—2009 年 2 月上旬和 2010 年 11 月上旬—2011 年 2 月上旬，降水持续偏少，属典型的气象干旱，由于冬小麦处于苗期和越冬期，影响较小。

(2)冻害

冻害主要是指出现在冬小麦越冬期由于气温剧变或持续强低温而使冬小麦受冻，严重冻害可使麦苗死亡。20 世纪 70 年代和 80 年代初，河北冬小麦冻害发生严重。20 世纪 90 年代之后，受气候变暖影响，越冬冻害减少。进入 21 世纪以来，河北省冬小麦冻害时有发生。

2004—2005 年，黄淮海地区包括河北出现了自 1988 年以来最严重的冬小麦冻害(李茂松等，2005)。主要是由于冬前旺长，越冬前期剧烈降温，冬前抗寒锻炼不足，部分种植品种抗寒性弱。历史上，1977、1980、1981 和 1984 年河北冬小麦冻害严重，冬季气温较低是发生冻害的主要生态气候因素，另外也与当时种植的品种生物学特性有关。

2009—2010 年，河北省冬小麦经历了 50 年一遇的特殊天气，由于小麦越冬期普遍提前，冻害严重，出现不同程度的死苗、死蘖和枯叶现象，冬小麦苗情是近 30 年来最差的一次。河北省冬小麦冻害发生面积 119.98 万 hm^2，比上一年增加 86.51 万 hm^2。中南部主麦区石家庄、邢台、衡水、保定、邯郸、沧州等地区冻害面积较大，且程度较重，冀东平原区冻害面积较小且程度较轻(崔彦生 等，2011)。影响冻害发生的主要原因是骤降暴雪。2009 年 11 月 10—11 日，河北省中南部地区普降大雪，尤其是石家庄、保定、邢台、邯郸、衡水等地区骤降暴雪，以石家庄为最大，麦田积雪厚度超过 70 mm，是 50 年一遇的特大暴雪。经调查，雪后石家庄地区 20 多天麦田积雪才化完，其他地区也在 15 d 以上。由于冬小麦没有经过抗寒锻炼，冬前生长期短，苗龄小，群体少，造成严重死苗。河北省死苗情况以石家庄最为严重，其次是保定、邢台、邯郸、衡水等地。因此，骤降暴雪是 2009—2010 年河北省冬小麦死苗的主要原因。2009 年秋末冬初，河北省骤然降温，致使冬小麦比常年提早 15～20 d 进入越冬期，冬前有效积温比常年少 90 ℃·d 以上，而且冬季长时间温度低于常年，冬季平均气温为近 10 年最低，特别是 1 月上中旬连续 10 d 出现了近年罕见的低温天气，冬小麦冻害严重，越冬苗情差。在生产上，部分麦田播种过晚、播种质量不高、整地质量差，以及部分品种抗寒性低对冻害也有影响。

(3)霜冻害

霜冻害是出现在秋季和春季的灾害，通常春季晚霜冻害对冬小麦影响较大。21 世纪以来，随着气候变暖，霜冻害影响不但没有减小，而且有增大的趋势。据研究，河北省春季冬小麦霜冻害以轻度为主，20 世纪 90 年代以后，霜冻害站点数年际变化幅度明显增大，数量也明显增多，特别是中重度霜冻害站点数增加明显，霜冻害影响范围和程度有所加重(代立芹 等，2014a)。霜冻害高发区主要分布在春季气温回升较早的邯郸、邢台地区，以及地势低洼的沧州南部、衡水东部部分地区；低发区主要分布在春季气温回升较晚的唐山、秦皇岛地区。晚霜冻的发生时间、最低气温及低温持续时间和冬小麦生育进程、群体大小等共同影响霜冻害的危害程度。此外，晚霜冻害危害程度还与冬小麦品种抗寒性密切相关，如一些高筋品种抗冻性较差。前期温暖而再遇低温则冻害重，2020 年河北中部麦田受灾较重就与当年冬春季气温前期偏高、小麦发育进程提前有关。

2009 年 10 月下旬末到 11 月上旬初(10 月 31 日—11 月 5 日)，河北中部保定地区出现了一次明显的降温过程，11 月上旬初，保定中西部地区日最低气温低于 0 ℃，最低达到了－4 ℃，造成了部分冬小麦叶片明显受冻。

2000 年以来，河北省多次出现春季晚霜冻害，对冬小麦生育造成了一定不利影响。2006 年 4 月 11—12 日，受强冷空气和暖湿气流的共同影响，张家口和保定、廊坊及以南地区出现了历史同期少见的雨夹雪天气，其中有 34 个县(市)出现了 1971 年以来的最晚降雪日。伴随雨雪天气，还出现了大范围的强降温过程，这次降温过程覆盖了除秦皇岛和唐山两市以外的所有地区，4 月 12 日河北省各地最低气温降到－11.1～5.5 ℃，中南部的部分县(市)日最低气温接近历史同期(4 月中旬)极端最低气温值，其中临漳日最低气温突破了历史同期极端最低值。此次强降温过程导致全省受灾面积达 3.8 万 hm^2，成灾 1.5 万 hm^2，经济损失 1.8 亿元，冬小麦是主要受灾作物之一。

2018 年 4 月 3—7 日，河北省出现降温过程，冬麦区最低气温中南大部降至 0.1～1.7 ℃，北部和中南局部冬麦区降至－3.2～0 ℃，部分冬小麦受冻，本次低温延缓了冬小麦发育进程，对冬小麦生长发育造成了影响。2020 年 4 月 21—23 日，河北省主麦区出现明显降温过程，最低气温降幅 4～6 ℃。其中，21 日廊坊、保定、沧州、衡水四市局部最低气温降至 0.7～2.0 ℃；22 日，最低气温继续下降，廊坊、保定、沧州、石家庄、衡水、邢台六市局部出现－2.0～0.8 ℃的低温，各地气温低于 0 ℃时段主要在 5～7 h，持续时间 3 h 左右，石家庄、衡水、保定及沧州四市正值孕穗、抽穗期的冬小麦受影响较重。

(4)干热风

干热风是影响河北省冬小麦产量的一种主要气象灾害。自 20 世纪 90 年代以来，干热风出现了明显的变化。进入 21 世纪以来，特别是最近 10 年，干热风虽然出现较多，而且强度较大，但由于冬小麦品种更新换代和栽培管理技术变化，包括种植方式如窄行匀播和群体结构等影响，开展“一喷三防”（是指将杀虫剂、杀菌剂、植物生长调节剂如微肥、抗旱剂等混配，一次施药可以达到防虫、防病、防干热风的效果）或“一喷多防”（一次施药可以达到防病虫害、防干热风、防倒伏、增加粒重的效果），减轻了冬小麦干热风灾害的影响。在气候变化情况下，未来仍要加强冬小麦干热风灾害防御。

4.1.2 玉米与气候

4.1.2.1 玉米生产概况

河北省是玉米生产大省，也是全国玉米主产省份之一，2017 年以来，全省玉米（春玉米和夏玉米）播种面积稳定在 340 万 hm^2 以上，占粮食总播种面积的 40%以上；总产量为 1600 余万吨，产量占全省粮食总产量的 45%左右。

河北省地处我国玉米种植带中北方春玉米区和黄淮海夏玉米区中间过渡地带，有冀北（包括张家口、承德、唐山和秦皇岛北部）、冀西（太行山区）春播玉米区，冀东（唐山和秦皇岛南部）春夏播玉米混种区和冀中南夏播玉米区等。干旱、低温冷害、高温、大风、冰雹和涝害是影响玉米正常生育的主要农业气象灾害。其中，影响河北玉米稳产高产的主要气候因素是降水不足引起的干旱。

4.1.2.2 玉米与气候

(1)光照

玉米属短日照作物，但不典型，在长日照(18 h)下仍能开花结实。玉米是高光效的高产作物，要达到高产，就需要较多的光合产物，即要求光合强度高、光合面积大和光合作用时间长。此外，玉米对光谱也有不同的反应。在专门的光谱试验室内测定的结果表明，玉米雌穗在蓝色光和白色光中发育最快，在红色光中发育相当迟缓；而雄穗在红色光中发育并不慢。在绿色光中，玉米整个生长发育都极度缓慢。可见，光谱成分对玉米生长发育的影响是很大的。

(2)温度

玉米是喜温作物，整个生育期间都要求较高的温度。玉米在各个生育时期，对温度的要求有所不同。

玉米种子一般在 10～12 ℃时发芽较为适宜，25～35 ℃时发芽最快。在生产中，土壤表层 5～10 cm 温度稳定在 10～12 ℃时，作为春玉米播种的适宜时期。玉米出苗的快慢，在适宜的土壤水分和通气良好的情况下，主要受温度的影响较大，一般在 10～12 ℃时，播种后 18～20 d 出苗；在 15～18 ℃时，8～10 d 出苗；在 20 ℃时，5～6 d 就可以出苗。以春玉米为例，春玉米出苗后，幼苗随着温度上升而逐渐生长。当日平均温度达 18 ℃以上时，植株开始拔节，并以较快的速度生长。在一定范围内，温度愈高生长愈快。有研究表明，玉米幼穗形成前每出生一片叶需 65 ℃・d 积温，幼穗形成后每出生一片叶需要 90 ℃・d 积温。

玉米抽雄、开花期要求适宜日平均温度为 26～27 ℃，此时是玉米一生中要求温度较高的时期，在温度高于 32 ℃、空气相对湿度接近 30%的高温干燥气候条件下，花粉（含 60%的水分）常因迅速失水而干枯，同时花丝也容易枯萎，因而常造成受精不完全，产生缺粒现象。

玉米籽粒形成和灌浆期间，仍然要求有较高的温度，以促进同化作用。在籽粒乳熟以后，要求温度逐渐降低，有利于营养物质向籽粒运转和积累。在籽粒灌浆、成熟这段时期，要求日平均温度保持在 20～24 ℃，如温度低于 16 ℃或超过 25 ℃，会影响淀粉酶的活动，使养分的运转和积累不能正常进行，造成结实不饱满。

(3)水分

玉米全生育期需水量为3000～5400 m^3/hm^2，而不同生育时期对水分的要求不同。

播种出苗期：玉米从播种发芽到出苗，需水量少，占总需水量的3.1%～6.1%。玉米播种后，需要吸取本身绝对干重48%～50%的水分，才能膨胀发芽。如果土壤墒情不好，即使勉强膨胀发芽，也往往因顶土出苗力弱而造成严重缺苗；如果土壤水分过多，通气性不良，种子容易霉烂也会造成缺苗，在低温情况下更为严重。

幼苗期：玉米在出苗到拔节的幼苗期间，植株矮小，生长缓慢，叶面蒸腾量较少，所以耗水量也不大，占总需水量的15.6%～17.8%。这时生长中心是根系，为使根系发育良好，并向纵深伸展，必须保持表土层疏松干燥和下层土比较湿润的状况，如果上层土壤水分过多，根系分布在耕作层之内，不利于培育壮苗。因此，这一阶段土壤相对湿度应控制在60%左右，可为玉米蹲苗创造良好的条件，对促进根系发育、茎秆增粗、减轻倒伏和提高产量都有一定作用。

拔节孕穗期：玉米植株开始拔节以后，生长进入旺盛阶段。这个时期茎、叶的增长量很大，雌雄穗不断分化和形成，干物质积累增加。这一阶段是玉米由营养生长进入营养生长与生殖生长并进时期，植株各方面的生理活动逐渐加强；同时，这一时期气温不断升高，叶面蒸腾强烈。因此，玉米对水分的要求比较高，占全生育期总需水量的23.4%～29.6%。特别是抽雄前半个月左右，雄穗已经形成，雌穗正加速小穗、小花分化，对水分条件的要求更高。这时如果水分供应不足，就会引起小穗、小花数目减少，从而减少果穗籽粒的数量，同时还会造成"卡脖旱"，延迟抽雄授粉，降低结实率而影响产量。这一阶段土壤水分以相对湿度70%～80%为宜。

抽穗开花期：玉米抽穗开花期，对土壤水分十分敏感，如水分不足，气温升高，空气干燥，抽出的雄穗在两三天内就会"晒花"，甚至有的雄穗不能抽出，或抽出的时间延长，造成严重的减产，甚至颗粒无收。这一时期，玉米植株的新陈代谢最为旺盛，对水分的要求达到它一生的最高峰，称为玉米需水的"临界期"。这时需水量因抽穗到开花的时间短，所占总需水量的比率比较低，为13.8%～27.8%；但每日单位面积需水量绝对值却很高，可达49.80～55.35 m^3/hm^2。因此，这一阶段土壤相对湿度以80%左右为好。

灌浆成熟期：玉米进入灌浆和蜡熟的生育后期时，仍然需要相当多的水分，才能满足生长发育的需要。这时需水量约占总需水量的19.2%～31.5%，这期间是产量形成的主要阶段，只有充足的水分才能把茎、叶中积累的营养物质运转到籽粒中。所以，此期土壤水分状况比生育前期具有更重要的生理意义。灌浆后即进入成熟阶段，籽粒基本定型，植株细胞分裂和生理活动逐渐减弱，但仍需要一定的水分，占总需水量的4%～10%，以维持植株的生命，保证籽粒最终成熟。

4.1.2.3 玉米生育与气候

河北省春玉米全生育期>0 ℃积温一般为2300～4000 ℃·d；日照时数为800～1500 h，降水量为300～600 mm；夏玉米全生育期>0 ℃积温一般为2700～3100 ℃·d，日照时数大部为500～1000 h，降水量大部为200～600 mm。

播种期：河北省春玉米播种期一般为4月下旬—5月上旬，4月下旬旬平均气温大部为12～15 ℃，适宜春玉米播种；夏玉米大部地区6月上、中旬播种，期间旬平均气温大部为23～

26 ℃，日照平均每天 7～9 h，光温条件适宜夏玉米播种。

苗期：春玉米 5 月中旬—6 月上旬为苗期，期间旬平均气温大部为 18～22 ℃，日照时数平均每天 7～9 h，光温条件适宜春玉米苗期生长。夏玉米苗期为 6 月下旬—7 月上旬，期间夏玉米区平均气温 25～27 ℃，日照平均每天 7～9 h，光温条件能够满足夏玉米苗期生长需要。

拔节期：春玉米 6 月下旬—7 月上旬为拔节期，期间平均气温大部为 19～24 ℃，日照大部每天 7～9 h，光温条件适宜；夏玉米 7 月中、下旬为拔节期，期间平均气温大部为 26～28 ℃，平均每天日照时数 6～8 h，光温条件能够满足夏玉米生长需要。

抽雄灌浆期：春玉米 7 月中、下旬进入抽雄期，8 月中旬—9 月下旬为灌浆成熟期，期间平均气温大部为 20～24 ℃，平均每天日照时数 6～9 h。夏玉米 8 月上旬为抽雄开花期，8 月中旬—9 月下旬为灌浆成熟期，期间平均气温大部为 22～25 ℃，日照平均每天 6～7 h。

收获期：9 月上旬到中旬为春玉米收获期，9 月下旬—10 月上旬是夏玉米的收获时间，至 10 月 20 日，玉米收获完毕。

4.1.2.4 玉米主要农业气象灾害

河北省玉米生育期主要农业气象灾害是干旱、霜冻害与冻害、高温热害、大风灾害、涝害。

(1)干旱

播种期土壤相对湿度低，玉米播种困难，即使播种，播后因水分欠缺，出苗困难。玉米自拔节后，植株开始进入旺盛的营养生长和生殖生长阶段，对水分要求迫切，拔节到抽雄需水占总需水量的 23%，抽穗前 10 d 至抽雄后 20 d 是对水分敏感的临界期。此时期平均每昼夜耗水 6～8 mm，土壤水分不足，会严重影响产量。抽雄前 10 d 至抽雄后 20 d，持续半个月没有降水可造成玉米的“卡脖旱”，使幼穗发育不良，果穗小，籽粒少。花期干旱将造成花粉死亡，花丝干枯，不能授粉；吐丝期和散粉期干旱则更为敏感，灌浆期干旱将导致灌浆不足，籽粒不饱满，影响产量和品质。

2009 年张家口玉米严重干旱。6 月中旬—8 月中旬，张家口地区一直未出现过透雨，同时持续高温少雨，全市平均降水量仅为 104.4 mm，比常年同期偏少 50%，坝上和坝下中部地区降水量偏少近 80%，是 1965 年以来 35 年间降水最少的年份，为 50 年一遇的大旱。此外，由于气温持续偏高，蒸发强烈，土壤失墒严重，35 ℃以上的高温日数达 11 d，是近 10 年来高温日数最多的年份。截至 8 月 24 日，全市受旱面积达到了 848 万亩，受旱作物主要有玉米、莜麦、马铃薯、杂豆。其中成灾面积 803 万亩，坝下南部的阳原县、蔚县、宣化县和坝上地区的张北县、尚义县、沽源县、康保县农作物大面积绝收，绝收面积达 573 万亩，占全市农作物面积的一半以上。受灾人口 280 万人，农业直接经济损失约 24.6 亿元。

(2)霜冻害与冻害

玉米播后气温持续偏低，影响种子萌发；苗期遇 2～3 ℃低温，影响正常生长。日平均气温≤10 ℃持续 3～4 d，幼苗叶尖枯萎；日平均气温降至 8 ℃以下持续 3～4 d，可发生死苗。拔节期气温低于 24 ℃，生长速度缓慢；气温低于 20 ℃，将延迟抽穗。玉米花期气温低于 18 ℃，花粉失去生命力，影响授粉。灌浆期温度偏低，灌浆缓慢，甚至停止，延迟成熟，或不能成熟。

2006 年 9 月 8—9 日，承德、张家口两市部分地区出现入秋以来首次降雪，雪后气温大幅度下降，全省大部分地区平均气温 48 h 降幅 4.0～11.0 ℃，其中北部地区降温 6.0 ℃以上，致使部分地区出现霜冻害。9 月 8 日，康保、围场、沽源等县(市)出现了雨雪天气，本次降雪是丰宁、张北等 6 个县(市)自 1971 年以来的最早降雪日。雨雪过后气温大幅度下降，北部局部地区最低气温降至 0 ℃以下，张家口、承德部分地区出现霜冻，其中兴隆出现了 1961 年以来的最早初霜日。由于霜冻出现时间早，玉米、莜麦等正处于灌浆结实期，农作物叶片被冻死干枯，严重影响了农作物正常的光合作用，致使籽粒秕小，粮食大部分减产 5～6 成，部分地块绝收。据河北省民政厅统计，平泉、宽城、隆化、承德四县(市)受灾人口 62.3 万人，受灾面积 5.5 万 hm^2，绝收 0.6 万 hm^2，造成直接经济损失 2.3 亿元。

2019 年 8 月下旬，张家口市出现了罕见的低温冻害。受冷空气影响，张家口市 10 个县(区)的 73 个乡镇、1056 个行政村遭受了自 1961 年有气象记载以来 50 年一遇的特大低温冷冻灾害，农业损失严重。8 月 22—24 日，张家口市坝上沽源县、张北县、塞北管理区、察北管理区、康保县、尚义县和坝下崇礼区、赤城县、怀安县、宣化县相继出现大幅降温天气，大部分乡镇最低气温降至－3～－1 ℃。这次低温冷冻灾害较往年提前了 20 d，造成张家口市 9.8 万 hm^2 农作物受灾，农业损失达 4.9 亿元，受灾人口 31.5 万人。坝上地区青玉米受冻后，影响养分供给，叶片和秸秆全部冻死枯黄，无法青储，基本全部绝收。

2022 年 8 月下旬，张家口坝上出现低温冻害。8 月 27 日，受强冷空气影响，张家口市部分县(区)日最低气温降至 1～4 ℃，致使部分作物遭受低温冻害。据初步调查，本次霜冻涉及康保县、张北县、沽源县、尚义县、赤城县、万全区、崇礼区、察北管理区、塞北管理区 9 个县(区)、62 个乡镇，受灾面积 6.5 万 hm^2(97.45 万亩)，成灾面积 2.13 万 hm^2(31.94 万亩)，包括玉米以及马铃薯、荞麦、葵花、豆类、甜菜、油菜等农作物。

(3)高温热害

玉米苗期生长速度与土壤温度关系密切，25 ℃时生长速度最快，超过 30 ℃则呈下降趋势。在开花期，气温高于 32 ℃不利于授粉，≥35 ℃持续 1～2 h，花粉即死亡，高于38 ℃不开花。灌浆期玉米有时还发生“高温逼熟”现象，即玉米进入灌浆期后，遭受高温影响，营养物质运转和积累受到阻碍，籽粒迅速失水，未进入完熟期就被迫停止成熟，以致籽粒皱缩不饱满，粒重降低，严重影响产量。

2018 年 7 月中旬—8 月上旬的持续性高温天气使邢台、邯郸部分玉米花粉母细胞发育不良或畸形，花粉活力降低甚至丧失而结实不良，造成直接经济损失 0.4 亿元。2018 年河北省玉米缺粒，主要发生在夏播区，从北往南逐渐加重，严重的甚至可能绝收。从生物学角度分析，玉米正常授粉、受精对外界气温、湿度和土壤水分要求最为严格，也是对温度条件反应最敏感的时期。玉米抽雄至受精的最适气温 25～28 ℃、空气相对湿度 65%～90%、土壤相对湿度 80%左右。当气温高于 32 ℃、相对湿度低于 50%时，开花迅速减少，且花粉在 1.5 h 内丧失活性；当遇到持续高于 38 ℃的高温伴随干旱天气时，玉米花粉死亡，花丝丧失受精能力，无法完成受精过程，严重的甚至绝收。

(4)大风灾害

大风可使玉米机械损伤，折断茎秆、叶片撕裂，影响营养物质的运输和光合作用的正常进行，导致产量减少而成灾。

2018 年 9 月 6 日，张家口、保定、石家庄、邢台、唐山等地 48 个县(市、区)出现 8 级以上大风天气，最大瞬时风速为 25.0 m/s(10 级)，出现在张家口蔚县。受大风天气影响，石家庄、邢台、保定等地玉米出现大面积倒伏。据河北省民政部门统计，此次大风天气过程造成上述区域 75.0 万人受灾，农作物受灾面积 6.97 万 hm^2，绝收面积 100 hm^2，直接经济损失 1.4 亿元。

(5)涝害

农田土壤相对湿度90%以上持续3 d,玉米三叶期表现为红、细、瘦弱,甚至生长停止;连续降雨大于5 d,幼苗弱黄或死亡。7月下旬—8月中旬的雨量之和大于200 mm或8月上旬的雨量大于100 mm,就会影响玉米的正常开花授粉,造成大量秃顶和空粒。涝灾发生与前期土壤水分饱和程度密切相关,在农田前期土壤水分较为充足的情况下,一定程度的降水即可形成涝灾。

2018年8月6—8日,受副热带高压和切变线共同影响,河北省出现大范围暴雨、大风天气。55个县(市、区)过程雨量超过100 mm,保定易县北娄山最大,为216.9 mm。强降水使河北省部分地区遭受洪涝灾害,邢台、石家庄、保定、沧州、唐山、秦皇岛、张家口、承德等地大面积农作物受灾。

2021年7月17—19日和21—22日,河北省连续两次出现大范围暴雨过程。7月17—19日,全省大部分地区出现暴雨,平均过程雨量为37.1 mm,保定中部、石家庄大部和邢台西北部等地的89个县(市、区)过程雨量在50 mm以上,保定易县甘河净乡最大,达237.0 mm;保定中部、石家庄大部、邢台西部、邯郸东南部等地共125个县(市、区)最大小时雨量超过20 mm,最大为69.6 mm,于7月19日02—03时出现在廊坊三河燕郊镇。7月21—22日,全省再次出现大范围暴雨,平均过程雨量为76.7 mm,保定中南部、石家庄中西部、邢台中西部和邯郸等地的69个县(市、区)过程雨量在50 mm以上,邯郸磁县时村营乡过程雨量最大,达453.0 mm;保定中部、石家庄中部、邢台西部、邯郸中部和东部等地共88个县(市、区)最大小时雨量超过20 mm,最大为87.8 mm,于7月21日16—17时出现在保定市区。据河北省应急管理厅统计,7月17—22日邢台、张家口、石家庄、邯郸等地的37个县(市、区)315个乡(镇)遭受暴雨洪涝灾害,农作物受灾面积7.13万 hm^2,绝收面积3.19万 hm^2。

4.1.3 棉花与气候

4.1.3.1 棉花生产概况

河北省棉花种植面积和总产在国内处于重要位置。全国三大棉区中,新疆、河南、山东和河北是传统的植棉大省,在稳定棉花生产和促进棉花科技进步中发挥着重要作用(王恒铨,1992)。21世纪以来,由于农村劳动力转移、种植成本上升和棉花生产机械化程度偏低等因素,植棉收益下降,棉花种植面积呈加速下降态势。2011—2015年,河北省棉花播种面积由60.37万 hm^2 降到32.25万 hm^2,下降了46.6%;总产由62.4万t下降到32.4万t,下降了48.1%。2016—2020年,棉花生产总体呈现“三减一下滑”局面,即面积减、总产减、单产略减以及棉农收益进一步下滑。其中,棉花年种植面积18.92万~23.07万 hm^2,总产维持在20.9万~24.0万t。

河北省主要种植棉区位于黑龙港流域的邢台、沧州和衡水市,其中国家优质棉基地共有17个,棉花播种面积占全省棉花种植总面积的63%左右,棉花产量接近全省棉花总产量的75%。棉花原产于热带地区,是喜光喜温的短日照木本植物,与其他作物相比,棉花对天气气候更为敏感,怕低温霜冻、阴雨渍涝,且不耐高温干旱,适宜的气候条件是决定棉花正常生长的关键(李艳 等,2013)。

4.1.3.2 棉花生育与气候

(1)光照

棉花是喜光植物，在充足的光照条件下，棉花光合作用强，有机养料制造、积累较多，植株健壮，结铃多且棉铃大，棉纤维品质优。同时，棉花又属短日照作物，日平均日照时数 8～12 h 有利于其生长发育；若日照时数＞12 h，棉花不能正常现蕾开花，且光照时间越长，棉花发育越迟缓。河北省光照资源丰富，年日照时数 2405.1～3047.8 h，年太阳总辐射量 4854～5981 MJ/m^2，以春季日照时数最多，平均 689.5～841.6 h，其次为夏季，平均 642.8～841.8 h，秋季平均日照时数 562.3～721.5 h，冬季最少，为 511.3～719.7 h，能够很好地满足棉花生长发育需求，特别是蕾铃期光照条件好，光合作用充足，有利于增加铃重，提高棉絮质量(姚树然 等，2008a)。

(2)温度

棉花喜温暖，要求整个生育期≥10 ℃有效积温≥3000.0 ℃·d，其生长适宜温度为 20.0～25.0 ℃，温度高达 36.0～37.0 ℃时，抑制棉花生长，炎热的夏季，棉花主要在夜间生长。棉花不同发育期对温度条件的要求不同，播种期最低温度 10～12 ℃，最适温度 28～30 ℃，最高温度 35 ℃，16 ℃以上胚轴才能伸长，5 cm 地温稳定通过 14 ℃以上，棉苗出土后不再出现霜冻天气。棉花苗期生长发育的适宜温度范围为 18～30 ℃，不能低于 14 ℃或高于 40 ℃。现蕾期的适宜生长温度以 25～30 ℃最为适宜，最低温度不低于 19 ℃。花铃期当日平均气温高于 20 ℃时，温度只影响伸长速度与伸长期，温度高伸长速度快，伸长期短，但对纤维最终长度无明显影响；当日平均气温低于 20 ℃时，不仅伸长速度慢，而且会由于伸长后期温度降低，伸长发育不能充分进行，影响最终纤维长度。日平均气温低于 15 ℃，纤维伸长趋于停止。棉花吐絮适宜温度为 20～30 ℃。此期温度偏高、光照充足有利于棉铃吐絮(刘清春 等，2004)。

(3)降水

河北省年平均降水量为 350～770 mm，各地区降水量时空分布不均，且降水量年际变化大，一年中主要集中在夏季(6—8 月)，降水量季内分布与变化也较大，因此易形成干旱或渍涝，影响棉花的正常生长发育。根据棉花生物学特性，河北省棉花适宜播种期一般是在 4 月中下旬，此时河北多大风晴朗天气，降水量少，蒸发增大，一些年份因干旱影响棉花正常播种出苗或对苗期生长不利；进入棉株旺长期，棉花需水量增加，而河北降水量也趋于增多，一般可满足棉花营养生长对水分的需求。棉花花铃期正处于河北雨季，充沛的雨量与棉花全生育期需水高峰基本一致，但如果相对湿度过大易出现病虫害和蕾铃脱落现象。吐絮期需水量逐渐减少，此时河北省降水也开始减弱，对棉花后期裂铃吐絮较为有利。总之，在正常年份下，棉花主要生长期河北省两头少、中间多的降水量分布基本可满足棉花生长需要(姚树然 等，2009)。

4.1.3.3 棉花主要农业气象灾害

河北省棉花生育期主要农业气象灾害是连阴雨、干旱和渍涝等灾害。

(1)连阴雨

河北省春季气温起伏较大，常有低温冷害发生。如果遭遇连续 3 d 以上低温阴雨天气，或 4 d 以上每天日照时数少于 3 h 的天气，播种的棉籽极易被病菌侵害，出现烂种烂芽现象。河北省秋季降温快，秋雨连绵的年份，棉株贪青延迟裂铃，减少霜前花，可造成落铃烂铃，植株早衰，并逐渐死亡(代立芹 等，2019)。

2007年9月26日—10月13日河北省出现了长达半个多月的连阴雨天气，连续阴雨天气持续时间之长为部分棉区近50年来同期首次，棉区降水50 mm左右，为历史同期少见，持续阴雨寡照对棉区棉花秋桃发育、吐絮和收晒造成很大影响，棉花开裂的变黄变黑、棉桃霉烂，特别是廊坊、唐山棉区因正处于吐絮盛期，受害程度较重，中南部虽已过采摘盛期，但部分棉田因未及时采摘也受到一定的损失。

(2)干旱

干旱是对河北棉花生产影响较为严重的气象灾害，有春旱、春夏连旱、伏旱、秋旱等，其中沧州、衡水和邢台、廊坊、保定的部分地区为河北省主要干旱区域。6月上旬棉株初现蕾，而河北省此时期高温少雨频率极高，对棉花生长影响较重，严重干旱可推迟棉花现蕾；7月上中旬河北常见干旱，持续干旱可使正处于开花期的棉花营养生长受阻；棉花花铃期河北一般较少出现干旱，但如果出现伏旱就会导致棉株早衰、蕾铃脱落，严重时植株停止生长，甚至干枯而死；棉花吐絮期降水偏少也可引起棉株早衰，抑制棉铃生长，降低棉花产量。

(3)渍涝

7—8月棉花进入花铃期，该期棉花营养生长与生殖生长并进，棉田叶面积达最大值，需水量也进入高峰。棉花花铃期需水量200～300 mm，占总耗水量的50%，耕层土壤相对湿度以65%～85%为宜。此时期河北省正处于雨季，易发生涝灾，涝灾对棉花的主要影响表现为涝灾发生后，田间湿度大，造成棉花徒长、田间郁闭，蕾铃脱落或烂桃。渍涝易造成棉花根系中毒，且影响开花授粉。渍涝过后造成土壤板结，根系呼吸、吸收能力差，根系发育不良，易导致黄萎病发生(王勤英，1997)。

4.1.4 设施农业与气候

4.1.4.1 日光温室与气候

河北设施蔬菜生产起步于20世纪80年代，经过40多年的发展，已经具有较大规模和较高水平。随着河北省农业种植结构调整和“菜篮子”工程等政策稳定推行，河北省形成了以日光温室和大中塑料拱棚为主，小拱棚和钢骨架玻璃连栋智能温室为辅的设施农业生产格局。多种设施类型和多品种的高度融合，为保障蔬菜四季生产周年供应发挥了巨大支撑作用，从根本上改变了冬季主要消费大白菜、白萝卜和马铃薯的习惯。2023年河北省设施农业种植总面积23.3万 hm^2，总产量1474万 t，其中设施蔬菜种植面积19.4万 hm^2，产量1248.4万 t。

(1)温度

温度是植物生长发育的重要条件，对植物光合作用、呼吸作用和干物质的积累都有很大影响。一定温度范围内，光合速率随温度的升高而迅速增大。温室栽培以喜温蔬菜为主，其生长要求一定范围的温度(张明洁，2012)(表4.1)，例如，黄瓜的适宜生长温度为25～32 ℃，气温在5～10 ℃时有遭受冷(冻)害的可能，在0～2 ℃的条件下植株即可冻死，35 ℃以上则生育不良，超过40 ℃就会引起落花落果或产生畸形瓜。一地冷季的气温不但决定着冬季设施内叶菜能否安全越冬、果菜能否种植，而且直接影响加温能耗的大小和运行成本的高低，并对温室设计的采暖及保温有影响(张亚红，2003)。

表 4.1 几种典型温室作物的生长温度要求 单位:℃

作物名称	最低温度	适宜生长温度	最高温度
黄瓜	10	25～32	40
番茄	15	18～25	35
茄子	18	20～28	38
西葫芦	0	18～28	32
甜椒	12	22～28	39

据有关设施农业与外界气象因子研究表明,晴天时温室内外温差能达到 20 ℃以上,云量较多时内外温差一般能达到 10～15 ℃,寒潮或持续低温寡照时内外温差在 10 ℃以下(魏瑞江 等,2010)。如果按晴天增温幅度来算,若要保证棚室内温度不低于 0 ℃,外界最低温度则不能低于－20 ℃;若要保证棚室内植物健康生长,外界最低温度不能低于－15 ℃。

虽然河北省温度条件不如同纬度的世界其他地区,但大部地区仍能够满足温室生产的需要。其基本规律为:随纬度升高,气温逐渐降低,寒冷程度加剧。冀中南冬季平均气温高于 0 ℃,年极端最低气温高于－10 ℃,为日光温室最适宜发展区;冀东平原大部,冬季平均气温在－5～0 ℃,年极端最低气温高于－20 ℃,温度条件能够满足日光温室发展的需要,也适宜发展日光温室;张家口、承德两市坝下地区及秦皇岛北部,冬季平均气温略低,在－8～－5 ℃,年极端最低气温低于－20 ℃,日光温室生产的保温要求严格,为次适宜发展区,需选择耐寒的蔬菜品种;张家口、承德两市坝上地区由于纬度、海拔、冬季寒潮等原因,冬季平均气温－12～－8 ℃,部分地区年极端最低气温达－30 ℃,温室作物极易遭受冻害,不宜发展日光温室(张明洁 等,2012)。

(2)光照

光照条件是温室生产中制约蔬菜优质高产最直接、最主要的因子,也是衡量一个地区是否适宜发展日光温室的重要指标。外界光照条件对设施农业生产发展的影响主要反映在太阳辐射(光照的强弱)、日照时数(光照时间的长短)等指标上(魏瑞江 等,2005)。太阳辐射是日光温室内光、热的主要来源,其多少直接影响室内获取能量的多少和温度的高低。因此,温室应建在晴天日数多的地区,阴雨天多的地区即使冬季气温不低,蔬菜也难获高产(张志斌,2002)。

总体而言,河北省大部分地区光照资源丰富,适宜发展日光温室,但区域内光照资源存在差别。冀北坝上高原,冬季总辐射值为 920～1040 MJ/m^2,生产季节阴天日数少于 30 d,太阳辐射总量大,光照时间长,晴天比例高,为太阳辐射资源丰富区,适宜发展日光温室;冀东平原、保定和廊坊以北到冀北坝下地区、西部太行山区总辐射值为 800～920 MJ/m^2,阴天日数 30～52 d,为太阳能较丰富区,也适宜发展日光温室;冀中南地区,总辐射值 700～800 MJ/m^2,阴天日数在 52～80 d,日照相对不足,部分地区阴雨雪天气较多,寡照是主要的不利气候条件,为日光温室的次适宜发展区(张明洁 等,2012)。

(3)大风

河北省平原地区大部设施农业生产季节月最大风速均值小于 11 m/s,为日光温室的最适宜发展区和适宜发展区;坝上地区和渤海沿岸风速在 11～14 m/s,冬春季节常出现 7～8 级大风,对温室建筑防风要求严格,为次适宜发展区(张明洁 等,2012)。

(4)积雪

张家口、承德两市大部以及冀东平原部分地区历年最大积雪深度在5～7 cm,为适宜发展区,其他地区大部在7～10 cm,为次适宜发展区,温室建造应注意雪荷载(张明洁 等,2012)。

(5)综合气候条件

综合考虑光、温、风、雪四个气候因素对日光温室发展的影响,河北省大部地区太阳辐射总量大、日照时间长、光热资源配置良好,均适合发展日光温室,纬度高的地区温度略低,冬季温室生产需注意保温。其中,冀中南地区(尤其京广铁路沿线)冬春季节寡照严重,在温室设计和生产中应注意采光(张明洁 等,2012;魏瑞江 等,2018)。

4.1.4.2 塑料大棚与气候

塑料大棚,俗称冷棚或者拱棚,是利用竹木、钢材等材料作为支撑主体,并覆盖塑料薄膜搭成的拱形棚体,能够充分利用太阳能,有一定的保温作用,并通过卷膜在一定范围可调节棚内的温度和湿度。塑料大棚在河北省主要是起到春提前、秋延后的保温栽培作用,一般春季可提前30～35 d,秋季能延后20～25 d,但不能进行越冬栽培。河北省塑料大棚经过多年的生产实践和优化改良,类型逐步丰富,性能得到提高。逐步由竹木结构向钢结构、大跨度及连栋大棚方向发展。竹木结构大棚主要分布在传统蔬菜和西瓜甜瓜产区,是河北省当前的主要大棚类型,占全省大棚面积的60%～70%。近年来钢架结构大棚发展较快,多建于规模化的农业园区(郄东翔 等,2020)。

就气候条件而言,河北省大部地区太阳辐射总量大、日照时间长、光热资源配置良好,均适合发展塑料大棚。坝上地区和渤海沿岸风速在11～14 m/s,冬春季节常出现7～8级大风,不适合塑料大棚(张明洁 等,2012)。

4.1.4.3 设施农业小气候

(1)辐射

温室室内日照辐射(光照度)的日变化和季节变化取决于外界日照强度的变化。一般情况下,温室内外光照度变化一致,随太阳高度的升高而增大,太阳高度的降低而减弱,不过室内光照度的变化较室外平缓。根据河北省中部地区的观测,一日之中室内的光照度在9000～30000 Lux(揭帘至闭帘),冬季时的日平均光照度在20000～25000 Lux,透光率在55%～65%(陈端生,2005)。

温室内光照度水平分布不均匀。温室南边光照强,中部次之,靠近后墙处光照最弱。一般河北省中部的温室南部的透光率55%～65%,中部50%～60%,后部30%～40%。各地不同类型温室室内光照度的水平分布趋势是一致的。此外,靠近东西山墙处午前或午后会出现一个三角形的弱光区,弱光区的大小与温室的方位和东西山墙的高度有关(陈端生,2005)。

垂直分布上一般来说靠近地面光弱,离地面越高光越强。温室内辐射强度还与采光屋面的坡度、形状及选用的薄膜和管理水平等有关,圆弧形采光屋面室内光照度比一坡一立式的大(陈端生,2005)。

在寒冷季节,室内光照时间取决于每天揭盖草苫等外覆盖保温物的时间。一般都是日出后外界气温回升后揭苫,午后视室内外气温状况在日落前盖苫,所以室内光照时间少,初秋和晚春温暖季节夜间无须外覆盖保温,室内光照时间与外界一致(曹阳,2009)。

(2)气温和地温

日光温室内气温的时空变化、日变化取决于外界气温的变化。在温室密闭的条件下，白天的增温效应远比夜间明显，且变化幅度大；夜间由于室外覆盖草苫，室内气温下降缓慢。天气条件不同，室内温度的变化也不同。室内气温的变化受外界气象条件影响。晴天时即使室外气温偏低，室内仍可保持较高温度，增温效果明显；阴雪天时，即使室外气温不低，白天室内气温上不去，夜间虽降温不多，终因白天蓄积热量少使温度较低。例如在河北省中部地区冬季，晴天时室内最高气温可达到30～35 ℃，最低气温可达10～13 ℃；阴天时最高气温约16 ℃，最低气温7～8 ℃；降雪天最高气温仅11～13 ℃，最低气温6～7 ℃，保温性能不佳的温室降至5 ℃以下，甚至引起冻害(魏瑞江 等，2018)。

温室内气温变化还与温室管理有关。清晨揭帘后，室内气温有一短暂下降过程，以后迅猛上升，中午前后开窗适当通风，傍晚盖帘，室内气温变化平缓。若在严寒季节，室内采取临时加热措施，则气温会受到加热量大小的影响。以冀中地区典型日光温室为例：晴天中午前后，室内气温一般都可以超过25 ℃，但各季持续时间不等。11月下旬，持续5～6 h(10:00—16:00)；12月上旬，可持续5 h(10:00—15:00)；2月上旬，可持续6 h以上。室内气温超过20 ℃的持续时间：11月下旬—12月中旬，持续7 h(09:00—16:00)；12月下旬至1月下旬，持续5 h(10:00—15:00)；室内气温高于28 ℃的时间：12月上旬前3～4 h，出现在中午前后；12月下旬至1月仅1～2 h(魏瑞江 等，2018)。

在空间分布上，日光温室无论在增温或降温阶段，温室中部温度最高，北部温度高于南部，南北平均温差1.7 ℃，温室西部温度高于东部，东西平均温差1.8 ℃。而简易日光温室，也是温室中部温度最高，在增温阶段，温室南部的温度高于北部，平均温差1.4 ℃，西部温度高于东部，平均温差1.6 ℃；在降温阶段，温室南部的温度低于北部，平均温差0.5 ℃，温室西部的温度高于东部，平均温差1.1 ℃。东西部温差是由于温室的门开在东侧山墙引起的，节能型温室后墙、后屋面保温好，北部较暖；简易温室后墙薄，北部白天升温不如南部快(魏瑞江 等，2019)。

地温的变化远比气温平缓，最高、最低地温出现的时间远比气温落后，这与一般的地、气温之间的关系是一致的。但是浅层土壤温度，在白天揭帘后至午后放帘一段时间内土温低于气温，而夜间土温高于气温，这表明白天热量自空气中流入土壤中，夜间则相反，热量自土壤流入空气，以补充室内热量的流失。最高温度出现前后，地中温度自南向北逐渐增高，在距前沿底脚1.5 m内温度梯度特别大，尤以0.75 m内更显著，1.5 m再向北温度变化平缓；最低温度出现前后，地中温度也是自南向北逐渐降低。自南向北各点地温日变化的特点是：越向温室南沿底脚，地温变化越大(石琳琪 等，2005)。

(3)相对湿度

日光温室和塑料大棚内的湿度变化有以下特点：一是高湿环境。在不通风或基本不通风的条件下，温室内白天相对湿度在80%～85%，夜间在90%以上；简易日光温室内因气温低，其相对湿度比节能型日光温室高5%～10%。3月以后，室内外气温增高，温室放风，相对湿度有所下降，尤其在中午前后可降至50%～60%(刘巧英 等，2014)。二是结露和濡湿。由于空气湿度大，夜间和早晨温度低，在日光温室的内表面上，特别是作物茎叶表面容易结露、吐水和濡湿。如果是使用了防雾滴性能不良的薄膜，室内雾霭尤其是薄膜内表面水滴下落沾湿作物茎叶表面，极易引起病害(陈端生，2005)。

(4)CO_2

日光温室内CO_2浓度的特点是:夜间比白天高,阴天比晴天高。通常,白天室内CO_2浓度不能满足蔬菜的需要,出现CO_2亏缺。夜间蔬菜通过呼吸作用,排出CO_2,使棚内CO_2含量相对增加;早晨太阳出来后,作物进行光合作用而吸收消耗CO_2,消耗逐渐大于补充,使棚内CO_2浓度降低,一般到揭开不透明覆盖物2 h就降至CO_2补偿点以下(蔬菜作物大多数为碳三(C3)作物,一般CO_2的补偿点在0.005%左右),尤其在晴天09时至11时半,棚内绿色作物光合作用最强,CO_2浓度急剧下降,由于得不到大气中CO_2的及时补充,一般在11时左右降至0.01%甚至降至0.005%。总的来看,白天棚室内CO_2浓度呈亏缺状况,远低于室外平均浓度,当温室封闭时更甚(朱德胜,2005)。

4.1.4.4 设施农业气象灾害

影响河北省设施农业生产的主要农业气象灾害有冷害、冻害、寡照、风灾和雪灾。

冷害:在农作物生长季节,0 ℃以上低温对作物的损害,往往又称低温冷害,多发生于春秋季节,此时正是设施蔬菜生产的旺季,因此对设施农业生产的威胁较大。一般分为延迟型和障碍型两种,延迟型冷害由持续低温所致,对农作物等的生长造成抑制作用。而障碍型冷害往往是突发性的,此时的低温往往会使设施蔬菜萎蔫腐烂甚至死亡。

冻害:0 ℃以下的低温使作物体内结冰,引起植物细胞原生质受损,丧失生理活性而对作物造成的伤害。日光温室生产季节遇强寒潮、低温寡照、久阴骤晴、大风、暴风雪等灾害性天气时,极易发生冻害,造成减产甚至绝收。

寡照:由于地理位置和气候特点原因,河北省中南部地区在秋末至春初时节易发生连阴(雪或雾或霾)天气,致使日照偏少或无日照,造成日光温室内光照条件不能满足蔬菜生长发育,给日光温室蔬菜生产带来显著影响,造成蔬菜减产甚至绝收(魏瑞江 等,2009)。如2015年11月,河北省中南部地区连续出现了23 d的阴、雾、霾、雾转多云、雾夹雪天气,日光温室内的蔬菜长势转差,黄瓜、番茄停止生长,产量平均减少50%~80%,灰霉病发生较重。寡照灾害在冬季常常还伴随低温,形成低温寡照复合灾害,由于长时间的阴(雪、雾、霾)天,致使日光温室内温度难以回升,作物正常生长发育受到影响,最初叶片开始变黄、植株早衰,到最后部分植株死亡。据统计,河北省每年都有低温寡照灾害发生,只是程度不同,1991—2009年的19年中,历年11月—次年2月河北省出现了35次中等程度以上的低温寡照灾害(魏瑞江,2010)。

风灾:对设施农业的直接危害是刮飞、刮破棚膜,损坏大棚设施,降低或破坏大棚的保温性能。一般秋、冬和春季大风期间,大部分塑棚普遍严重受损,其中部分棚架或农膜报废,棚中作物受强风、低温危害严重,对生产影响极大。

雪灾:设施棚室可以支撑一定的负载,但如果暴雪发生时棚室薄膜上的积雪不能及时清除,或负载过重则会导致棚室垮塌、棚室内作物受冻,就会发生雪灾。2009年11月10—12日,河北省中南部地区遭受了有气象资料记录以来罕见的暴雪袭击。降雪量最大的石家庄市降水93.5 mm,积雪深度达55 cm,邢台、邯郸降水量也达60 mm,积雪深度达40 cm,设施蔬菜受灾以棚室受损和蔬菜受冻为主,受灾面积2.43 hm^2。其中棚室受损8300 hm^2。由于降雪量大且急,夜间难以清扫,棚室前屋面上积雪过厚,造成大量棚室骨架受损坍塌。如藁城市温室受损5100个,永年县中小棚等设施受损面积达4700 hm^2。另外,部分温室和中小棚因未及时加盖草苫而遭受冻害。如邢台市威县、平乡、临城等县 107 hm^2 新建温室种植的番茄全部冻死，邯郸永年县 367 hm^2 中小棚蔬菜也因未及时加盖草苫而遭受冻害（狄政敏 等，2010）。

4.1.5 作物病虫害与气候概论

4.1.5.1 作物病虫害与气候

河北省作物病虫害主要是大田作物小麦、玉米、棉花病虫害。随着种植结构调整、种植方式和气候变化，病虫害呈现新的发展趋势，其危害程度呈加重趋势。病虫害发生是承灾体、有害生物、气象条件、管理措施等综合作用的结果，是两种或以上生物体动态的自然过程。其主要特点：①普遍性：与农业气象灾害相比，作物病虫害具有时间和空间的连续性与普遍性，如在时间上表现为年年发生；②突发性，主要体现在灾害暴发的突然性或间歇性。如历史上从未发生过的灾害突然发生，或历史上曾经发生过，在多年之后又突然暴发。③隐蔽性和扩散性，作物害虫一般要经过卵、幼虫、蛹和成虫等不同虫态，不同种类的虫态对农业生物的危害不同，有些病虫害可随着气流、水流、人类活动和本身的迁飞等迁移到另外一个地方，对其形成危害。近几年来小麦病害有白粉病、赤霉病、纹枯病、根腐病，虫害有蚜虫、吸浆虫、麦叶蜂，危害盛期均在春季；玉米病害为生长中后期的褐斑病、大小斑病，虫害为玉米苗期的二点尾夜蛾、中后期的玉米螟；棉花病害为枯黄萎病，主要发生在夏季，虫害有棉铃虫、棉蚜和盲蝽蟓等（霍治国等，2000）。

从近年来看，几乎所有大范围流行性、暴发性、毁灭性的农作物重大病虫害的发生、发展、流行都与天气气候条件密切相关。作物病虫害的发生、发展和流行必须同时具备以下三个条件：一是有可供病虫滋生和食用的寄主植物；二是病虫本身处在对农作物有危害能力的发育阶段；三是有使病虫进一步发展蔓延的适宜环境，其中气象条件是决定病虫害发生流行的关键因素（陈怀亮 等，2007）。

4.1.5.2 气候与病虫害关系

（1）气候因子与虫害的关系

温湿度与虫害的关系：害虫发生发展与气温、湿度关系密切。在自然条件下，气温和空气湿度共同对害虫发生作用。对某一害虫来说，有利或不利的温度范围随着湿度而变化；有利或不利的湿度范围，也随着温度条件而变化。湿度和雨量是影响害虫数量变化的主要因素。对害虫生长繁育的影响，因害虫种类而不同。好湿性害虫要求湿度偏高（相对湿度≥70%），好干性害虫要求湿度偏低（相对湿度<50%）。春季雨水充足，相对湿度高，利于玉米螟的大发生。玉米螟卵的孵化需要相当大的湿度，当气温在 25 ℃时，相对湿度必须达 90%，卵才能全部孵化；若相对湿度降到 70%，卵死亡率上升到 7%。当气温在 20～30 ℃，空气湿度达到饱和时，玉米螟的一龄幼虫很少死亡；当相对湿度降到 95%时，则玉米发育延迟。夏季长期干旱时，对玉米螟发生不利。蚜虫，在一定范围内，温度越高，蚜虫的发育越快，发育周期越短，在起点发育温度以下，发育停止，降温到一定程度，达到致死低温，蚜虫死亡。温度高到一定程度，发育趋迟缓，再增高到致死温度则死亡；如麦长管蚜发育的最适温度是 12～20 ℃，28 ℃以上生育停滞；棉蚜最适温度为 16～22 ℃，超过 25 ℃时有抑制作用；天气干旱时，蚜虫发育发生量一般较大，但过于干旱，以致植物过分缺水，造成蚜虫取食困难，影响其生长发育，相反，如果夏季多雨，植物含水量过多，湿度增大，会引起消化不良，造成蚜虫大量死亡。小麦蚜虫 4 月中、下旬

干旱、高温，麦蚜发生多。当温湿度配合较好时，就会加快害虫的生长发育和繁殖，对农作物生长造成严重危害；反之，就会加速害虫的死亡和不利害虫的生长发育和繁殖（刘明春 等，2009；王纯枝 等，2020）。小麦吸浆虫，当3月温度达到12 ℃，虫卵从土里向上爬，在小麦拔节期，如有降水，虫卵出土，温度比较高且有适量降水，利于早出土，到抽穗期，吸浆虫变成成虫。

光照与虫害的关系：阳光对农业害虫的影响，除了影响大气温度变化而间接影响害虫的发生发展外，还直接影响害虫的迁移、取食、交配、产卵等活动。大多数蛾类在傍晚阳光微弱的环境下开始活动；生活在土壤里的昆虫，钻蛀作物茎秆的害虫则畏惧强光。光对害虫的影响还表现在光波、光强、光周期三个方面：光波与害虫的趋光性关系密切；光强主要影响害虫的取食、栖息、交尾、产卵等昼夜节奏行为，与害虫体色及趋集有一定关系；光周期是引起害虫滞育和休眠的重要因子；短光照会刺激害虫休眠（李秀芹 等，2015）。

风与虫害的关系：风对昆虫的传播起着巨大作用，它可以帮助一些昆虫飞翔和迁移。风与害虫取食、迁飞等活动的关系十分密切。一般情况下，弱风能刺激起飞，强风抑制起飞；迁飞速度、方向基本与风速、风向一致。飞蝗的迁移和风速关系密切，小风就迎着风飞翔；风力稍大则顺风飞翔；风力过大停止飞翔。因此，可以根据飞蝗活动时的风向、风速预测飞蝗的分布范围（姚树然 等，2006）。黏虫具有暴发性和迁飞性的特点，成虫飞翔力强，在4级以下的风力常迎风飞行，还能随气流作远距离迁飞；其发生情况受天气条件影响较大，尤其是局部小气候，如遇到降水形成下沉气流，将导致大批成虫迁入而造成局部地区集中受害。如2012年8月上旬黏虫大发生，主要原因是7月下旬—8月下旬出现强降水，有下沉气流，气流的时间和黏虫的发育进度吻合，在河北省部分地区危害较重，分布在唐山、沧州、廊坊、保定，面积之大、密度之高为近10年罕见。

(2)气候因子与病害的关系

温度与作物病害的关系：作物病原微生物和其他生物一样，其活动有一定的温度范围，分别是最高温度、最低温度、最适温度。不仅不同病原微生物的最适温度不同，而且同一病原微生物在不同发育阶段和不同的生存形态时，对温度要求也不相同。真菌一般在气温达到3～6 ℃时，若水分充足便开始萌芽，其最适温度一般为16～25 ℃，在夏季高温和雨量少时便停止发展。病原活动也要求有一定的温度范围。小麦白粉病发展流行是一个动态的变化过程，一旦气象条件适宜，可能2～3 d就繁殖1代，发展流行在短期内很快完成。研究显示：小麦白粉病流行速度与冠层温湿度关系密切，其湿度大、温度适宜略偏低适宜小麦白粉病的发展蔓延，流行速度快（居为民 等，2000；李伯宁 等，2008）。河北省小麦白粉病流行时期主要在春季，4—5月是河北省小麦拔节、孕穗至乳熟阶段，也是白粉病侵染—潜育—发病—再侵染—发病的阶段，一般情况下4月气温≥12 ℃日期通过的时间作为白粉病上升期，其发生一般要求在5～25 ℃，21 ℃左右发展最快，超过25 ℃，病菌产生孢子及再侵染的能力减弱，同时冬前和越冬期温度高，麦苗长得好，田间郁蔽，有利病害发生。一般情况下苗情较好，3—4月降水比较多，春季温度低，湿度大，利于发病，大风不利于发生，白粉病是低温病害，高温不利于发生（姚树然 等，2008b）。

湿度与作物病害的关系：作物病原微生物除了要求一定的温度条件外，还需要一定的水分条件，即要求一定的湿度条件。一般来说，湿度大对真菌和细菌的发生、繁殖有利，温湿度对真菌和细菌的发生、繁殖起综合作用。在高湿条件下，遇到最适温度则感病作物就会发病。如在多雨或多露条件下，当气温低于25 ℃时，小麦条锈病就易发生；当气温高于25 ℃时，小麦秆锈病易发生(霍治国 等,2002a,2002b)。湿度对白粉病的影响比较复杂,在潮湿条件下,此病发生较重;干旱时,发病也重,因白粉病菌对湿度的适应能力很强,而过分潮湿及干旱均使麦株抗病能力降低而发病加重。如河北省大流行年份为 1997、1998、2002、2003 和 2005 年,在小麦白粉病发生盛期这些年份对应的气象条件大部为相对湿度大的年份;轻发生年份为 1995、1996、1999、2000 和 2001 年,对应的分别为高温干旱少雨年份。

风与作物病害的关系:风对作物病原体的传播起着重要作用。因为病原体既小又轻,容易被气流吹送到各地。如小麦条锈病菌的夏孢子,可被风传播到高寒地区越夏(度过夏季),秋季再随风吹回冬麦区,危害麦苗。传播的距离与它们的寿命、体积、比重、形状以及气流的速度、温度、湿度有关。如小麦条锈病在当地不能越冬、越夏,为气传病害,从高原小麦区传来,四川、陕西、甘肃为菌源地;叶锈病、秆锈病为当地菌源,能越冬。如果有下沉气流,降小雨,利于病菌传播。因此,气候变化对病虫害的发生发展有着重要影响。

4.1.5.3 气候变化与病虫害

作物病虫害的发生及其危害程度与某种特定的天气气候背景相联系。大气环流、厄尔尼诺-南方涛动(ENSO)事件等天气条件及其引发的温度、降水异常,不仅直接影响和制约着农业病虫害的发生、发生面积、危害程度等,还对病虫害暴发流行具有前兆性指示(王丽 等,2012)。

由于各气象要素平均状况的改变和极端天气事件发生的频次、持续时间、覆盖范围、变异程度等的变化,基于两者的叠加效应,作物病虫害发生的时空规律性及程度会随之发生变化。暖冬造成作物病虫基数增加、越冬死亡率降低,显著增加冬后有效病虫源基数;暖冬造成病虫害发生和迁入期提前、危害期延长、发生面积扩大、危害程度加重;暖冬还造成作物病虫害越冬界限北移,冬季繁殖量或残存数量增加。气候变暖后,当一地的年增有效积温总值超过 685 ℃·d,黏虫有可能多发 1 代。气候变暖后,有利于作物病虫害安全越冬,观察所得,在暖冬年,越冬后病虫基数增加达到常年两倍以上。起始发育时间提前,发育速度加快,发育历时缩短,繁殖力增强,其危害时间可能延长,危害范围和程度将呈扩大、加重趋势。暖冬年后,春天的提前到来导致病虫害发生和迁入期提前,有的甚至提前 1 个月。

与气候变化造成的温度和降水异常相对应,暖冬可造成主要农作物病虫越冬基数增加、越冬死亡率降低、次年病虫发生加重、大部地区病虫发生期提前、危害加重、作物害虫迁入期提前、为害期延长。同时气候变暖有利于迁飞性害虫的迁飞;春季迁飞的时间因夏季风的强盛,可能提早。对气候变暖带来的病虫害问题要综合应对,包括对作物病虫害要提前防治,从调整种植结构上减小易发生病虫害作物的面积,在作物品种方面要培育抗病品种,对易定植区域在引入品种上严格控制,等等。同时,气象和农业等相关部门在病虫害观测上要进行联动,进行有针对性的预警,这些措施都可以有效防止病虫害大面积暴发。

4.1.6 果树病虫害与气候

4.1.6.1 概况

河北省是北方落叶果树的最佳适生区,也是我国最重要的果品基地之一。河北省位于全国最大产区环渤海湾果区,河北省梨产量位居全国第一位,苹果产量位居全国前列。2023 年河北省梨产量为 396 万 t,苹果产量为 270 万 t。因此,本节主要论述苹果、梨病虫害与气候条件的关系。

为害果树的病虫害种类繁多，每年由于气候条件的不同，病虫害发生的种类和时期也不尽相同；在一年的生长过程中，果树经过萌芽、展叶、抽梢、开花、结果和休眠等阶段，各个阶段发生的病虫害的种类、数量和为害方式不同。由于为害果树生产的病虫害大多为气候型病虫害，即与气候条件关系密切，气候条件影响其发生、流行（暴发），因此可基于气象条件建立病虫害预测预报模型。一般来说，温度、湿度以及通风透光条件是影响病虫害发生的气候因素（娄丽萍 等，2016），病害发生及流行一般需要高湿及适宜温度，虫害发生与暴发一般需要干旱及相对高温。

4.1.6.2 苹果病虫害与气候

苹果是世界上食用最广泛的水果品种之一，栽培遍及全球 80 多个国家和地区。我国是世界上最大的苹果生产国和消费国，苹果种植面积达 200 万 hm^2，面积和产量均占世界总量的 40%以上。河北省是苹果生产大省，也是全国苹果优势产区。

病虫害是威胁苹果生产的重要因素。据报道，已知我国苹果病虫害发生种类繁多，其中植食性昆虫有 600 余种，鳞翅目、鞘翅目和同翅目的昆虫占 80%以上；为害苹果的病害有近百种，其中大部分为真菌病害，病毒病害次之，细菌病害较少，生理病害在一些地方较多。一般一个普通苹果园中，食叶害虫有 100 种左右，病害 20 种左右，其中病害主要包括腐烂病、轮纹病、斑点落叶病、炭疽叶枯病等，虫害主要包括绣线菊蚜、苹果棉蚜、苹果瘤蚜、山楂叶螨、苹果全爪螨、二斑叶螨、桃小食心虫等，严重影响苹果品质和产量。

（1）苹果树腐烂病

苹果树腐烂病俗称串皮病、臭皮病、烂皮病。一般为害十年以上结果树的主干和主枝以及弱小树的枝干，有溃疡、枝枯和表面溃病 3 种类型，会造成死枝、死树，甚至毁园，是苹果树为害较为严重的毁灭性病害。

与气候条件的关系：苹果树腐烂病的发生流行与气候条件关系密切。其发病的适宜温度为 28～29 ℃。与大多数病害不同，腐烂病的发生轻重与雨日、湿度、温度没有直接的关系，而在各种气候因素中，冻害与该病的关系最为密切，其次为日灼。冻害使树体抗病性降低，树体发生冻害之年，往往是该病大发生或开始大发生之年，另外，不同地区土层结冻的深度和时间对该病发生也有直接影响，河北果区越往北土层结冻越早，解冻越迟，根系活动期越短，该病就越严重。山区和沙地果园，向阳面枝干容易发生日灼，随之发生腐烂病，这是由于枝干局部增温所致，晴天中午，枝干向阳面的温度远高于气温。在气温为 10 ℃时，树皮温度可达到 27 ℃，达到病原物生长的最适温度。同时，由于局部增温，树皮呼吸强度大大增加，消耗树体营养，抗病能力大大降低，有利于病菌扩展病斑。此外，果实受自然雹伤及虫伤等，易于发生腐烂病。

（2）苹果轮纹病

苹果轮纹病又名粗皮病、轮纹烂果病，与苹果干腐病以及欧美等国发生的苹果白腐病是同一病害。苹果轮纹病是我国苹果生产中的重要病害之一，在夏季雨量充沛伴有高温的苹果产区发生严重。该病不仅为害果实出现果腐，造成直接经济损失，而且为害苹果树的枝干，使枝干出现瘤状、粗皮、溃疡、干腐和枯枝等症状，削弱树势，导致减产，降低果树的结果年限。近年来，优质但感病的富士等品种的栽培面积不断扩大，该病的发生与危害日趋严重。随着果实套袋技术的推广实施，对苹果果实轮纹病达到了较好的防治效果，但枝干轮纹病的发生则呈明显上升趋势。

与气候条件的关系：多雨高湿是该病流行的主导因素。气温高于 20 ℃，相对湿度高于 75%或连续降雨，雨量达 10 mm 以上时，有利于病菌繁殖和田间孢子大量散布及侵入，病害严重。幼果期降雨次数多，持续时间长，有利于病菌繁殖、传播和萌发侵入，病害严重。果实生育期，降雨多、雾露多，病菌孢子的侵染率高，发病重。在果园，树冠外围的果实及光照好的山坡地，发病早；树冠内膛果，光照不好的果园，果实发病相对较晚。山间窝风、空气湿度大、夜间易结露的果园，较坡地向阳、通风透光好的果园发病多；新建果园在病重老果园的下风向，距离越近，发病越多。

(3)苹果斑点落叶病

斑点落叶病又称褐纹病，在各苹果产区都有发生，以渤海湾和黄河故道地区受害较重，成为目前苹果生产上的主要病害。主要为害叶片，造成苹果早期落叶，引起树势衰弱，果品产量和质量降低，贮藏期还容易感染其他病菌，造成腐烂，也可为害嫩枝及果实。许多苹果园病叶率达 90%以上，落叶率为 20%～80%，造成当年果小，严重影响树势和次年的产量。

与气候条件的关系：许多调查和研究表明，病害发生的早晚与轻重，取决于春秋两次抽梢期间的降雨量以及空气相对湿度。降雨影响病原菌的形成和散发，病害消长与降雨量、降雨次数有密切关系，孢子高峰期一般在雨后 5～10 d。春季苹果展叶后，雨水多、降雨早、雨日多，或空气相对湿度在 70%以上时，田间发病早，病叶率增长快。在夏秋季有时短期无雨，但空气湿度大、高温闷热时，也利于病菌产生孢子和发病。如果分生孢子散发高峰正值春秋两次抽梢期(叶片感病期)，则可引起病害大发生，由于秋梢期雨水多，发病一般较春梢期严重。斑点落叶病的发生受温度影响不大，15～31 ℃内均可发生，潜育期随温度的升高而缩短。

(4)苹果炭疽叶枯病

苹果炭疽叶枯病是 2010 年前后我国苹果上新出现的一种病害，黄河故道和环渤海湾产区受害严重，2015 年已扩展至山东、陕西、河南、河北、山西、甘肃等地，嘎啦、金帅、秦冠、乔纳金等品种受害严重。该病主要为害叶片和果实，造成树体早期大量落叶和果实斑点。病重年份，7 月底落叶率达 90%。病树落叶后，二次开花，次年绝产，严重削弱树势，导致腐烂病大发生，连续落叶 2～3 年后，造成毁园。

与气候条件的关系：降雨是炭疽叶枯病发生与流行的必要条件。越冬枝条上的病菌和新病斑上的病菌，遇 2～5 d 的阴雨或超过 95%的高湿产生大量分生孢子，遇能使叶面流水的降雨(超过 2 mm)，分生孢子才能传播，着落到叶、果表面的分生孢子，遇叶面超过 3 h 的结露，便可完成全部的侵染过程，导致叶、果发病。炭疽叶枯病发病的温度为 15～30 ℃，适温为25 ℃。进入 6 月，持续时间超过 2 d 的阴雨就会导致大量炭疽叶枯病菌的侵染，阴雨时间越长，病菌的侵染量越大。经过 3～4 次的阴雨后，或遇 2～3 周的持续阴雨，会造成炭疽叶枯病严重发病，导致树体大量落叶。

(5)苹果蚜虫

蚜虫俗称“腻虫”“油旱”，是农林生产的重大害虫。苹果上发生的蚜虫主要有 3 种，苹果黄蚜、苹果瘤蚜和苹果棉蚜，苹果黄蚜发生普遍，苹果瘤蚜在果园局部发生，这两种蚜虫主要为害新梢，分泌的排泄物会污染果实，苹果棉蚜可以为害枝干、根部，也为害新梢，对树势影响较大。

①苹果黄蚜

苹果黄蚜又叫绣线菊蚜，是苹果、梨等果树上历年发生数量较多的害虫，主要为害果树的嫩叶和嫩梢，在大量发生期，新梢上常蚜群密布。蚜群的为害使新梢生长量受到一定抑制，幼叶叶尖向背面横卷，对于幼树的生长势有一定的影响。蚜群量特大时，还可上果为害，从肛门排出的蜜露，常盖满叶表面及果面，既影响叶的光合作用，也影响果面的外观，使果面易受霉污菌的侵染，降低果品的等级。

②苹果瘤蚜

苹果瘤蚜又称苹卷叶蚜、苹瘤蚜、苹果额蚜，广泛分布于中国大部、朝鲜半岛、日本等地。已成蚜、若蚜群集在叶片、嫩芽和幼果上吸食汁液，嫩叶受害常皱缩，不能正常展开，叶片边缘向背面纵卷，呈条筒状。严重时叶片出现红斑，不能形成正常的花芽。受害严重的树，大部分新梢枝叶卷曲，果实小而畸形，严重时甚至整株树死亡。

③苹果棉蚜

苹果棉蚜又名血色蚜虫，是国内外重要检疫对象，国内原来仅在旅大地区、山东半岛等少数地区发生，近年来随着苗木的大范围无序调运，检疫工作不力，疫区不断扩大，国内为害与蔓延日趋加重。苹果棉蚜群集于苹果枝干剪锯口周围、枝条叶腋及近地表的根上寄生为害，吸取汁液，消耗大量营养，降低树体生活力。感染苹果棉蚜的苹果树，感染部位会附着羊毛状的白色物质，枝条、根被害处组织因受刺激形成肿瘤，肿瘤老化后破裂，阻碍水分、养分的输导，受侵袭根不能长出须根，受害枝条发育不良，不能形成花芽。果树受害后减产10%～30%，可削弱树势，果实质量差，严重时会使果树枯死。

与气候条件的关系：蚜虫的发生周期和消长规律均与气候条件密切相关，其中，温度、湿度、光和风与其关系最为密切。一般情况下，在一定范围内，温度越高，蚜虫的发育越快，发育周期越短，在发育起点温度以下，发育停止，降温到致死低温，蚜虫死亡，温度高到一定程度，发育趋迟缓，再增高到致死温度则死亡。天气干旱时，蚜虫发生量一般较大，这是因为湿度低时，植物中的含水量相对较低，而营养物质相对较多，因此有利其生长发育，暴风雨对蚜虫有冲刷作用，可使蚜虫大量死亡。蚜虫对黄色光有正的趋性，对银灰色的光有负的趋性。直接影响蚜虫的垂直分布、水平分布以及蚜虫在大气层中的活动范围，一般来说，上升的气流常把蚜虫带到高空，而较小的微风也可将蚜虫吹到几千米甚至几十千米以外，均有助于蚜虫的长距离迁移，但较大的风对蚜虫的发生极为不利。

(6)苹果叶螨

苹果园发生的叶螨有多种，以苹果全爪螨、山楂叶螨、二斑叶螨为主。山楂叶螨分布普遍，各果区均有分布，可以为害苹果、梨、桃等多种果树；苹果全爪螨多分布于冷凉果区，近年来逐渐成为各个果区的优势种群，在干热地区发生相对较轻；二斑叶螨为局部发生，但发生果园为害程度比前两者严重，并且可以为害多种果树和农作物。山楂叶螨完成1代的时间长短，取决于当时所处的气候条件。一般温度适宜而干燥，对其发育有利，在27 ℃、20 ℃和15 ℃下，所需时间分别为6.5 d、14.2 d和29.6 d。苹果全爪螨在夏季平均气温为21～27 ℃时，完成1代需要10～14 d。在相同条件下，二斑叶螨的发育和繁殖速度比山楂叶螨和苹果全爪螨快，完成1代所需时间较短。

与气候条件的关系：山楂叶螨喜欢高温干旱的气候条件，苹果全爪螨更偏好温暖干燥的环境，而二斑叶螨对环境的适应性较上述2种更宽。3种叶螨的抗寒性较强，如在最低气温−25 ℃时，二斑叶螨越冬死亡率在50%以下，山楂叶螨的死亡率低于34.5%。低温和短日照是诱发3种叶螨进入滞育的主导因子。另外，降雨对螨类除有直接冲刷作用外，也制约着螨类的发育历期和繁殖。如二斑叶螨发育的最适温度为21～35 ℃，相对湿度为35%～55%。

(7)桃小食心虫

桃小食心虫又名桃蛀果蛾,简称“桃小”,广泛分布于我国北方各果产区,是苹果、枣、山楂等的主要害虫。该虫以老熟的幼虫做茧在土中越冬,越冬代幼虫在5月下旬后开始出土,出土盛期在6月中下旬,出土后多在树冠下荫蔽处(如靠近树干的石块和土块下,裸露在地面的果树老根和杂草根旁)做夏茧并在其中化蛹。苹果受害后,果面有针尖大小蛀入孔,孔外溢出泪珠状汁液,干涸后呈白色絮状物。

与气候条件的关系:温湿度和光照对其分布和种群消长有很大影响。越冬幼虫出土要求20 ℃的地温和10%的土壤含水量。夏季温度超过30 ℃、相对湿度50%时卵孵化率低于1.9%。当旬平均气温达到16.9 ℃、地温达到19.7 ℃时,如果有适当的降水,越冬幼虫即可连续出土,但各年出土盛期的早晚由降雨量的分布情况而定。温度为21~27 ℃、相对湿度超过75%,对成虫的繁殖有利;高温、干燥对成虫繁殖不利;长期下雨或暴风雨则会抑制成虫的活动和产卵。该虫为中间滞育型,在长日照和短日照条件下都滞育,它滞育的临界光周期为14小时20分钟(25 ℃)。

4.1.6.3 梨病虫害与气候

我国是世界第一产梨大国,河北省是梨果重要产区,产量和面积均居全国首位。梨果作为河北省传统优势果品,资源丰富,群众生产积极性高,已成为当地主要经济支柱产业。在优质梨果生产过程中,梨病虫害是当前梨果生产中的主要问题之一(刘金哲 等,2013)。近年来,梨病虫种类不断增多:1992年中国农业出版社出版的《中国果树病虫志》(第二版)上记载的果树病害总数由第一版(1959年)的58种增加到153种,其中梨病害5种;果树虫害总数由第一版的88种增加到237种,其中梨虫害26种(王焕玉,1994)。到2002年,金盾出版社出版的《果树病虫害诊断与防治原色图谱》上编入的梨病害达30种,梨虫害35种。近年来,河北省主要发生的病虫害有梨黑星病、梨黑斑病、梨木虱、梨黄粉蚜等(王国平 等,2002)。

(1)梨黑星病

梨黑星病又叫疮痂病,俗称黑霉病、雾病,是中国南北梨区发生普遍、流行性强、损失大的一种重要病害,从落花期一直危害到果实成熟期。为害果实,则使果面产生病斑,使之失去商品价值;为害叶片,则导致早期落叶,严重削弱树势。在种植鸭梨、白梨等高度感病品种的梨区发生较重,原来抗病的雪花梨、酥梨等品种在近几年的受害程度也逐渐加重。

与气候条件的关系:在各种气候因素中,降雨对该病的影响最大。一般来说,多雨年份病重,干旱年份病轻。但是,在降雨量相近的条件下,雨水的分布和雨日的多少对该病流行程度的影响尤其巨大。发芽后一个月左右的时间是越冬病菌进行初侵染的关键时期,是越冬病菌向幼叶及幼果转移、积累早期菌量、为后期流行奠定病原基础的关键时期。此期若干旱少雨,将降低病菌初侵染的效率,幼叶及幼果发病轻,果园早期菌量的积累受到限制,对该病的后期流行速度将有一定程度的抑制作用。此期若多雨潮湿,则有利于初侵染的发生,早期积累一定数量的病菌,必将加速后期流行。采收前一个半月,果实逐渐进入高度感病期,若遇阴雨连绵的气候条件,近成熟的果发病率或带菌率将明显增加。

(2)梨黑斑病

梨黑斑病是梨树上重要的病害之一,在中国主要梨区发生普遍。西洋梨、日本梨、酥梨、雪花梨最易感病,发病严重时会引起早期落叶和嫩梢枯死,致使裂果和早期落果,严重削弱树势,降低树体的生长势和抗病能力。在河北省主要为害雪花梨叶片,导致叶枯叶黄,果实很少受害。

与气候条件的关系：一般适宜温度和高湿有利于病害的发生，气温在24～28 ℃，同时连续阴雨时，有利于黑斑病的发生和蔓延。有研究表明，高温、低温均不利于病害发生发展，适宜发病的温度范围在25～30 ℃，最适发病温度在28 ℃（常有宏 等，2008）。

(3)梨木虱

梨木虱是中国梨树主要害虫之一，在河北省发生较重，以幼、若虫刺吸芽、叶、嫩枝梢汁液进行直接为害，梨木虱成虫不为害，只产卵，产卵后迅速死亡。幼、若虫分泌黏液，有利于杂菌繁殖，使叶片出现褐斑而造成早期落叶，同时污染果实，严重影响梨的产量和品质。

与气候条件的关系：梨木虱的发生与温度和降水关系密切，高温干旱有利于梨木虱的快速繁殖（曹涤环，2014）。当气温降至结冰点以下时，实施园内灌水，能淹灭在土壤中越冬的梨木虱。

(4)梨黄粉蚜

梨黄粉蚜在中国各主要梨产区都有分布。此虫食性单一，目前所知只为害梨，尚未发现其他寄主植物。成虫和若虫群集在果实萼洼处为害繁殖，虫口密度大时，可布满整个果面。受害果萼洼处凹陷，以后变黑腐烂，后期形成龟裂的大黑疤。套袋果为果柄周围至胴部受害。

与气候条件的关系：梨黄粉蚜为害轻重与降雨量和降雨持续时间关系密切。雨量大、持续时间长，虫体常处于积水生境中，虫口增长受抑制；反之，雨水少的年份，则为害较重。在温暖干燥的环境中，如气温为19.5～23.8 ℃、相对湿度为68%～78%时，活动猖獗，高温低湿或低温高湿都对梨黄粉蚜活动不利。

4.2 农作物种植结构

4.2.1 河北省农作物种植结构与气候

农作物种植结构是指一个地区的农作物种类的种植比例与时空布局。农作物种植结构的时空分布受自然资源条件（气候、土壤、地形、地貌等）、市场因素、社会经济行为、科技发展水平、区位条件和投入等的影响，具有空间集聚性和时序动态性等特征。因此，农作物种植结构的布局和时空变化信息对于农业经济发展、自然资源合理科学利用均具有重要意义。

影响河北省作物种植结构的主要气候因素是光、热、水的空间分布与时间变化，其中热量是影响作物种植结构布局的主要因素，水分是影响河北省作物种植结构的重要因素。

河北省粮棉油等作物种植体系有一年一熟、两年三熟和一年两熟。河北省一年两熟种植多以冬小麦种植为主，冬小麦收获后再种植夏玉米、大豆等作物。自20世纪90年代以来，随着气候变暖，热量条件增加，部分地区作物种植制度的气候条件发生了变化。河北省气候变化的主要特征是：气温升高，降水减少。虽然热量条件有所增加，但水分条件不足依然限制了热量资源的充分利用。21世纪初经过不断探索，河北省在一年两熟地区，开展了玉米晚收、冬小麦晚播的“两晚”技术推广应用，提高了自然资源利用效率和作物产量。

河北省高原地区（张家口、承德两市坝上地区），气候寒冷，热量资源不足，通常只能种植耐寒作物，如春小麦、马铃薯、莜麦、胡麻等。张家口、承德两市坝下地区受水热资源共同影响，通常种植一季作物，如春玉米。长城以南到保定北部平原地区及滨海低平原地区气候条件适宜两年三熟或一年两熟宽行套播，中南部平原地区一般适宜于一年两熟种植。由于张家口、承德地区是首都水源涵养功能区和生态环境支撑区，因此要加强本区生态环境治理修复。该区种植结构需要压减水浇地蔬菜、马铃薯种植面积，改种莜麦、胡麻、杂豆等耐旱抗旱作物，实施休耕轮作，休耕种植交替进行，开展退水还旱，实行旱作雨养种植。

20世纪90年代以来，随着地膜覆盖与温室大棚栽培技术的不断发展与推广，农业生产结构特别是蔬菜种植发生了很大变化。农业设施栽培改变了传统的蔬菜种植结构与种植模式，提高了农业生产经济效益，在一定程度上提高了秋冬春季农业生产对太阳辐射气候资源的利用效率。

21世纪以来，随着全球气候变暖，河北省气温也随之上升，热量资源相对增加。平均气温升高以冬季最为明显，春季次之，夏秋季变化相对较小。随气温升高，春季物候提前，秋季后延，农作物主要生长季节增加，有利于玉米、棉花等喜温作物生长和产量提高。气温升高的同时，降水则出现了波动性变化，自20世纪70年代以来河北省降水以减少趋势为主，受降水不稳定的影响，农业生产灌溉用水增加，地下水开采严重，形成了河北平原地区地下漏斗，增加了农业生产成本，对水生态环境造成了威胁。为适应气候变化影响，特别是降水减少、水资源供需不平衡，河北省开展了适当压缩粮食作物（以冬小麦为主），积极开展雨养旱作农业，探索形成适合黑龙港地区的自然休耕、生态休耕（休耕期种植油菜、“二月兰”等绿肥作物）、深松休耕、深翻晒垡休耕等多种休耕模式。

4.2.2 河北省农作物种植结构变化

自20世纪80年代以来，受社会经济发展、农业生产改革、农业科技与管理技术改进，以及资源、生态环境与气候变化等影响，河北省农业种植结构发生了明显变化。

河北省南北跨度大，地形复杂，熟制类型和种植模式多样。1949年以来河北省种植制度总的变化趋势是：熟制增加，种植指数提高，复合型高效种植面积扩大。20世纪（1949—1998年）河北农业种植结构变化的基本特征是：粮食作物始终是主体，播种面积最大，且变化平稳；棉花播种面积波动最大；油料面积自1978年快速增长，1985年达到最高（74.98万 hm^2），之后虽稍有回降，但波动不大；蔬菜生产迅速扩张。河北全省稳定了以一年两熟为主体的熟制体系，种植模式向复合、高效发展，种植指数提高（杨金深 等，2000）。河北省坝上高寒地区1986—2000年农业种植结构演化特征为：坝上高寒区粮食作物的主体地位没有改变，但粮食作物播种面积比例下降；油料作物生产呈现振荡格局，极不稳定；蔬菜和水果生产发展迅速（胡景辉 等，2014）。但是，片面追求农业生产效益，没有充分考虑当地的自然资源特点，特别是水资源变化与气候变化特点，过度开发利用地下水资源，造成了比较严重的生态环境问题，如湿地萎缩加剧、水体面积下降显著、水源涵养保障能力弱化等。

4.2.3 21世纪以来河北省农作物种植结构特征

根据河北农业统计资料（河北省人民政府办公厅 等，2021），近20年（2001—2020年）河北省主要粮食作物、棉花、油料、蔬菜、瓜果等种植结构出现了明显变化。

河北省农作物总播种面积呈波动式下降趋势。2001年总种植面积为899.08万 hm^2，2020年为808.94万 hm^2，分别为近20年最高和最低值，2020年比2001年减小了10%。2006年以前，维持在860万 hm^2 以上，2007—2010年开始减小，且维持在820万～840万 hm^2，2011—2016年则稳定保持在845万 hm^2 上下，此后再度出现下降趋势，由2017年的838.17

万 hm^2，经 2018—2019 年的 810 万 hm^2 左右，下降至 2020 年的最低值。

粮食作物播种面积占农作物总播种面积比例较大。河北作为全国粮棉生产大省，21 世纪以来平均为 76.0%，最高年 2016 年占比达 80.2%，最低年 2003—2004 年两年为 68.8%～69.0%；其他年份保持在 71.0%～79.8%。粮食作物播种面积 2001—2004 年出现了减小趋势，由 662.89 万 hm^2 下降到 600.34 万 hm^2；此后开始稳步增加，从 2005 年的 624.02 万 hm^2 到 2016 年的最高值 679.14 万 hm^2，然后又开始缓慢下降，到 2020 年的 638.88 万 hm^2。粮食作物种植面积的变化与国家粮食安全有关。河北省近 20 年的粮食总产处于稳步上升阶段，虽然一些年份受到天气气候灾害影响，但随着农业生产技术发展、品种更新、管理进步等，粮食总产 2008 年之前平均 2633 万 t 左右，最高达到 2955 万 t，自 2009 年开始突破 3000 万 t，2013 年以来平均 3700 万 t，2017 年达到最高 3829.2 万 t。虽然粮食作物播种面积趋于减小，由于单产增加，故总产相对稳定并逐步提高。

小麦播种面积相对稳定。近 20 年小麦种植面积占粮食作物面积比例平均为 37.2%，变化于 34.7%～40.3%。2001 年播种面积达 257.98 万 hm^2，为近 20 年最大，此后连续 4 年出现减小趋势，2004 年为 216.15 万 hm^2；自 2005 年开始稳步增加，2007—2014 年稳定在 240 万 hm^2 左右，2015 年以来则稳定在 230 万 hm^2 左右并持续减小，至 2020 年达到 2005 年以来的最小值 221.99 万 hm^2。小麦总产 2001—2007 年平均 1118.8 万 t，2008—2012 年平均 1275.8 万 t，2013 年后稳定在 1400 万 t 以上，2013—2020 年平均 1460.3 万 t。

玉米播种面积明显增大。2001—2008 年全省玉米种植面积为 248.88 万～290.32 万 hm^2，占粮食作物面积比例为 38.3%～46.8%；2009 年之后，玉米种植面积稳定在 300 万 hm^2 之上，2016 年达到最高 369.61 万 hm^2，2011 年以来连续 10 年占粮食作物播种面积比例稳定在 50%以上。受单产和种植面积共同影响，玉米总产近 20 年变化较大，2001—2005 年平均 1103.9 万 t，2006—2010 年平均 1520.6 万 t，2011—2020 年则稳定在 1800 万 t 以上，平均 1944.5 万 t，2020 年达到最高，为 2051.8 万 t。

大豆播种面积下降显著。2001—2011 年由 37.92 万 hm^2 下降到 10.97 万 hm^2，平均为 22.47 万 hm^2。自 2012 年开始，种植面积稳定在 10 万 hm^2 以下，其中 2017 年仅 7 万 hm^2，达到近 20 年最低值。近 20 年大豆总产平均 29.6 万 t，2001—2008 年维持在 35 万 t 以上，平均 43.5 万 t；2009 年以来平均 20.3 万 t，其中 2016 年最低，仅 16 万 t，2009 年最高，为 25 万 t。大豆播种面积的变化受市场价格和产量变化影响较大。

棉花播种面积出现了明显的波动变化。河北省是全国棉花主要优势生产区之一，2001—2008 年呈稳定上升趋势，种植面积由 41.85 万 hm^2 增加到 67.94 万 hm^2，总产也由 40 万 t 上升到 72.7 万 t。此后 2009—2012 年种植面积稳定在 54 万 hm^2 以上，总产保持在 53.5 万 t 以上。自 2013 年开始，棉花种植面积和总产则出现了持续下降趋势，种植面积由 2013 年的 45.12 万 hm^2 减小到 2020 年的 18.92 万 hm^2（首次跌破 20 万 hm^2），总产由 43.2 万 t 减少到 20.9 万 t。河北棉花种植面积的波动受市场价格变化影响较大，同时与棉花生产过程机械化水平低、人力与投入较大等有关，而天气气候变化也是影响因素之一。

蔬菜播种面积变化较大。河北省是我国蔬菜种植面积大省，近年蔬菜年总产量保持在 5000 万 t 以上。播种面积与总产经历了稳定增加—突减—逐步稳定 3 个阶段，2001—2006 年蔬菜种植面积稳步增加，由 2001 年的 92.58 万 hm^2 增加到 2006 年的 106.67 万 hm^2，最大值为 2005 年的 110.48 万 hm^2，平均种植面积为 104.62 万 hm^2；2007 年种植面积突然下降到

65.36 万 hm^2，并持续到 2010 年均未超过 70 万 hm^2；自 2011 年开始，种植面积由 70 万 hm^2 起步，稳定增加，到 2020 年达到 80.35 万 hm^2，近 10 年平均种植面积为 75.79 万 hm^2。蔬菜总产量变化特征为：2001—2006 年蔬菜总产量由 4892.6 万 t 增加到 6314.4 万 t，其中 2005 年达到近 20 年最高产量，为 6467.6 万 t；2007 年总产下降到 3916.1 万 t，从 2008 年开始由 4068.4 万 t 稳步增加到 2014 年的 4965.1 万 t；2015 年开始河北省蔬菜总产再次突破 5000 万 t，2020 年达到 5198.2 万 t，2015—2020 年平均总产为 5094.2 万 t。

总体上，河北省基于国家粮食安全，结合自然生态环境与地理区位特点，综合水资源特征与气候变化影响，不断调整农作物种植结构。近 20 年（2001—2020 年）农作物播种总面积趋于下降，粮食作物小麦播种面积趋于稳定，玉米播种面积增加明显，小麦和玉米播种面积近 10 年（2011—2020 年）占农作物播种面积比例稳定在 77%～80%；棉花和大豆播种面积下降迅速，蔬菜播种面积近 10 年（2011—2020 年）保持相对稳定；近 20 年粮食作物产量稳定增加，棉花和大豆产量则随种植面积下降而稳定减少，蔬菜产量趋于稳定。

未来河北省农业种植结构调整与布局要综合考虑国家粮食安全、社会经济发展、气候变化（温度、降水）、水资源变化，特别是结合区域生态环境特点，优化农业种植结构空间布局。根据水资源与自然降水状况，适水调整种植结构，发展“适应降水”的半旱地种植制度和结构（黄峰等，2022）。

4.3 主要农业气象灾害监测评估

农业气象灾害监测是基于各种农业气象灾害发生的指标，采用地面观测（气象、土壤、作物）、遥感监测，以及人工观测等多种信息，以确定判别灾害的发生、发展和变化动态等，为灾害的预测预警、影响评估和减轻防御提供基础信息。

农业气象灾害监测的关键是选择合适的监测指标与技术方法。由于各种农业气象灾害的指标、起因与性质不同，因此监测方法技术也有一定差异，如农业干旱、冬小麦冻害的监测需要实地调查，了解作物生长发育状况，但都要首先考虑气象要素的异常变化及其对农业生产的影响。

随着技术的不断发展，卫星遥感监测技术、地理信息系统技术和全球定位系统技术已经应用于农业气象灾害的监测。如采用卫星遥感监测农业干旱、洪涝、低温冷害及霜冻等，结合地理信息系统技术，确定农业气象灾害的空间分布状况，包括灾害等级、不同等级灾害的面积等。

4.3.1 冬小麦农业干旱监测

干旱指数是反映干旱发生发展和干旱程度的基本指标，是干旱监测的基础。目前应用广泛的干旱监测指数主要有两大类：一类是基于地面天气气候、土壤观测数据的干旱指数，一类是基于卫星遥感信息的干旱监测指数。前者以传统的干旱监测指数为主，如降水距平指数、标准化降水指数、作物水分亏缺指数、土壤墒情、帕尔默干旱指数等，这类干旱指数均能在一定程度上反映气象干旱、农业干旱或水文干旱的发生、发展和变化情况，但每种干旱指数均有各自的特点和适用范围。后者随着卫星遥感技术的不断发展，各种干旱监测指数不断涌现，如监测土壤水分变化的垂直干旱指数、表观热惯量，监测作物形态及绿度变化的距平植被指数（AVI）、标准化植被指数（SVI）、植被状态指数（VCI）等，监测植被冠层温度变化的温度状态指数(TCI)、温度植被旱情指数(TVDI)、植被供水指数(VSWI)、水分亏缺指数(WDI)、植被温度状态指数(VTCI),以及监测植被水分变化的归一化水分差异指数(NDWI)、全球植被水分指数(GVMI)等,这类干旱指数主要是应用多时相、多光谱、多角度的遥感数据,从土壤水分、植被(作物)绿度变化与水分状态以及冠层温度变化等定量评价农业干旱状况,其优点是对干旱的监测宏观、快速,但监测结果受天气条件影响较大。

从干旱发生过程与演变动态分析,一般情况下,首先是由于一地某一时段自然降水明显少于常年而引起气象干旱,经过一段时间之后,如果降水持续偏少,则可出现土壤水分的不断下降,进而形成土壤干旱。随着土壤干旱的持续,在无灌溉条件下作物生长水分需求不能满足,从而引起作物(农业)干旱。因此,河北省冬小麦干旱监测选择降水距平、土壤湿度和作物水分亏缺距平 3 个指标,应用层次分析法(AHP)进行权重分析,然后进行综合集成(康西言 等,2012)。

在确定了各单一干旱指数权重的基础上,建立冬小麦干旱综合监测模型:

$$DRG = \sum_{i=1}^{n} f_i \times w_i \tag{4.1}$$

式中:DRG 为冬小麦干旱综合指数;n 代表 3 个干旱指数,即 $n=3$;f_1、f_2、f_3 分别为土壤相对湿度指数、水分亏缺距平指数、降水量距平指数;w_1、w_2、w_3 分别为 3 个指数的权重系数,其值分别为 0.54、0.30、0.16。

在计算 DRG 时,为了各指数大小方向相同,且数值均位于 0～1,以作物水分亏缺距平指数为标准(表 4.2),把降水量距平指数转化为正值表示,即为降水量负距平指数(表 4.3),由于土壤相对湿度指数最大值为 1,作相应处理后指数大小方向与其他两个指数相同(表 4.4)。

表 4.2 作物水分亏缺距平指数(CWDIa)的农业干旱等级划分

等级	类型	作物水分亏缺距平指数	
		水分临界期	其余发育期
0	无旱	CWDIa≤0.10	CWDIa≤0.15
1	轻旱	0.10<CWDIa≤0.20	0.15<CWDIa≤0.25
2	中旱	0.20<CWDIa≤0.30	0.25<CWDIa≤0.35
3	重旱	0.30<CWDIa≤0.40	0.35<CWDIa≤0.50
4	特旱	CWDIa>0.40	CWDIa>0.50

表 4.3 降水量负距平指数(Pa)的干旱等级划分

等级	类型	降水量距平指数(Pa)(月尺度)	降水量负距平指数(Pa)(月尺度)
0	无旱	Pa>−0.50	Pa<0.50
1	轻旱	−0.75<Pa≤−0.50	0.50<Pa≤0.75
2	中旱	−0.90<Pa≤−0.75	0.75<Pa≤0.90
3	重旱	−0.99<Pa≤−0.90	0.90<Pa≤0.99
4	特旱	Pa≤−0.99	Pa≥0.99

表 4.4 土壤相对湿度指数(Rsm)的农业干旱等级划分

等级	类型	土壤相对湿度指数	转化后的土壤相对湿度指数
0	无旱	Rsm≥0.60	1−Rsm≤0.40
1	轻旱	0.50≤Rsm<0.60	0.40<1−Rsm≤0.50
2	中旱	0.40≤Rsm<0.50	0.50<1−Rsm≤0.60
3	重旱	0.30≤Rsm<0.40	0.60<1−Rsm≤0.70
4	特旱	Rsm<0.30	1−Rsm>0.70

根据3个干旱指标的干旱等级划分标准、相应的权重值，得到依据DRG值划分的干旱等级标准(表4.5)。

表 4.5 干旱综合指数(DGR)的干旱等级划分

等级	类型	水分临界期	其他发育期
0	无旱	DRG≤0.33	DRG≤0.34
1	轻旱	0.33<DRG≤0.45	0.34<DRG≤0.47
2	中旱	0.45<DRG≤0.56	0.47<DRG≤0.57
3	重旱	0.56<DRG≤0.66	0.57<DRG≤0.69
4	特旱	DRG>0.66	DRG>0.69

4.3.2 冬小麦冻害监测

河北省冬小麦冬季冻害指在冬小麦进入越冬至早春返青期间，由于强降温或持续低温造成的冻害，一般发生在11月—次年2月，是影响河北省冬小麦生产的主要气象灾害之一。河北省冬小麦受冻以叶片受冻为主，主茎和蘖大面积冻死的严重冻害年份较少，且严重冻害年多伴有苗情差或旺长、冬季干旱或多类型冻害并发等现象。河北省冬小麦越冬冻害主要分为初冬剧烈降温型、长寒型和融冻型三种类型，在生产中也有都发生的情况。初冬剧烈降温型：一般发生在冬初，冬小麦未完成冬前抗寒锻炼，遭遇突发强降温天气或强寒潮，造成气温大幅度下降而形成冻害。降温幅度和过程最低气温是影响冻害程度的主要因子。如2004—2006年、2009—2010年和2022—2023年冬季气温变化无常，均对冬小麦安全越冬产生了明显不利影响。其中，2009年11月10—11日河北省石家庄、邢台等地出现大暴雪过程，造成冬小麦受冻严重(崔彦生 等，2011)。2022年11月29—30日，河北省出现了大范围的强寒潮过程，气温突降幅度大多数超过10 ℃，造成了冬小麦停止生长，进入越冬期，叶片普遍受冻，个别地区受品种特性影响冻害严重。长寒型冻害：在越冬期低于某一界限气温的低温天气持续时间较长，造成冬小麦遇到冻害。融冻型冻害是在一段相对较高温度天气后，出现低于某一界限温度的低温天气，造成冬小麦冻害。21世纪以来，随着气候变暖，虽然冬季平均气温呈上升趋势，但极端最低温度变化无常，河北省冬小麦冻害以发生在初冬和冬末早春的剧烈降温型和融冻型冻害为主，长寒型冻害在减少(代立芹 等，2010)。冬小麦冻害的发生既有天气气候因素的影响，也与冬小麦品种特性、冬小麦苗情、土壤墒情及生产管理等因素有关，如河北北部冬小麦种植区适合强冬性品种，其他品种则易受冻，苗弱或过旺也不利于越冬。总体上，河北省北部麦区以长寒型冻害风险较大，融冻型和初冬剧烈降温型、冻害风险较小；中南部麦区以融冻型和初冬剧烈降温型冻害风险较大，长寒型冻害风险较小。各地应综合考虑当地气候条件和冻害发生特征，合理选择高产、优质、抗逆性强的冬小麦品种，特别是抗寒性强的品种，适时播种，培育冬前壮苗，做好冬灌及寒潮来临时冻害防御工作，减少冻害的发生。河北省冬小麦越冬期冻害监测评估指标见表 4.6—表 4.8(代立芹 等，2014b)。

表 4.6 初冬剧烈降温型冻害指标

抗寒锻炼时间	强冬性	冬性	半冬性
第一阶段<5 d	最低气温降温幅度≥10 ℃，过程最低气温≤−10 ℃	最低气温降温幅度≥ 10 ℃，过程最低气温≤−9 ℃	最低气温降温幅度≥10 ℃，过程最低气温≤−8 ℃
第二阶段<5 d	最低气温降温幅度≥10 ℃，过程最低气温≤−14 ℃	最低气温降温幅度≥10 ℃，过程最低气温≤−13 ℃	最低气温降温幅度≥10 ℃，过程最低气温≤−12 ℃

表 4.7 长寒型冻害指标

抗寒锻炼程度	强冬性	冬性	半冬性
第一阶段≥5 d 且第二阶段≥5 d	最低气温≤−10 ℃天数≥45 d，≤−10 ℃负积温≤−600 ℃·d；或最低气温≤−12 ℃天数≥30 d，≤−12 ℃负积温≤−450 ℃·d；或越冬天数≥85 d，越冬期平均气温≤−5 ℃	最低气温≤−10 ℃天数≥30 d，≤−10 ℃负积温≤−440 ℃·d；或最低气温≤−12 ℃天数≥20 d，≤−12 ℃负积温≤−300 ℃·d	最低气温≤−10 ℃天数≥30 d，≤−10 ℃负积温≤−400 ℃·d；或最低气温≤−12 ℃天数≥15 d，≤−12 ℃负积温≤−200 ℃·d
第一阶段<5 d 或第二阶段<5 d	最低气温≤−10 ℃天数≥35 d，≤−10 ℃负积温≤−450 ℃·d；或最低气温≤−12 ℃天数≥30 d，≤−12 ℃负积温≤−400 ℃·d；或越冬天数≥80 d，越冬期平均气温≤−3.5 ℃	越冬天数≥80 d，越冬期平均气温≤−3.0 ℃	越冬天数≥70 d，越冬期平均气温≤−3.0 ℃

表 4.8 融冻型冻害指标

抗寒锻炼程度	强冬性	冬性	半冬性
第一阶段≥5 d 且第二阶段≥5 d	日平均气温回升到 0 ℃以上持续天数≥5 d，高温后极端最低气温≤−14 ℃	日平均气温回升到 0 ℃以上持续天数≥5 d，高温后极端最低气温≤−13 ℃	日平均气温回升到 0 ℃以上持续天数≥3 d，高温后极端最低气温≤−12 ℃
第一阶段<5 d 或第二阶段<5 d	日平均气温回升到 0 ℃以上持续天数≥5 d，高温后极端最低气温≤−13 ℃	日平均气温回升到 0 ℃以上持续天数≥5 d，高温后极端最低气温≤−12 ℃	日平均气温回升到 0 ℃以上持续天数≥3 d，高温后极端最低气温≤−11 ℃

初冬剧烈降温型冻害高风险区主要分布在邯郸、邢台两市东部的部分地区和保定西北部；较高风险区主要分布在邯郸东部和邢台中东部，衡水南部和保定西北部的部分地区也有零星分布；其他地区为低风险区和中风险区。长寒型冻害气候风险呈现由北向南逐渐减小的趋势，高风险区主要分布在唐山、秦皇岛两市北部和保定西北部；较高风险区主要分布在唐山、秦皇岛两市中部和保定西部的部分地区；其他地区为低风险区和中风险区。融冻型冻害高风险区

主要分布在保定西北部，邯郸、邢台两市东部和石家庄北部的个别站点；较高风险区分布在邢台中东部、邯郸东部和保定西部；其他地区为低风险区和中风险区。总体上，河北省北部麦区以长寒型冻害风险较大，融冻型和初冬剧烈降温型冻害风险较小；中南部麦区以融冻型和初冬剧烈降温型冻害风险较大，长寒型冻害风险较小。

4.3.3 冬小麦干热风监测

干热风是高温、低湿并伴有一定风力的灾害性天气，一般出现在 5—6 月。通常是以日最高气温、14 时相对湿度和 14 时风速进行判别，即以日最高气温高于 32 ℃、相对湿度低于 30%、风速大于 3 m/s 作为干热风天气的标准。冬小麦干热风是指对冬小麦扬花灌浆期出现的干热风天气，通过物理作用，使冬小麦植株水分平衡失调，影响植株正常的生理机能，造成小麦千粒重下降和减产的农业气象灾害。干热风发生的天气背景不同，河北小麦干热风主要以高温低湿型为主，雨后青枯型和旱风型较少。

据有关研究，近 57 年(1960—2016 年)来，河北省干热风发生整体呈下降趋势，重度干热风的下降趋势更为明显。在年际尺度上，河北省 1960—1990 年前期是干热风的高发时期，20 世纪 80 年代中后期到 90 年代末，干热风发生较少。此后，干热风的发生经过一个短暂的低谷后又呈缓慢上升的趋势。河北省麦区各站点的年均轻度、重度干热风日数分布一致，大体呈东北部低、南部高的趋势。河北省邯郸、邢台的太行山山前地带以及黑龙港流域的中西部为干热风的重灾区，唐山、秦皇岛地区为低值区；南宫、肥乡、黄骅一带是干热风的高发区域(刘宏举 等，2019)。

2007 年发布的《小麦干热风灾害等级》气象行业标准采用日最高气温、相对湿度和风速将小麦干热风分为轻和重两个等级。随着天气气候变化以及小麦生产灌溉条件与管理方式的改进，原有的小麦干热风灾害指标与等级已不适应，为此对原标准进行了修订，指标中增加了土壤湿度，等级分为轻、中、重三级。修正后的河北省小麦干热风监测评估指标(华北、黄淮及陕西关中冬麦区)见表 4.9。生产中，冬小麦干热风的危害程度不仅仅是由气象指标决定的，还与冬小麦发育期、品种、农田小气候，以及管理措施(如是否采取防御措施)等有密切关系。

表 4.9 高温低湿型小麦干热风灾害指标

20 cm 土壤相对湿度/%	轻			中			重		
	日最高气温/℃	14 时相对湿度/%	14 时风速/(m/s)	日最高气温/℃	14 时相对湿度/%	14 时风速/(m/s)	日最高气温/℃	14 时相对湿度/%	14 时风速/(m/s)
<60	≥31	≤30	≥3	≥32	≤25	≥3	≥35	≤25	≥3
≥60	≥33	≤30	≥3	≥35	≤25	≥3	≥36	≤25	≥3

4.3.4 玉米高温热害监测评估

河北省是玉米生产大省，播种面积和总产约居全国第六位，且地处我国春夏玉米种植交错带，为既种植春玉米又种植夏玉米的省份；同时河北省是高温热害多发区域，随着气候变暖，近年来高温热害频繁发生，如 2013 年、2017 年、2018 年均发生玉米高温热害，造成玉米不同程度的减产，其中 2018 年影响最为明显，7 月 25 日—8 月 5 日出现持续 12 d 的高温天气，中南部地区最高气温达 35～37 ℃，此时南部玉米正处于抽雄开花期，异常高温导致玉米花粉和花丝活力下降、吐丝困难、雌雄发育不同步等现象，结实率明显下降，部分地区结实率不到 30%，产量受到严重影响。

根据河北省玉米生长发育观测资料，应用统计方法，结合玉米主要发育期的气象条件，建立了河北省玉米高温监测评估指标、高温热害灾情指数，以及灾情等级阈值，并分析了河北省玉米高温热害时空分布特征（代立芹 等，2019）。结果表明，玉米拔节至灌浆期高温热害显著影响因子和指标主导因子为 32 ℃以上气温出现的时间长度和积温，但并不是 32 ℃以上气温因子都是指标因子，因为随着温度升高，其出现概率下降，不能反映多数高温热害年份温度状况。经综合分析，河北省玉米主要发育阶段拔节到灌浆期的高温热害指标因子见表 4.10。

表 4.10 玉米拔节至灌浆期高温热害指标因子

生育期	指标
拔节孕穗期	日最高气温 33 ℃以上天数≥11 d， 日最高气温 32 ℃以上长达 5 小时以上的天数≥10 d， 日最高气温 32 ℃以上长达 5 小时以上的天数内逐时 32 ℃以上积温≥2900 ℃·d
抽雄开花期	日最高气温 33 ℃以上天数≥7 d， 日最高气温 32 ℃以上长达 4 小时以上的天数≥7 d， 日最高气温 32 ℃以上长达 5 小时以上的天数内逐时 32 ℃以上积温≥1800 ℃·d
灌浆期	日最高气温 33 ℃以上天数≥8 d， 日最高气温 32 ℃以上长达 4 小时以上的天数≥9 d， 日最高气温 32 ℃以上长达 5 小时以上的天数内逐时 32 ℃以上积温≥2100 ℃·d

在此基础上，以减产率作为评价灾害强度的标准，基于减产率和高温因子之间的相关关系，采用权重系数法，建立河北省玉米不同生育阶段高温热害灾情指数（表 4.11）。

表 4.11 玉米拔节至灌浆期高温热害灾情指数

生育期	高温因子	高温热害灾情指数
拔节孕穗期	dmt33(x_1)	$II=0.26x_1/x_{1p}+0.43x_2/x_{2p}+0.31x_3/x_{3p}$
	dhd32_4(x_2)	
	athd32_5(x_3)	
抽雄开花期	dmt33(x_1)	$II=0.38x_1/x_{1p}+0.37x_2/x_{2p}+0.25x_3/x_{3p}$
	dhd32_4(x_2)	
	athd32_5(x_3)	
灌浆期	dmt33(x_1)	$II=0.38x_1/x_{1p}+0.36x_2/x_{2p}+0.26x_3/x_{3p}$
	dhd32_4(x_2)	
	athd32_5(x_3)	

注：x_1、x_2、x_3 为高温因子，x_{1p}、x_{2p}、x_{3p} 为高温因子历史平均值，II为高温热害灾情指数。dmt33 为日最高气温高于 33 ℃的天数；dhd32_4 为 32 ℃以上日高温长达 4 h 以上的天数；athd32_4 为 32 ℃以上日高温长达 4 h 的积温；dhd32_5 为 32 ℃以上日高温长达 5 h 以上的天数；athd32_ 5 为 32 ℃以上日高温长达 5 h 的积温。

采用基于自相关系数的有序样本聚类分析法，结合高温热害年份灾情指数与灾损率之间的相关关系，对高温热害灾情等级及阈值进行界定（表 4.12）。其中，轻度高温热害减产率＜10%，中度高温热害减产率 10%～20%，重度高温热害减产率 20%～30%，特重度高温热害减产率>30%。

表 4.12 玉米拔节至灌浆期高温热害灾情等级阈值

生育期	灾情等级阈值			
	轻度	中度	重度	特重
拔节孕穗期	≤1.18	(1.18,1.80]	(1.80,2.39]	>2.39
抽雄开花期	≤1.48	(1.48,2.37]	(2.37,3.24]	>3.24
灌浆期	≤1.52	(1.52,2.50]	(2.50,3.48]	>3.48

河北省春玉米区高温热害概率和强度明显小于夏玉米区。春玉米区以玉米抽雄期高温热害概率最高、强度最大,拔节期次之,灌浆期最小;以张家口的怀来、涿鹿、宣化、阳原,承德的承德县、滦平、宽城等地高温热害概率较高,但多在6%以下。夏玉米区以拔节期高温热害概率最高、强度最大,抽雄期次之,灌浆期最小;拔节孕穗期以邯郸、邢台两市中东部,以及衡水、石家庄东部、沧州西部、保定东南部地区高温热害概率较高(9%~19%);抽雄期以衡水南部,邢台和邯郸两市中东部,石家庄的栾城、辛集、正定等地概率较高(6%~12%);灌浆期以石家庄、邢台南部、邯郸地区概率较高(4%~8%)。

春玉米区在1998年之前发生高温热害的站点较少,1999年以后站点有所增加,且以抽雄期高温热害为主。夏玉米区在1980年之前发生高温热害的站点较少,仅1973年出现抽雄期高温热害;1981—2000年发生高温热害的站点较多,以拔节期高温热害为主;2001—2009年发生高温热害的站点较少;2010年以后高温热害站点又大幅度增加,以拔节期高温热害为主,抽雄期高温热害次之。玉米各生育阶段高温热害站次和强度总体上均随年代有上升趋势,其中,夏玉米区拔节至灌浆期高温热害站次达显著上升水平。春玉米和夏玉米拔节至灌浆期高温热害致灾因子(32 ℃以上高温时长和积温、日最高气温33 ℃以上天数)均呈显著上升趋势,高温风险增加。

4.3.5 棉花连阴雨灾害监测评估

棉花是河北省主要经济作物之一,连阴雨是影响棉花生长发育的重要农业气象灾害,对棉花产量和品质均可造成危害。21世纪以来,随着气候变暖,极端天气气候事件增多,河北省棉花生长期间连阴雨灾害频发,2007—2022年多次出现连阴雨灾害,其中2007—2011年连续5年棉花裂铃、吐絮期出现连阴雨,2012—2013年连续2年花铃期出现连阴雨,均对产量和品质造成了重大影响和经济损失。

王恒铨(1992)通过分析河北省1961—1980年棉区连阴雨天气过程,提出了棉花连阴雨判定指标。代立芹等(2019)依据逐日气象资料、农业气象观测站棉花生长观测资料、产量资料和连阴雨灾情等资料,系统分析了连阴雨过程气候特征及对棉花生长的影响,修订和完善了棉花连阴雨灾害指标。依据连阴雨致灾因子对棉花产量的影响程度,筛选关键致灾因子,构建了连阴雨强度指数和灾损评估模型,划分连阴雨强度等级,并通过构建连阴雨风险指数,进行风险分析和评估。

棉花各生育期连阴雨气象指标及补充条件见表4.13。

表 4.13　棉花各生育期连阴雨气象指标及补充条件

生育期	气象指标	补充条件
播种出苗期	连续 3 d 以上有雨，总雨量 5 mm 以上	(1)连阴雨过程中允许 1 d 无降水或微量降水，但该日日照时数应小于 4 h；(2)连阴雨过程日照充足，平均每天日照时数 5 h 以上，则不计为连阴雨灾害；(3)连续 2 d 无降水判定连阴雨过程结束
现蕾期	连续 3 d 以上有雨，总雨量 20 mm 以上	
花铃期	连续 5 d 以上有雨，总雨量 50 mm 以上	
吐絮期	连续 5 d 以上有雨，总雨量 20 mm 以上	

通过进行连阴雨致灾因子与棉花产量灾损率的相关分析，以达到显著水平的致灾因子作为连阴雨关键致灾因子，采用因子权重系数法构建各生育阶段连阴雨强度指数模型（表 4.14）。在棉花播种出苗期，连阴雨过程平均每天日照时数（S_a）为连阴雨关键致灾因子，由于 S_a 与产量灾损率呈显著负相关，考虑到平均每天日照时数 5 h 以上不计为连阴雨过程，因此对 S_a 作"$5-S_a$"处理后再进行强度指数计算。

表 4.14　棉花各生育期连阴雨关键致灾因子和强度指数模型

生育期	关键因子	强度指数模型
播种出苗期	L $5-S_a$	$M=0.348\times L/L_m+0.652\times[(5-S_a)/(5-S_m/L_m)]$
现蕾期	L R	$M=0.343\times L/L_m+0.657\times R/R_m$
花铃期	L R	$M=0.396\times L/L_m+0.604\times R/R_m$
吐絮期	L R R_a	$M=0.399\times L/L_m+0.401\times R/R_m+0.200\times[R_a/(R_m/L_m)]$

注：L 为连阴雨持续日数，L_m 为持续日数历史平均值；R 为连阴雨过程总降水量，R_a 为连阴雨过程平均每天降水量，R_m 为过程总降水量历史平均值；S_a 为连阴雨过程平均每天日照时数，S_m 为过程总日照时数历史平均值。

对连阴雨强度指数与产量灾损率进行回归分析，建立棉花各生育期产量灾损评估模型（表 4.15）。

表 4.15　棉花各生育期连阴雨灾损评估模型

生育期	评估模型
播种出苗期	$y=0.1037x-0.0215$
现蕾期	$y=0.0785x+0.0384$
花铃期	$y=0.1434x+0.0028$
吐絮期	$y=0.0834x-0.0157$

注：y 为产量灾损率，x 为连阴雨强度指数。

结合河北省棉花连阴雨实际灾情，将连阴雨灾害强度划分为轻度、中度、重度、特重四个等级，采用有序样本聚类分析法确定各等级对应的强度指数，并利用灾损评估模型估算各等级对应的产量灾损范围，结果见表 4.16。

表 4.16 棉花各生育阶段连阴雨等级标准及产量灾损范围

发育期	要素	等级			
		轻度	中度	重度	特重
播种出苗期	强度指数	≤0.7	(0.7,1.2]	(1.2,1.7]	>1.7
	产量灾损率/%	≤5	(5,10]	(10,15]	>15
现蕾期	强度指数	≤0.8	(0.8,1.4]	(1.4,2.1]	>2.1
	产量灾损率/%	≤10	(10,15]	(15,20]	>20
花铃期	强度指数	≤1.0	(1.0,2.1]	(2.1,2.8]	>2.8
	产量灾损率/%	≤15	(15,30]	(30,40]	>40
吐絮期	强度指数	≤0.8	(0.8,1.4]	(1.4,2.0]	>2.0
	产量灾损率/%	≤5	(5,10]	(10,15]	>15

河北省棉花各生育期连阴雨发生特征分析显示，播种出苗期连阴雨灾害发生概率为0.076，以中度为主，重度次之，轻度第三，特重度最小，历史产量灾损率为0.04%～16.5%，平均灾损率为0.09%；现蕾期连阴雨灾害发生概率为0.394，以轻度为主，中度次之，重度第三，特重度最小，历史灾损率为6.5%～40.0%，平均灾损率为11.7%；花铃期连阴雨灾害发生概率为0.447，以轻度为主，中度次之，重度第三，特重度最小，历史灾损率为6.4%～60.5%，平均灾损率为17.1%；吐絮期连阴雨灾害发生概率为0.237，以中度为主，轻度次之，重度第三，特重度最小，历史灾损率为1.5%～20.9%，平均灾损率为7.2%。因此，连阴雨灾害发生概率和造成的灾损率由大到小依次为花铃期>现蕾期>吐絮期>播种出苗期，这与棉花各生育阶段降水差异和生长特点相符。连阴雨灾害发生站次随年代变化趋势分析显示，虽1981年以来总体变化趋势为播种出苗期至花铃期连阴雨灾害发生站次无明显变化、吐絮期站次明显增加，但分年代分析结果显示，2000年以后连阴雨发生站次变化趋势较2000年以前明显，其中，播种出苗期、花铃期和吐絮期连阴雨灾害站次增加，现蕾期站次减少，即2000年以后现蕾期连阴雨灾害对棉花生长的影响减弱，而花铃期和吐絮期（特别是吐絮期）成为连阴雨灾害影响棉花生长的主要时期，播种出苗期虽连阴雨灾害站次也增加，但因其发生概率低、造成损失小，因此总体影响不大。

棉花播种出苗期，连阴雨灾害概率和强度较大的地区分布在唐山大部、秦皇岛、沧州南部、衡水、邢台东部棉区，为高风险和特高风险区；现蕾期概率和强度较大的地区分布在唐山、秦皇岛、廊坊中北部和保定北部，为高风险和特高风险区；花铃期概率和强度较大的地区分布在唐山、秦皇岛、廊坊中北部、保定北部，以及石家庄、邢台和邯郸三市西部，为高风险和特高风险区；吐絮期概率和强度较大的地区分布在保定西南部、衡水西部、石家庄、邢台和邯郸棉区，为高风险和特高风险区；其他棉区由于连阴雨灾害发生概率低或者强度弱，为中风险或低风险区。连阴雨风险分布区域与主棉区空间分布区域对比分析表明，现蕾期和花铃期连阴雨主要影响非主棉区，主棉区以中、低风险为主；播种出苗期和吐絮期部分连阴雨灾害高风险和特高风险区分布在主棉区，由于播种出苗期连阴雨概率相对低、造成损失小，因此，主棉区主要受吐絮期连阴雨影响，如2007—2011年连续5年吐絮期发生连阴雨灾害，发生区域主要为衡水、石家庄、邢台、邯郸等地，强度以衡水、邢台、邯郸、沧州南部为重，上述区域为高风险区，应加强防御；同时，对比分析表明，保定南部、石家庄东部、沧州北部等非主棉区各时段连阴雨强度风险均较低。

4.4 本章小结

农业生产与气候密切相关，提高农业适应气候变化能力对保障国家粮食安全至关重要。本章介绍了河北省主要农作物冬小麦、玉米和棉花及设施农业生产的农业气候特征，分析了主要农业气象灾害和农作物病虫害与气候的关系，建立了冬小麦干旱、冻害、干热风和玉米高温热害、棉花连阴雨灾害的灾害监测预警和评估指标。

第 5 章
城市生态气象

5.1　城市大气环境

5.1.1　概况

空气污染与气象条件密不可分，一个地区的污染物向大气中的排放数量，在一定时期内变化不大，但是大气环境中污染物浓度往往变化很大，究其根本原因是气象扩散条件不同，按照扩散方向又可分为水平扩散条件、垂直扩散条件。影响污染物扩散的气象因子有很多，比如风向、风速、逆温、混合层高度、通风系数、风场辐合、相对湿度等。

目前河北省生态环境部门空气质量地面监测站点共 379 个，主要监测要素包括 $PM_{2.5}$、PM_{10}、SO_2、NO_2、O_3、CO 6 种常规污染物；河北省气象部门立体监测主要有风廓线雷达 12 部、微波辐射计 9 部、气溶胶激光雷达 5 部、超声风速脉动仪 11 部、云高仪 2 部和气象探空观测站 3 个。各监测站点分布情况见图 5.1，本节分析主要采用上述观测数据。

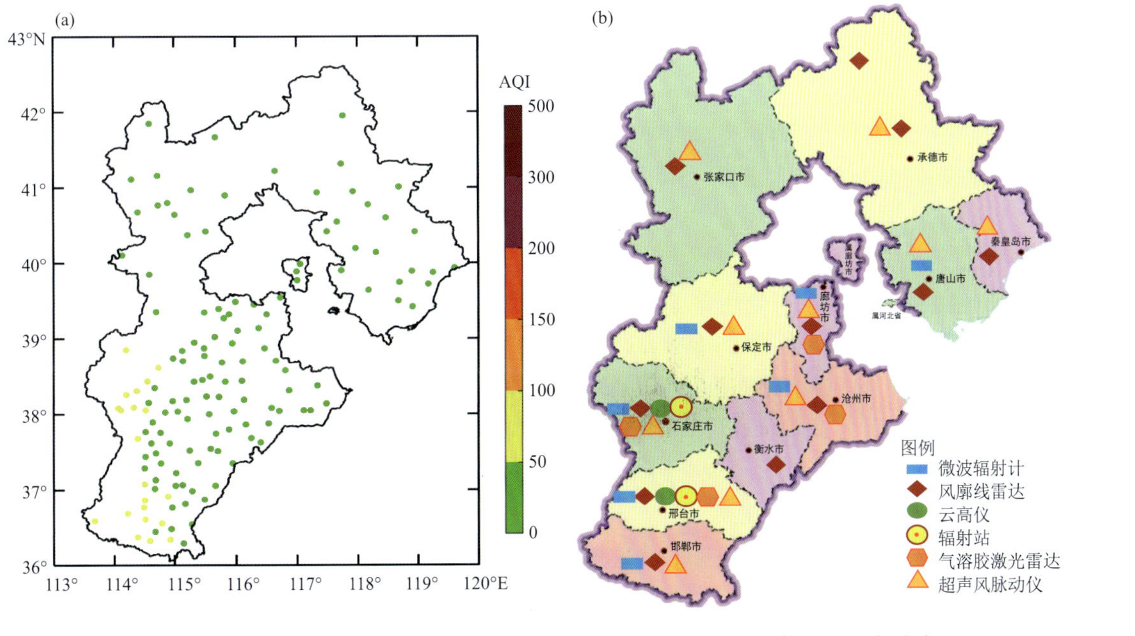

图 5.1　河北省地面空气质量监测站点（含市县均值虚拟点）(a)及立体监测设备分布(b)

5.1.2 环境气象预报预警

空气污染预报预警的关键技术是研究气象条件与污染关系机理，建立定量客观的气象扩散条件指标。河北省中南部地处太行山东麓，独特的地理位置特征导致其平均风速较小，容易出现逆温、小风高湿区，而且近地面存在着几乎定常的风场辐合，易造成污染物汇聚，污染尤其严重。随着环境气象业务逐渐发展，从大气水平、垂直等方向建立了通风系数、辐合、逆温、混合层高度等与大气扩散能力密切相关的环境气象参数，形成了以静稳天气指数为首的环境气象指标体系，实现了实况、预报类气象条件客观定量化产品，并利用统计、机器深度学习等方法建立了 $PM_{2.5}$、PM_{10} 和 O_3 污染物浓度预报模型，为环境气象预报预警提供技术、产品支撑。

5.1.2.1 环境气象参数

(1)逆温及其出现特征

逆温一般是在日落前后由地面开始形成，夜间随着辐射冷却的加强，逆温层逐渐加厚，黎明前达到最厚。环境气象关注的逆温多在边界层以内，即 2 km 高度以下的逆温会抑制空气上下交换，将污染物聚集在地面附近，加剧大气污染的程度。逆温层顶高度减去逆温层底高度得到的就是逆温层厚度(单位：m)；逆温强度＝逆温差/逆温厚度，一般用每 100 m 气温升高的摄氏度数来表示，单位为℃/(100 m)。逆温厚度越厚，维持时间越长，造成的污染危害越大。

①气象探空资料计算逆温

河北省主要有邢台、唐山乐亭、张家口共 3 个气象探空观测站，利用逐日 08 时、20 时探空资料由地面逐层向上计算至 1500 m，并忽略逆温厚度小于 50 m 的数据，可获得逆温底高、顶高、厚度、强度等逆温特征信息(图 5.2)，当单条探空曲线出现多于 1 层逆温时记为 1 次多层逆温。

经统计分析，以邢台为代表的中南部地区逆温出现频率较高，频率为 68%，多层逆温占 8%；从季节变化来看，冬季是逆温多发的季节，出现频率较大，为 75%，多层逆温占 14%。春季和秋季次之，出现频率分别为 68%、69%，夏季较小，出现频率为 59%。北部地区(张家口)逆温出现频率相对较小，年出现频率 60%，主要集中在秋、冬季，夏季出现频率仅为 48%。另外，唐山乐亭探空站年逆温出现频率达 75%，均高于中南部和北部地区。

邢台、唐山年均逆温层厚度接近，分别为 228 m、230 m，张家口略高，为 250 m，但平均逆温层强度邢台最强为 2.15 ℃/(100 m)，唐山、张家口平均逆温强度分别为1.63 ℃/(100 m)、1.74 ℃/(100 m)。从季节变化来看，邢台冬季平均逆温层厚度较厚，达 254 m，夏季最薄，为 190 m，唐山春季逆温层最厚，达 278 m，其他季节差别不大，张家口各季节逆温层厚度差别不大，在 240～260 m。3 个站点逆温强度最大值均出现在冬季，邢台高达 2.74 ℃/(100 m)，张家口、唐山分别为 2.37 ℃/(100 m)、1.96 ℃/(100 m)。三个探空站逆温特征统计见图 5.3。

②模式温度场资料计算逆温

预报业务中多以气象模式温度场数据来分析逆温范围特征，以欧洲中期天气预报中心(ECMWF，简称 EC)细网格数据为例，将 1000 hPa 作为第一层，逐层计算各层之间的逆温差并累计至 850 hPa 高度，可得到格点逆温产品(图 5.4)。

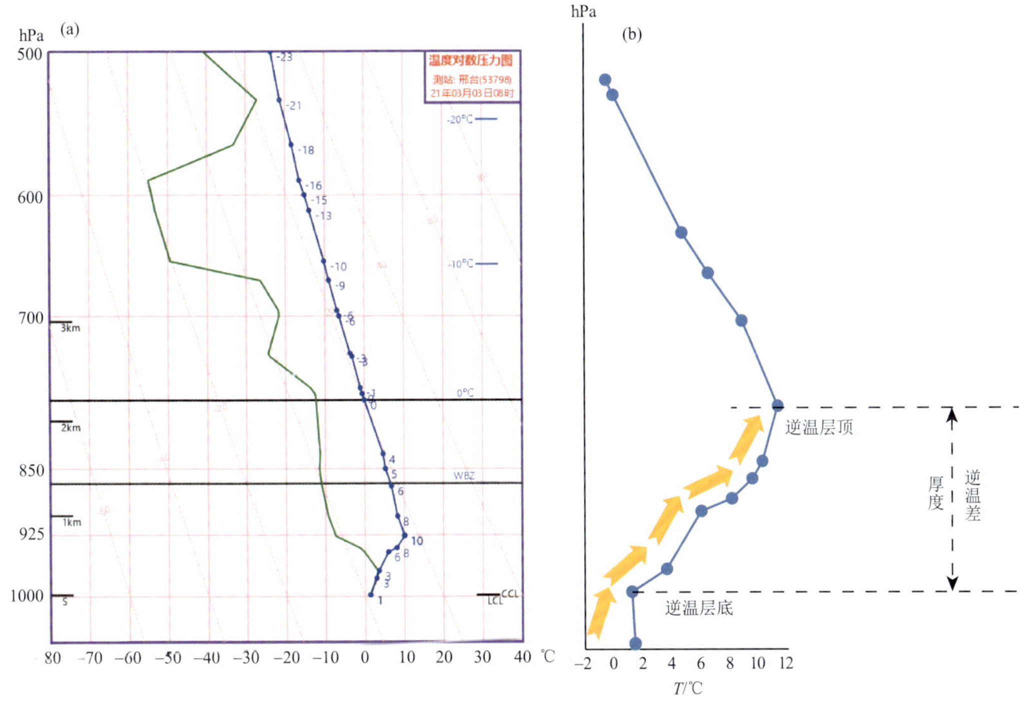

图 5.2　气象探空资料计算逆温示意图

（a. 2021 年 3 月 3 日 08 时邢台探空曲线；b. 利用温度廓线搜索计算逆温示意图）

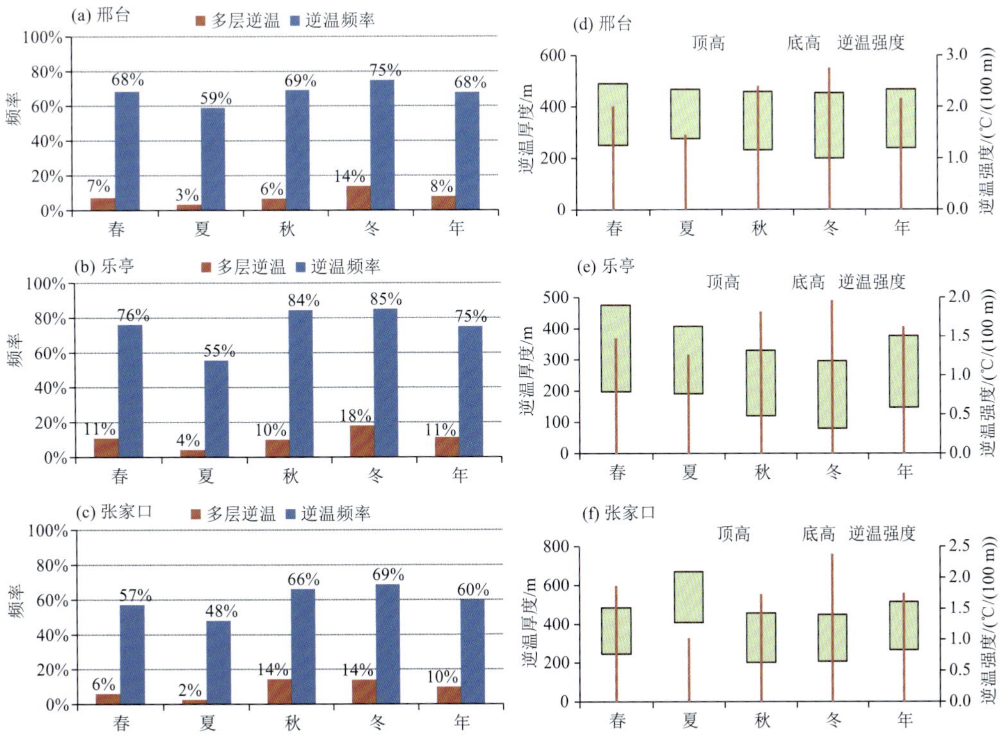

图 5.3　逆温出现频率（a. 邢台；b. 乐亭；c. 张家口）和强度厚度（d. 邢台；e. 乐亭；f. 张家口）

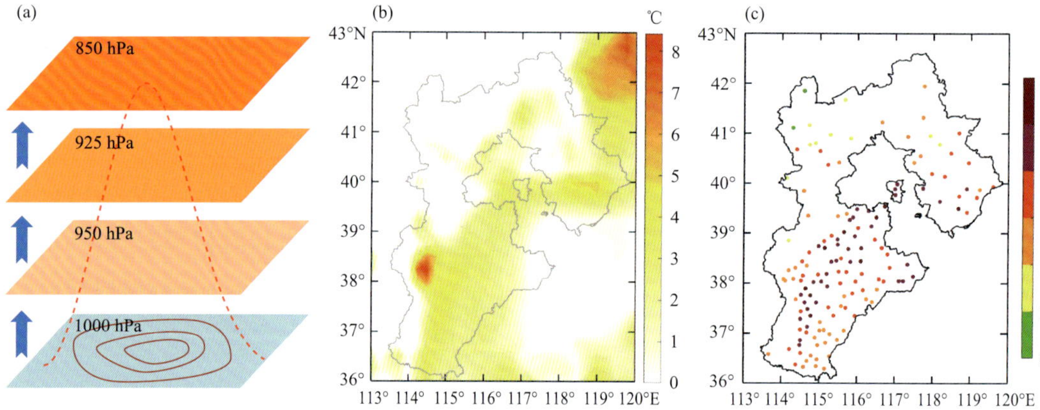

图 5.4　模式温度场数据计算逆温与污染个例

(a. 逆温层分布示意图；b. 2021 年 2 月 11 日 08 时逆温差落区；c. 2021 年 2 月 11 日 08 时 AQI 分布)

(2)混合层高度与地表通风系数变化特征

大气混合层高度(MLH)是影响大气扩散的主要因子之一，其对大气环境质量评估和污染物的存储量及分布起着重要作用。混合层高度表征了大气污染物在垂直方向被热力湍流、对流与动力湍流输送所能达到的高度，混合层高度低，大气污染物被积压在近地面层，不利于扩散；反之有利于污染物扩散。近地层高浓度污染对混合层高度也存在负反馈。计算混合层高度的方法主要有国标法、罗氏法，均基于地面气象观测数据，比较容易获取。定义地面风 $u_{10\ m}$ 与混合层高度(MLH)的乘积作为地表通风系数：

$$V_i = MLH \cdot u_{10\ m} \tag{5.1}$$

混合层高度具有明显的日变化，从图 5.5 可以看出，MLH 在 08:00 开始增长，并在 14:00 达到峰值，然后逐渐下降，夜间至清晨达到最低，日变化在石家庄地区能达到 2.5 倍(600～1500 m)，廊坊为 3.5 倍(450～1600 m)，张家口较小，为 2 倍(950～1950 m)。MLH 与温度和日照关系密切，反映的是太阳辐射热力影响。风速则对混合层高度内湿度、热量、动量和污染物等输送起到重要的作用，这些量的输送影响着 MLH 的发展，MLH 与污染物浓度呈现负相关。

混合层高度整体趋势呈现春季最高，夏季陡降，冬、秋季变化平缓。一般入春以后 3 月受温度升高、风速增大影响 MLH 迅速增高，4—5 月维持较高的状态，7—9 月最低，除了具有明显的日变化外，其年变化也较为突出(图 5.6)。

不同地市之间的混合层高度存在一定差异(图 5.7)，在污染季，张家口的混合层高度最高，达到 1484 m，而衡水和邢台相对较低，分别为 925 m 和 915 m，这与各地地形、气候条件以及城市发展状况等因素有关。对于大部分地市而言，非污染季的混合层高度略高于污染季。

(3)矢量通风系数

矢量通风系数定义为：Flux＝MLH · V_h，单位为 m^2/s，MLH 为混合层高度。其综合考量了污染物在垂直和水平两个维度上的扩散条件，较大的通风系数意味着一方面有足够高的混合层为污染物提供垂直扩散空间进行稀释，另一方面有较大的平均风速使污染物在水平方向快速扩散，大气对污染物的扩散和输送能力较强；反之亦然。传统的通风系数不考虑风向的影响，由于相同风速下南风和北风对本地污染变化贡献有明显差异，现有通风系数存在不足，

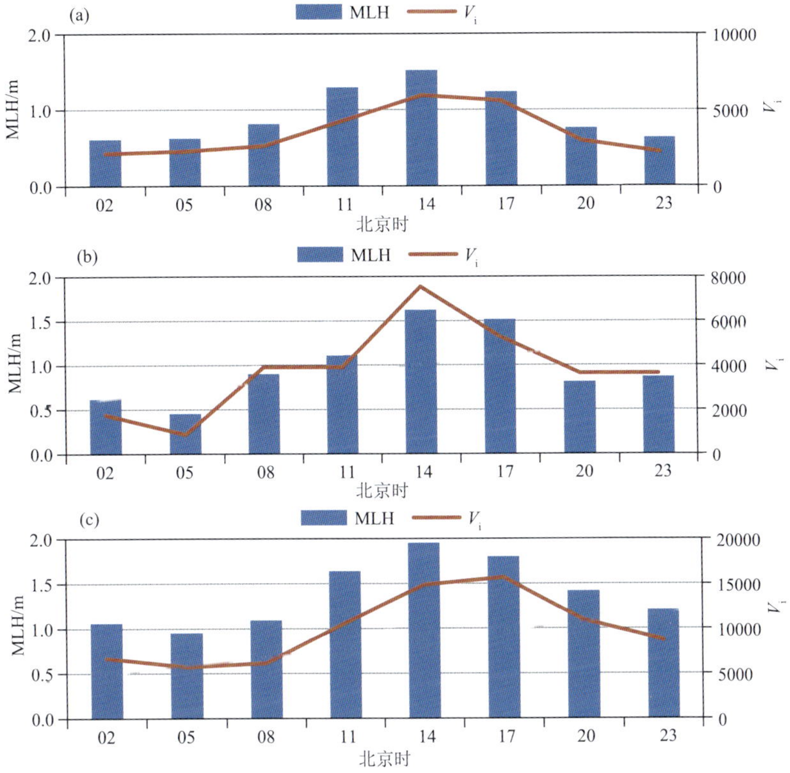

图 5.5　石家庄(a)、廊坊(b)、张家口(c)混合层高度(MLH)和通风系数(V_i)日变化

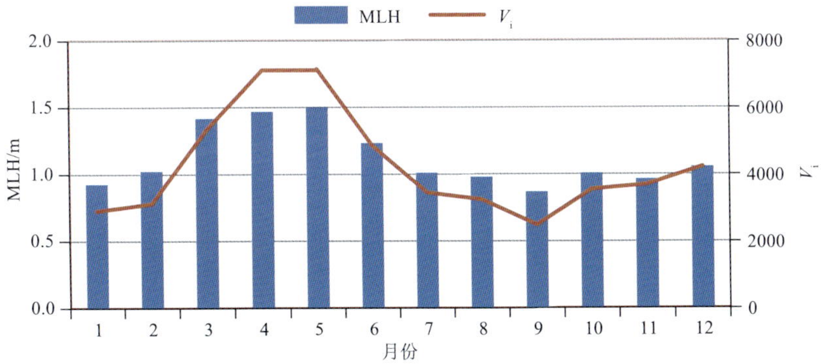

图 5.6　石家庄混合层高度(MLH)和通风系数(V_i)年变化

李二杰等(2021)在通风系数概念的基础上，考虑风向影响贡献，经过延伸分别形成东西、南北两个坐标轴方向通风系数，由此构成矢量的通风系数。由于 U、V 风在数值上有正负，积分叠加后具有正负抵消效果，该指标可体现近地层整层气流输送的方向。当某地区出现风向来回转变时叠加后部分抵消，更能体现“整层”均是小风，比普通的通风系数有更强的优势，通过设置此指标阈值可衍生出小风区、滞留区等产品，用于重污染区判识和水平扩散能力分析。

以 2022 年 11 月 17—21 日一次重污染过程为例研究污染发展维持和转折清除阶段矢量通风系数特征(图 5.8)。发展维持阶段：沧州 V 分量通风系数主要为正(南)，U 分量有正有

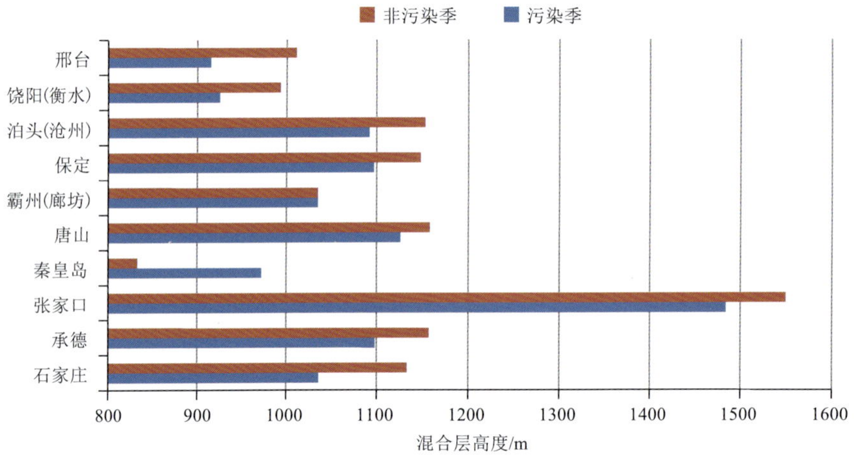

图 5.7　各地市混合层高度分布

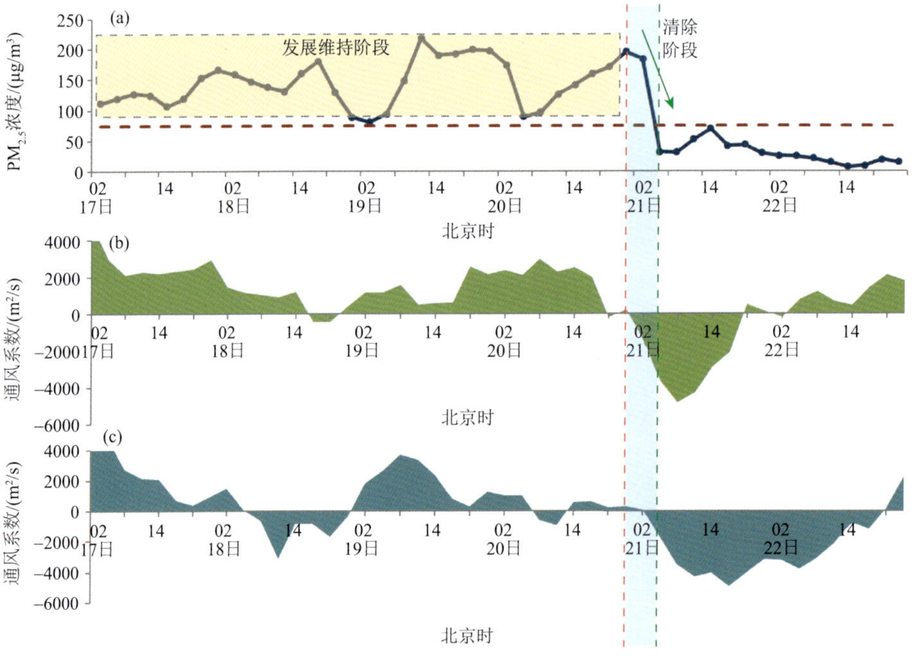

图 5.8　2022 年 11 月 17—22 日沧州 $PM_{2.5}$ 浓度(a)与 V 分量(b)和 U 分量(c)通风系数演变

负，多个时次通风系数在 2000 m^2/s 以下，近地层主要维持偏西南或者弱东南风。转折清除阶段：V 分量通风系数由正转负，05 时达到 −3700 m^2/s，U 分量通风系数为负，05 时达到 −1700 m^2/s，近地层逐渐转为东北—北风，21 日 04 时 $PM_{2.5}$ 浓度降至 75 $\mu g/m^3$ 以下，表明东北风对沧州清除效果明显。

(4)风场辐合与污染的关系

如果在某一特定时间内进入指定区域的通风量多于输出的通风量，则表示该区域存在风场辐合，单位时间内进入箱体内的通风量越多，辐合越强。由于大气层内垂直 W 分量风的量级一般相对较小，主要考虑水平风的辐合贡献，即水平风场辐合(简称“风场辐合”)。一般在暖低压型天气背景下，河北省中南部地区为系统性偏南风，而且由南至北风速逐渐减小，在石家庄、保定地区形成风速辐合(图 5.9a)。近地层矢量通风系数表现为东南部地区通风系数较大，且方向指向偏西至西北，受太行山地形梯度的影响，西部和北部地区通风系数逐渐减小(海拔高的地区为 0)，单位时间内辐合区东、西、南、北边界有效输入通风量大于输出量，这是形成近地层风场辐合的根本原因。李二杰等(2021)在引入矢量通风系数的基础上，基于箱体模型实现了近地层风场辐合的客观判识和辐合强度系数指标的计算，并研究了风场辐合对石家庄污染影响关系。从图 5.9b 所示污染区域分布来看，风场辐合区外围的邢台、邯郸、衡水、保定部分地区空气质量以良为主，在风场辐合作用下污染物向石家庄西部、保定西部汇集且无法扩散，形成风场辐合性传输，局部地区出现重度至严重污染，污染强度偏高 1~2 个等级，而同时刻辐合较强、空气质量相对较好的承德、唐山地区没有出现重污染，表明风场辐合促进局地污染形成，辐合只是提供了气象条件场，辐合造成的污染程度与区域背景污染物浓度有关，风场辐合可理解为一种“只进不出”的污染输送方式。

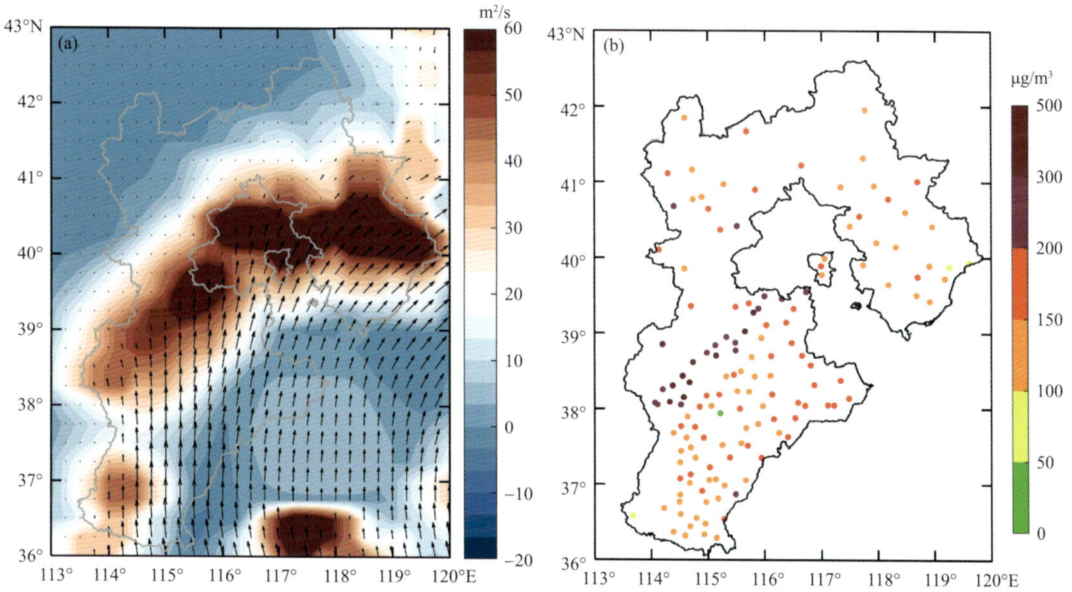

图 5.9　2018 年 11 月 3 日 14 时风场辐合与对应污染区域

(a. 辐合强度系数叠加矢量通风系数；b. $PM_{2.5}$ 浓度)

(5)静稳天气指数

在考虑了边界层内风向风速、变温、变压、逆温、混合层高度等多个反映大气温湿条件及动力状况的物理要素基础上构建了能够定量反映大气静稳程度的综合气象条件指标。该指数与污染源强度及浓度初值没有直接关系，所以能较好地反映实际气象条件下对污染物的稀释、扩散能力，静稳天气指数越大，大气静稳程度越高，则发生或维持大气污染的可能性就越大。

基于 EC 细网格数据，综合考虑逆温、混合层高度、矢量通风系数、辐合强度以及风向风速、湿度、变温、变压等，分季节、分地区建立基于 $PM_{2.5}$ 浓度的权重分指数模型，并将各分指数叠加得到静稳天气指数。对 2016 年冬季一次污染过程进行分析，结果表明，本地化的静稳天气指数能够较为准确指示颗粒物污染演变特征(图 5.10)，石家庄静稳天气指数与 $PM_{2.5}$ 相关系数达到了 0.7。该指标可实现综合气象条件客观、定量化分析，解决评估气象条件同比有利/不利时出现指标矛盾的问题，主要用于城市及区域气象条件预报和定量评估，为河北省重污染气象条件预报和大气污染防治减排效果分析提供客观参考。

静稳天气指数(SWI)计算相关公式：

$$K_{in} = \frac{\dfrac{a_{in}}{a_{in} + b_{in}}}{\dfrac{a}{a+b}} \tag{5.2}$$

$$\mathrm{SWI} = \sum K_{in} \tag{5.3}$$

式中：a_{in} 为各要素各区间内出现 $PM_{2.5}$ 污染的次数；b_{in} 为各要素各区间内达标次数；a 为出现 $PM_{2.5}$ 污染总次数；b 为达标总次数；K_{in} 为对应要素的权重分指数。

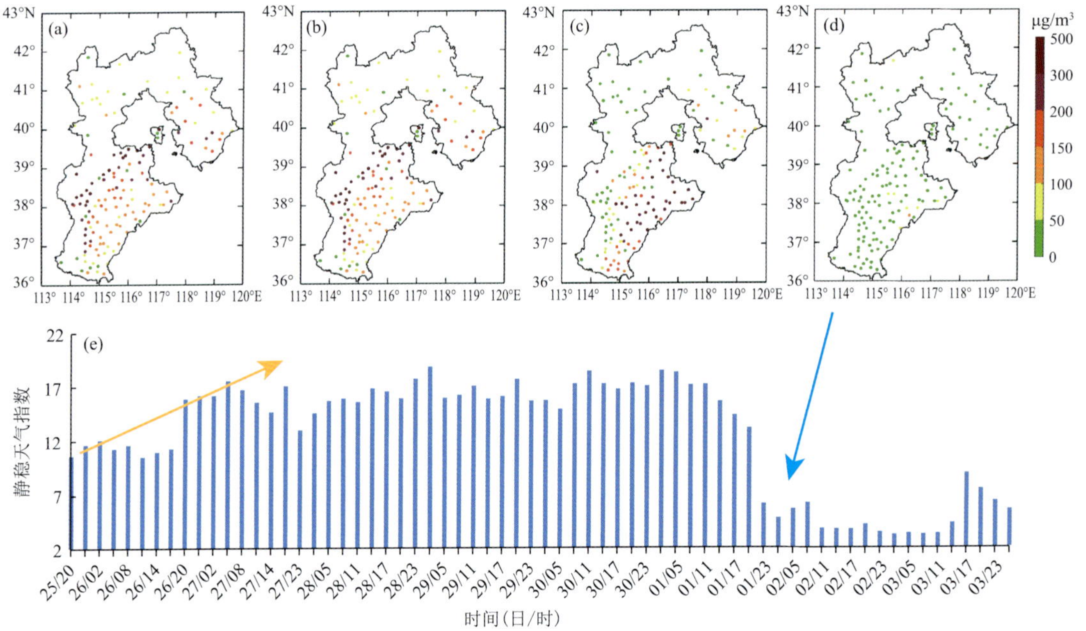

图 5.10　2016 年一次污染过程发展(a)、维持(b)、转折(c)、清除(d)阶段与石家庄站静稳天气指数演变(e)

5.1.2.2　空气质量预报

空气质量预报包括数值预报模式和统计预报模式，数值预报模式是根据气象要素的预报值和空气污染排放源清单，利用数学模式以得到污染浓度的时空分布的预报方法，目前主流的环境数值预报模式有 CMAQ、CAMx、WRF-CHEM 等。统计预报主要包括多元回归、支持向量机以及近年发展较快的机器学习等，预报结果主要包括六种污染物浓度、空气质量等级等。

利用机器学习技术预报 $PM_{2.5}$ 浓度，基于欧洲中心 EC 细网格场数据，筛选表征大气水平和垂直气象扩散条件相关的气象因子：10 m (uv)风、2 m 湿度、混合层高度、24 h 变温变压、925 hPa 风向风速、矢量通风系数(uFlux、vFlux)、逆温(InvT)、位温差(Theta850_1000)等共16 个变量，采用 LSTM 机器学习方法并建模然后用于预报。气象要素采用每日 EC 20 时起报的逐 3 h 数据作为 X 因子，对应时次 $PM_{2.5}$ 浓度监测数据作为 Y 因子，将 2017—2019 年历史数据分为污染季(10 月—次年 3 月)和非污染季(4—9 月)分别进行训练并建立预报模型，预报时效可达 10 d，24 h 预报与实况相关系数可达到 0.8～0.9，预报产品见图 5.11。

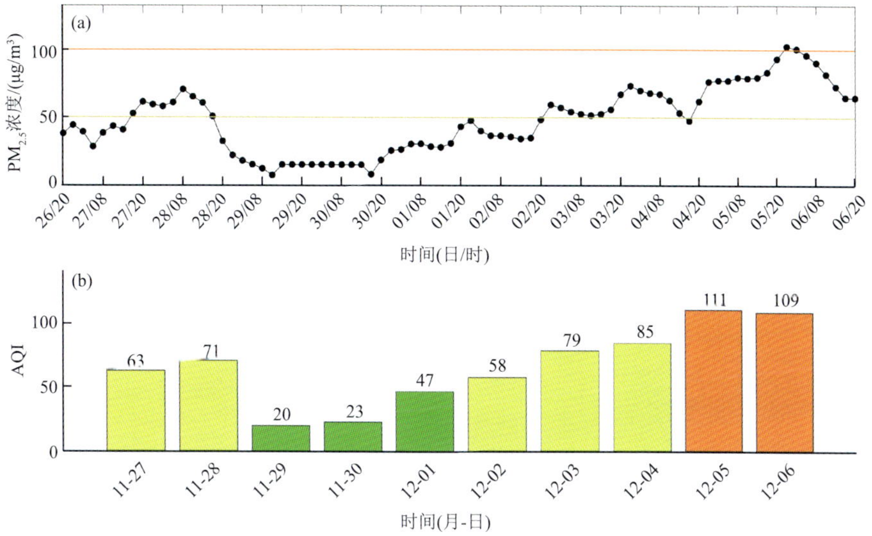

图 5.11　石家庄 LSTM 模型预报 $PM_{2.5}$ 逐 3 h 浓度(a)和逐日 AQI(b)

5.1.3　气象条件贡献定量评估

气象条件对大气污染防治效果影响的分析评估是指特定时段内，不考虑排放源的变化，仅评估风场、气温、气压、湿度、降水、边界层特征等多种气象要素的变化对 $PM_{2.5}$ 浓度变化所造成的影响，采用 $PM_{2.5}$ 气象条件评估指数(Evaluation on Meteorological condition Index of $PM_{2.5}$ pollution，EMI)的变化率来表征综合气象条件对 $PM_{2.5}$ 浓度变化的贡献。基于中国气象局化学天气数值预报系统(CMA Unified Atmospheric Chemistry Environment，CUACE)输出的 $PM_{2.5}$ 气象条件评估指数，开展河北省分季节、分区域大气污染气象条件定量贡献评估技术，量化不同气象条件对 $PM_{2.5}$ 浓度变化的影响，客观评价气象条件和人为减排对大气污染防治效果的贡献。

5.1.3.1　数据与方法

依据刘洪利等(2018)以及《$PM_{2.5}$ 气象条件评估指数(EMI)》(QX/T 479—2019)，EMI 是表征 $PM_{2.5}$ 浓度变化中气象条件贡献的无量纲指标，用地面至 1500 m 高度气柱内 $PM_{2.5}$ 平均浓度与参考浓度的比值表示，值越大表征气象条件越不利于近地面大气中 $PM_{2.5}$ 稀释与扩散。计算公式：

$$I = I(t) + \int_{t_0}^{t_1} (E + T + D)\mathrm{d}t \tag{5.4}$$

式中：I 为 EMI，无量纲；t_0 为积分起始时间，单位为秒(s)；t_1 为积分终止时间，单位为秒(s)；E 为排放沉降项，即 $PM_{2.5}$ 排放率和沉降率导致的单位时间气柱内 $PM_{2.5}$ 浓度变率，表示该地区大气与地表直接净收支，正值表示有向大气的排放，负值表示沉降；T 为传输项，即水平和垂直方向的大气输送作用导致的单位时间气柱内 $PM_{2.5}$ 浓度变率，正值表示输入，负值表示输出；D 为扩散项，即大气湍流作用导致的单位时间气柱内 $PM_{2.5}$ 浓度变率，正值表示 $PM_{2.5}$ 累积，负值表示 $PM_{2.5}$ 稀释。E、T、D 单位均为每秒(s^{-1})。

可以看出，$PM_{2.5}$气象条件评估指数（EMI）是通过数值模拟计算得到气象条件影响下气溶胶排放、沉降、传输和扩散等过程的综合指数。EMI 来源于中国气象局化学天气预报系统-EMI 评估模式（CUACE-EMI）（图 5.12），空间分辨率为 15 km，采用 2015 年排放源清单。

不同年度之间相同月份相互比较时，EMI 的差异表征了排放不变的条件下气象条件所导致的 $PM_{2.5}$浓度变化率。气象条件定量贡献评估方法遵循“先空间，再时间”原则，定量分离气象条件和排放贡献，计算得到其他年份相同时段相对基准年的特定点位、特定城市、特定区域、特定时段（月、季、年尺度）排放变化率、气象条件变化率及污染物浓度变化率。其中，排放变化率表征排放变化对 $PM_{2.5}$浓度变化的贡献率；气象条件变化率表征气象因素对 $PM_{2.5}$浓度变化的贡献率，气象条件贡献包含了扩散、传输、干湿沉降，也考虑了气象因素对化学转化的贡献率。

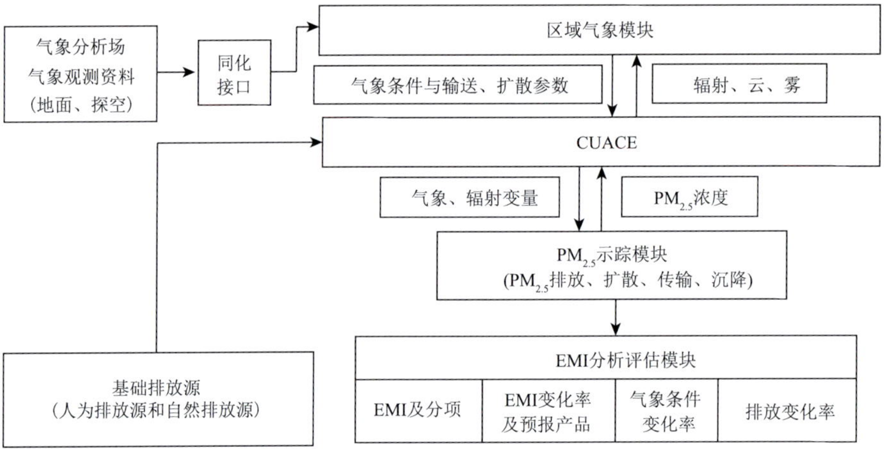

图 5.12　CUACE-EMI 模块结构示意图

5.1.3.2　EMI 指数与 $PM_{2.5}$浓度对比

EMI 指数主要用于评估综合气象条件变化导致 $PM_{2.5}$浓度的变化。它和 $PM_{2.5}$浓度二者具有较好的相关性。图 5.13 为 2013—2019 年河北省月平均 EMI 和 $PM_{2.5}$序列的变化趋势。可以看出，EMI 指数与 $PM_{2.5}$浓度具有一致的季节变化趋势。每年 4—9 月处于全年最低值，低于 4，气象条件较好；10 月之后，EMI 指数逐渐上升，气象条件逐渐转差；12 月及次年 1 月 EMI 指数全年最高，气象条件最差。此外，计算河北省 EMI 和 $PM_{2.5}$浓度的相关性，2013—2019 年河北

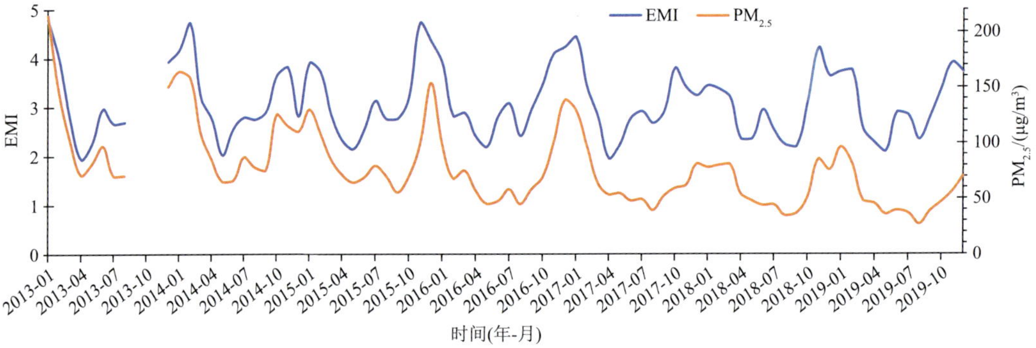

图 5.13　2013—2019 年逐月平均 EMI 和 $PM_{2.5}$序列的变化趋势（2013 年 9—11 月数据缺测）

省月平均 EMI 和 $PM_{2.5}$ 的相关系数为 0.74(共 81 个样本，相关系数都通过了信度 0.001 的显著性检验)。总体而言，两者之间具有较好的相关性，EMI 可应用于气象影响定量评估。

5.1.3.3 气象条件贡献定量评估应用

利用气象条件贡献定量评估技术，开展 2020 年河北省气象条件对空气质量改善的贡献评估，结果显示，2020 年气象条件整体不利于空气质量改善，气象条件对全省 $PM_{2.5}$ 浓度上升的贡献率为 5%(表 5.1)，唐山、廊坊、沧州、衡水、雄安新区等地区气象条件最不利，对 $PM_{2.5}$ 浓度上升有 6%～13%的贡献，其他地区气象条件对 $PM_{2.5}$ 浓度上升贡献率为 1%～5%。

1 月全省气象条件最不利于空气质量改善，对 $PM_{2.5}$ 上升贡献率高达 20%，致使 $PM_{2.5}$ 浓度明显反弹，同比上升 7.4%；2—3 月全省气象条件仍为不利，对 $PM_{2.5}$ 浓度上升平均贡献率为 12%，但在疫情防控和大气污染综合治理措施的背景下，全省平均 $PM_{2.5}$ 浓度大幅度下降；4—9 月平均气象条件同比基本持平；10—12 月气象条件略不利，对 $PM_{2.5}$ 浓度上升平均贡献率为 3%，但实际上 11—12 月全省 $PM_{2.5}$ 浓度明显下降，说明河北省采取的综合治理措施十分得力。

表 5.1 2020 年河北省气象条件对 $PM_{2.5}$ 浓度变化贡献分析 %

月份	地区												全省平均
	张家口	承德	秦皇岛	唐山	廊坊	沧州	雄安新区	保定	石家庄	衡水	邢台	邯郸	
1	51	28	18	37	24	21	26	22	16	17	17	15	20
2	34	84	42	36	22	10	18	15	−3	2	0	3	10
3	14	4	0	1	6	11	16	17	17	15	9	5	10
4	−20	−8	−5	1	−5	1	−10	−18	−14	−2	−14	−14	−10
5	7	16	−7	−1	5	1	2	1	12	6	9	11	6
6	−9	−1	−9	−9	0	−6	−6	−8	−15	−11	−14	−10	−10
7	14	20	13	6	8	14	8	10	6	1	−2	−1	6
8	33	14	57	42	27	39	35	30	10	28	13	2	21
9	−26	−31	−36	−26	−18	5	−19	−17	−7	6	−7	−8	−12
10	−23	−8	2	2	2	13	5	1	8	4	5	1	3
11	−22	−12	−9	−11	−2	−2	−1	−2	5	−2	4	1	−1
12	−17	−30	−2	2	20	42	22	6	−10	29	7	12	9
年平均	**1**	**4**	**4**	**6**	**8**	**13**	**8**	**5**	**3**	**9**	**2**	**3**	**5**

注：负值代表气象条件有利于空气质量改善，正值代表气象条件不利。

5.1.4 颗粒物源解析技术

5.1.4.1 CAMx-PSAT 系统简介

CAMx(Comprehensive Air Quality Model with Extensions)模式是美国 ENVIRON 公司开发的第 3 代空气质量模型，秉承“一个大气”的概念，其化学传输模型综合了空气动力学、气象化学、气溶胶、云化学与动力学等过程。目前 CAMx 模式可以提供多个扩展功能，如 PSAT(颗粒物源解析技术)、OSAT(臭氧源分配技术)、PA(过程分析)等。这些扩展模块的使用丰富了目前模式的适用范围。这里会用到颗粒物源解析技术。

PSAT(Particulate Source Apportionment Technology)技术用来评估不同区域排放源对目标区域颗粒物的传输贡献。PSAT 通过在 CAMx 模式中加入标记示踪物来解析每个网格的颗粒物来源。PSAT 考虑了示踪物在物理、化学过程中的生成、消除和转化过程，包括前体物和颗粒物发生二次化学转化过程。应用 PSAT 技术进行污染物来源解析，可以在一次解析过程中解析包括一次和二次颗粒物的空间来源及传输贡献值，提高模拟评估分析效率，可以为政府制定联防联控措施提供科学、有效、快速的定量化决策依据。

5.1.4.2　颗粒物源解析技术的应用

利用CAMx-PSAT模拟技术，追踪各城市的颗粒物迁移，解析本地源和周边源对$PM_{2.5}$浓度的贡献。模拟分析2017—2018年河北省秋冬季各地$PM_{2.5}$来源和输送贡献情况（表5.2），唐山本地排放贡献高达83.5%，周边输送以天津为主，石家庄、保定、邯郸、邢台等太行山东麓地区，受相同的地形影响，均以本地排放为主，占比在70%以上，周边输送仅占15%～30%；衡水、沧州本地排放和外来输送占比相当，两市本地排放贡献分别为53.3%、55.2%，而周边城市输送贡献较大，即使本地减少排放，外来输送也会导致本地污染较严重；廊坊颗粒污染物本地排放略高于周边输送。

表5.2　2017—2018年河北省秋冬季$PM_{2.5}$本地排放和周边输送分析　%

来源	受体										
	邯郸	石家庄	邢台	保定	衡水	沧州	唐山	廊坊	秦皇岛	承德	张家口
邯郸	71.6	2.7	11.1	1.8	3.8	1.5	0.4	1.9	1.1	1.3	0.5
石家庄	4.4	75.8	6.7	5.3	4.7	1.9	0.5	1.7	1.6	2.5	1.2
邢台	13.0	4.9	71.3	2.6	8.5	1.9	0.4	1.3	1.1	1.4	0.4
保定	1.7	6.5	2.3	71.8	4.0	1.9	0.6	4.0	1.4	2.8	1.1
衡水	1.1	1.1	1.1	1.4	53.3	3.6	0.4	1.3	1.0	0.9	0.1
沧州	0.8	1.0	0.8	1.6	5.7	55.2	0.9	2.1	1.7	1.2	0.2
唐山	1.0	1.5	1.1	2.7	2.5	4.1	83.5	5.9	25.8	5.6	1.0
廊坊	0.8	1.2	0.8	3.6	3.1	5.1	1.5	62.4	1.6	2.9	0.6
秦皇岛	0.1	0.2	0.1	0.3	0.3	0.5	2.2	0.6	45.2	0.6	0.1
承德	0.1	0.2	0.1	0.3	0.3	0.4	0.7	0.6	0.6	65.6	0.2
张家口	0.3	0.3	0.3	0.8	0.8	1.0	0.3	0.9	0.8	2.1	88.5
北京	0.6	1.1	0.7	3.2	1.6	1.8	0.8	8.0	1.4	4.8	2.4
天津	0.9	1.4	1.0	2.3	3.3	9.7	5.2	7.8	4.8	3.7	0.7

注：灰色标记为本地排放贡献率。

从污染物输送路径来看，除唐山有来自天津的输送外，张家口、承德、廊坊、沧州地区污染物周边输送贡献以偏东路径影响为主，其他地区污染物周边输送贡献以偏南路径为主。

5.2　城市热岛遥感监测评估

5.2.1　城市热岛遥感监测技术

城市热岛卫星遥感监测需要以卫星反演地表温度（Land Surface Temperature，LST）作为数据基础，利用可有效反映区域高温特征和城市热岛特征的指标，开展城市热岛监测。

5.2.1.1　地表温度（LST）反演

风云三号卫星（FY-3D）搭载了MERSI-Ⅱ仪器，具有热红外双通道，采用分裂窗反演算法进行地表温度反演。

在参考了已有的地表温度反演模式的基础上，结合大气辐射传输模拟，获取如下地表温度反演算法：

$$T_s = a_0 + a_1 T_i + a_2 \left(\frac{T_i + T_j}{2}\right)^2 + a_3 (T_i - T_j) + a_4 (T_i - T_j)^2 + a_5 (1-\varepsilon) + a_6 \Delta\varepsilon \quad (5.5)$$

式中：T_i 和 T_j 分别为中心波长在10.8 μm和12.0 μm的两个热红外通道亮温；T_s 为地表温度；$\varepsilon = (\varepsilon_i + \varepsilon_j)/2$，是两个热红外通道的平均比辐射率；$\Delta\varepsilon = \varepsilon_i - \varepsilon_j$，是两个热红外通道比辐射率的差；$a_0 \sim a_6$ 是算法回归系数，利用大气辐射传输模拟计算卫星观测辐射，结合地表实测数据，分析不同大气状况下，地表比辐射率和温度对卫星的分裂窗通道辐射亮温的影响，通过模拟数据回归计算得到各未知参数，详情见表5.3。

表5.3　FY-3D/MERSI-Ⅱ地表温度反演算法的系数

传感器	a_0	a_1	a_2	a_3	a_4	a_5	a_6
FY-3D/MERSI-Ⅱ	−204.1781	2.5512	−0.0029	2.3468	0.1376	39.9991	−170.1487

本算法采用基于NDVI的地表比辐射率估算方法，将NDVI按大小分为三类，分别代表植被覆盖极低的裸土、植被覆盖极高的纯植被和一般植被三类。

当NDVI<0.2时，像元被认为是裸土像元，对裸土像元的地表比辐射率采用固定值，即10.8 μm通道 i 的裸土平均比辐射率为0.9547，12.0 μm通道 j 的裸土平均比辐射率为0.9709。

当NDVI>0.5时，像元被认为是完全被植被覆盖，这时通常假定MERSI-Ⅱ两个热红外通道的地表比辐射率均为一个常数值，采用典型值0.99。

当0.2≤NDVI≤0.5时，像元是由裸土和植被所构成的混合像元，地表比辐射率根据下式来估算：

$$\varepsilon_i = \varepsilon_V P_V + \varepsilon_{S,i}(1 - P_V) + d\varepsilon_i \quad (5.6)$$

式中：ε_V 为纯植被的比辐射率，即 $\varepsilon_V = 0.99$；$\varepsilon_{S,i}$ 为通道 i 的裸土的平均比辐射率；$d\varepsilon_i$ 为自然表面的几何分布和内部反射效应，对纯像元该项可省略，对混合像元和粗糙表面，如森林，该项值一般也极小，最大时仅为0.02，因此本算法将其忽略。P_V 为植被覆盖度，可以通过下式来计算：

$$P_V = \left(\frac{\mathrm{NDVI} - \mathrm{NDVI}_{min}}{\mathrm{NDVI}_{max} - \mathrm{NDVI}_{min}}\right)^2 \quad (5.7)$$

式中：$\mathrm{NDVI}_{max} = 0.5$；$\mathrm{NDVI}_{min} = 0.2$。

同样的方法可估算出 ε_j。

5.2.1.2　城市地表高温监测

城市地表高温监测利用卫星遥感反演LST产品，重点监测40 ℃以上区域的地表高温空间分布，以5 ℃为间隔，划分等级如下：<40 ℃、40～45 ℃、45～50 ℃、50～55 ℃、55～60 ℃、60～65 ℃、≥65 ℃，统计分析各地表高温区间的面积、范围等空间特征。

5.2.1.3　城市热岛监测

(1) 城市热岛监测指标

城市热岛监测通常采用热岛强度(UHII)进行表征。本节推荐采用的UHII定义如下：

$$\mathrm{UHII}_i = T_i - \frac{1}{n}\sum_{1}^{n} T_{sub} \quad (5.8)$$

式中：UHII_i 为图像上第 i 个像元所对应的热岛强度；T_i 是第 i 个像元地表温度；n 为郊区内的有效像元数；T_{sub} 为郊区内的地表温度。

为比较热岛程度，按不同时间尺度把地表城市热岛强度 UHII 划分为 7 个等级：强冷岛、较强冷岛、弱冷岛、无热岛、弱热岛、较强热岛和强热岛，分别赋值为 1、2、3、4、5、6 和 7，具体等级划分参见表 5.4。

表 5.4　遥感地表城市热岛强度(UHII)划分及含义

等级	UHII(日)	UHII(月、季、年平均)	含义
1	<−7.0	<−5.0	强冷岛
2	[−7.0,−5.0]	[−5.0,−3.0]	较强冷岛
3	(−5.0,−3.0]	(−3.0,−1.0]	弱冷岛
4	(−3.0,3.0]	(−1.0,1.0]	无热岛
5	(3.0,5.0]	(1.0,3.0]	弱热岛
6	(5.0,7.0]	(3.0,5.0]	较强热岛
7	>7.0	>5.0	强热岛

5.2.2　城市热岛卫星遥感评估

5.2.2.1　石家庄市城市热岛遥感监测

基于 FY-3D 卫星监测分析，2021 年夏季石家庄市陆表温度高于 40 ℃的面积为 5512.4 km²，低于 2020 年同期 10843.4 km²(图 5.14)，6—8 月各月陆表温度高于 40 ℃的面积与 2020 年相比均呈递减趋势，见表 5.5。

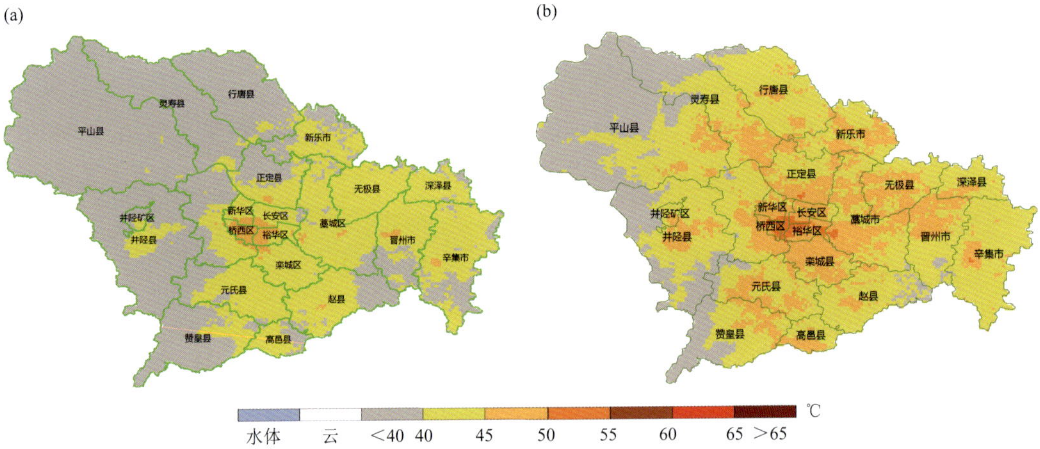

图 5.14　2021 年夏季石家庄市陆表高温均值分布与 2020 年同期对比(a. 2021 年；b. 2020 年)

表 5.5　2021 年夏季石家庄市陆表高温统计信息与 2020 年同期对比

时间	高于 40 ℃面积/km²	
	2021 年	2020 年
6 月	8154.1	10628.1
7 月	5570.4	10760.0
8 月	1179.9	3734.8
夏季	4434.3	8218.4

2021 年全市热岛效应面积为 1575.9 km²，略低于 2020 年同期 1946.5 km²，热岛比例指数为 0.08，属轻微等级；市主城区的热岛比例指数为 0.71，属较严重等级（图 5.15）。6—8 月热岛效应面积呈递减趋势（表 5.6）。

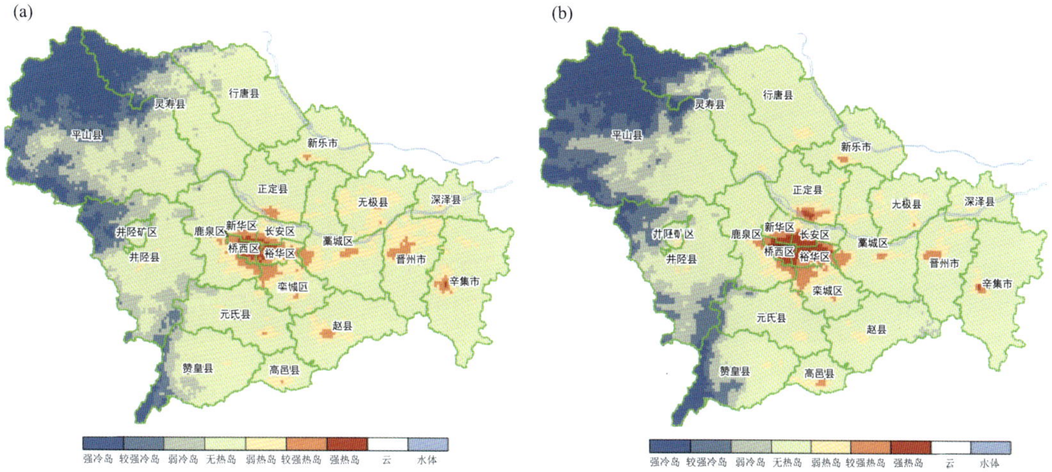

图 5.15　2021 年夏季石家庄市城市热岛强度多日均值分布与 2020 年同期对比
（a. 2021 年；b. 2020 年）

表 5.6　2021 年夏季石家庄市城市热岛效应统计信息与 2020 年同期对比

时间	热岛效应面积/km²		热岛比例指数等级		中心城区热岛比例指数等级	
	2021 年	2020 年	2021 年	2020 年	2021 年	2020 年
6 月	5556.6	4351.1	较轻	较轻	较严重	一般
7 月	3847.0	2128.4	较轻	轻微	轻微	一般
8 月	1237.1	1979.3	轻微	轻微	严重	严重
夏季	1575.9	1946.5	轻微	轻微	较严重	较严重

利用 2004—2019 年夏季陆地资源卫星（Landsat/TM）遥感资料，对石家庄市区城市热岛变化进行了分析（图 5.16）。2004—2014 年石家庄城市建设快速发展，市区热岛发展较快，热岛强度和面积不断增加，东西向发展明显。近年来随着石家庄不断加强生态治理和城市园林建设，2019 年市区热岛强度和面积均有所减小，城市热岛得到了改善；2004—2009 年市区北部滹沱河道及附近存在着一条高温带，热岛效应显著。近年来，滹沱河（市区段）逐步蓄水，热岛效应得到了有效缓解，2019 年滹沱河道及附近的高温带消失，成为市区的“生态冷源”（表 5.7）。

表 5.7　2004—2019 年石家庄市区和滹沱河平均热岛强度、强热岛面积

年份	平均热岛强度/℃		强热岛面积/km²		滹沱河（市区段）水体面积/km²
	主城区	滹沱河道及附近	主城区	滹沱河道及附近	
2004	2.1	3.0	27.9	14.9	0.4
2009	2.8	3.0	85.8	18.6	1.2
2014	3.4	3.1	89.1	18.3	6.7
2019	2.7	−0.7	71.9	2.4	8.9

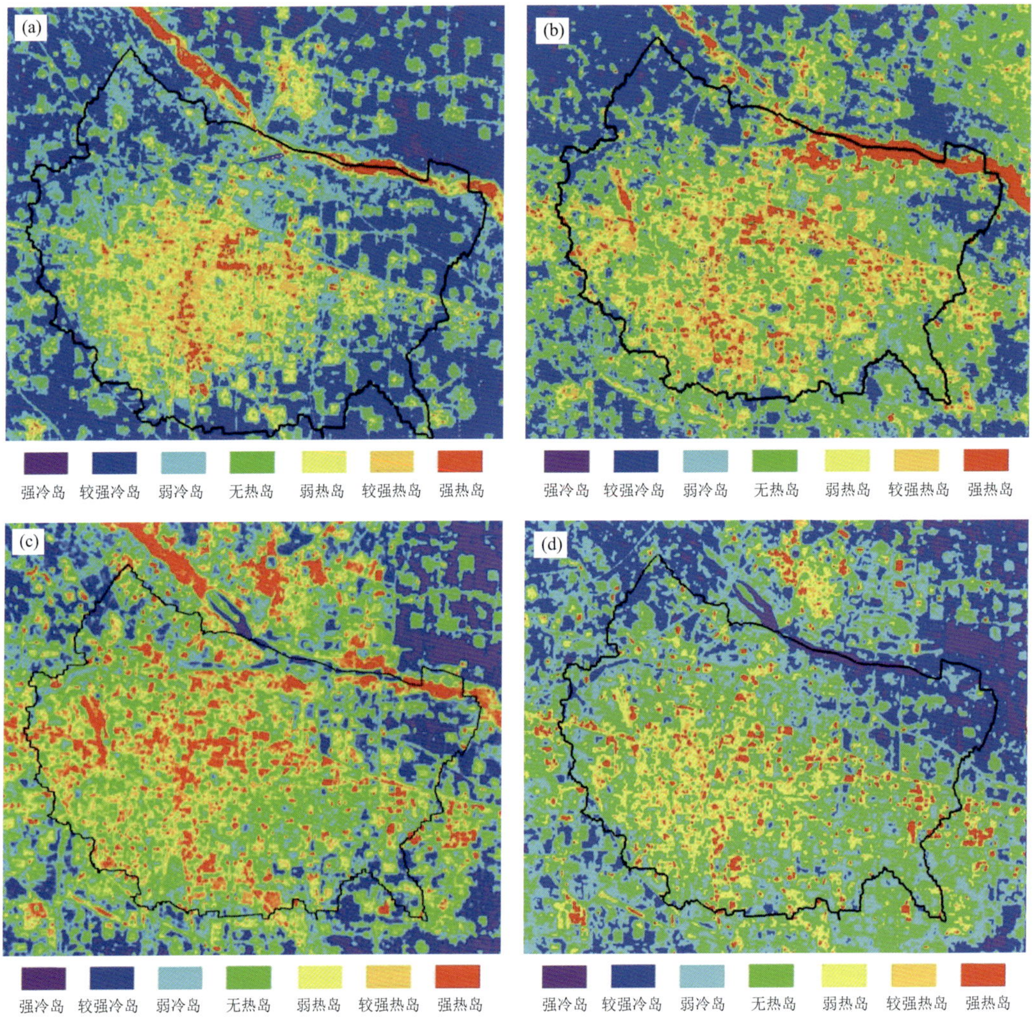

图 5.16　石家庄市区城市热岛遥感监测
（a. 2004 年；b. 2009 年；c. 2014 年；d. 2019 年）

利用 2004—2019 年 Landsat 卫星遥感资料对石家庄市区裕西公园、水上公园、石太公园和平安公园内水体和绿地进行了分析，在一定范围内，水体和绿地可有效降低周边温度，缓解城市热岛，其影响范围随水体和绿地面积的增加而增大；相同面积的水体和绿地，空间聚集度越高，斑块破碎度越小，降温效果越好，水体降温效果优于绿地（图 5.17）。

5.2.2.2　唐山市城市热岛遥感监测

卫星遥感监测显示，20 世纪 90 年代唐山市热岛分布集中于城市中东部，2003 年开始逐步向西北方向蔓延，2018 年以后热岛区域较为分散且分布较广，不再有明显热岛中心。而 90 年代研究区并不存在明显冷岛中心，冷岛区域主要分布在边缘地带，2000—2009 年南部区域开始出现冷岛中心，2009 年之后，中南部地区冷岛中心较为明显。研究区城市建设经历了几个快速发展的时期，1996 年开始对城市南部采煤塌陷区进行综合整治，在此基础上建设的南湖

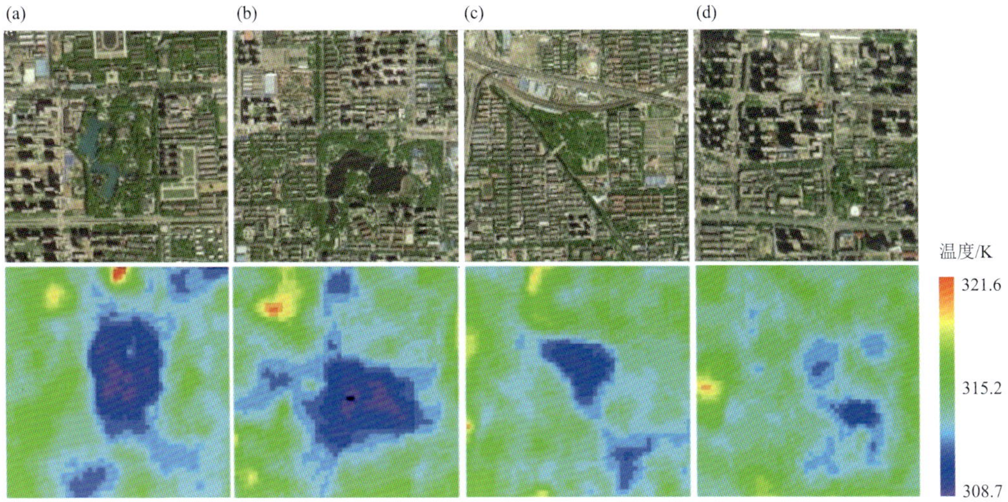

图 5.17 卫星影像图(上)和遥感地表温度(下)
(a. 裕西公园;b. 水上公园;c. 石太公园;d. 平安公园)

公园 2009 年对外开放,逐步成为了研究区冷岛中心。2008 年位于城区西北部的凤凰新城项目开始建设,2014 年位于城区西部的站西片区开始建设,与研究区热岛发展方向和时间都较为一致(图 5.18)。

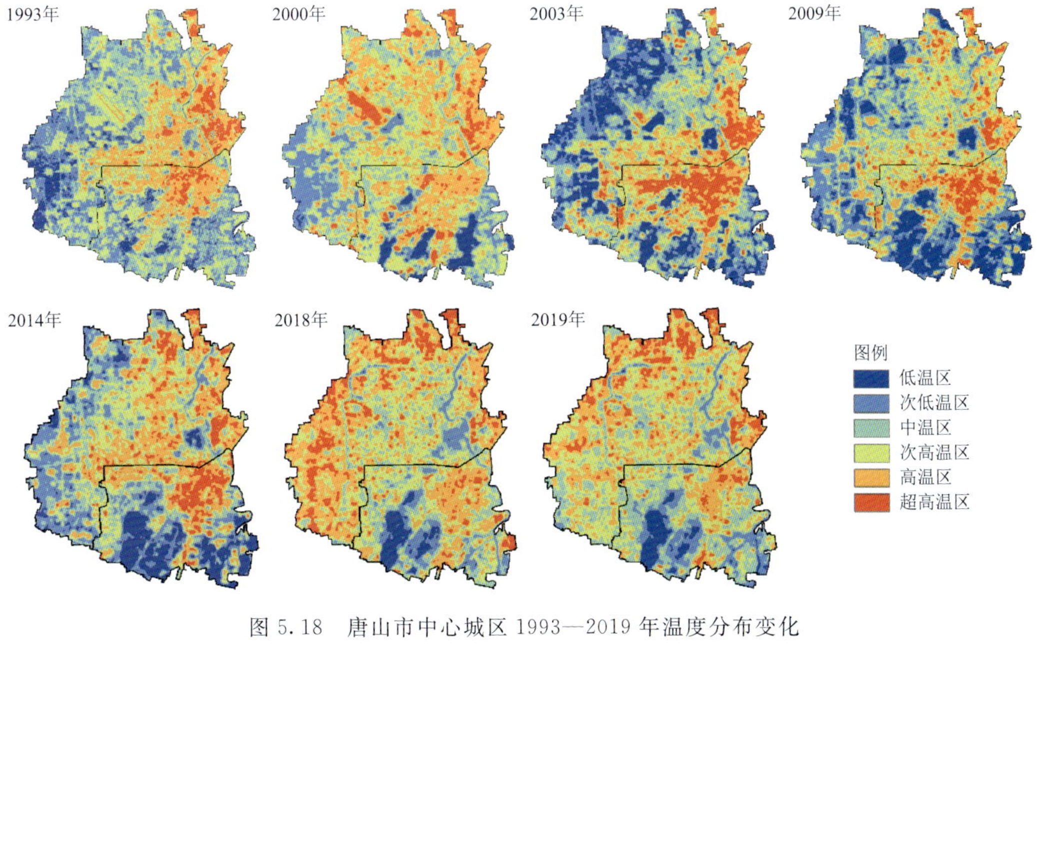

图 5.18 唐山市中心城区 1993—2019 年温度分布变化

5.3 本章小结

城市化进程加快导致污染物排放强度高、污染物排放量大，热岛效应也是城市化带来的最显著的城市气候特征之一。本章围绕河北省空气质量监测、重污染预报预警、气象条件评估等关键技术进行了介绍，通过关键参数指标构建，利用人工智能技术建立了大气污染物浓度客观预报模型，显著提高了环境气象预报预警的准确性。基于卫星遥感技术，开展了城市热岛监测，重点评估了典型城市热岛效应的变化。

第6章
水体生态气象

6.1 河北省主要水体及遥感监测评估方法

6.1.1 河北省主要水体

河北省境内地势起伏较大，受地形、降水等因素影响，发育了不同水系，河流众多，呈扇形分布。河流长度在10 km以上的有300多条，分属海滦河、辽河和内陆河水系。海滦河流域由漳卫南运河、子牙河、大清河、永定河、北三河、滦河及冀东沿海诸河、黑龙港及运东地区诸河等组成，占全省总面积的91.4%；辽河流域仅涉及承德围场、平泉，占全省总面积的2.4%；内陆河流域仅涉及张家口张北、沽源、尚义、康保，占全省总面积的6.2%。

河北省水资源地区分布很不平衡，山前区水资源条件好，黑龙港和沿海地区水资源缺乏。地表水主要分布在山区，占地表水总量的79%。平原河川径流量绝大多数由汛期几次降水形成，非汛期多数河道断流。

河北省辖20座大型水库及45座中型水库，2023年共蓄水45.91亿 m^3；水利部海河水利委员会所辖潘家口、大黑汀、岳城3座大型水库，2023年共蓄水21.37亿 m^3。

河北省湖泊湿地星罗棋布，资源丰富。“华北明珠”白洋淀是华北平原最重要的湖泊湿地生态系统，被称为“华北之肾”。衡水湖是华北平原单体水域面积较大的内陆淡水湖，近海与海岸湿地分布在秦皇岛、唐山和沧州沿海地区。

6.1.2 遥感监测评估方法

卫星遥感具有观测频次高、成像范围广等特点，在湖泊、水库等水体监测评估中可以发挥重要的作用。可以用于水体监测的卫星遥感资料比较多，常见的包括风云三号卫星(FY-3/MERSI)、地球观测系统卫星(EOS/MODIS)、高分一号卫星(GF-1)、高分二号卫星(GF-2)、环境减灾卫星(HJ/CCD)、陆地资源卫星(Landsat/TM)、哨兵二号卫星(Sentinal-2)等光学卫星遥感资料，也包括高分三号卫星(GF-3)、哨兵一号卫星(Sentinal-1)等雷达卫星遥感资料，雷达卫星资料在有云雨天气影响下的洪涝灾害监测中可以发挥重要的作用。在气象部门的常规水体监测业务工作中，目前以光学卫星遥感资料为主。

水体卫星遥感监测主要包括水体判识、水体变化监测、洪涝灾害监测。水体卫星遥感判识，是根据不同季节、不同地区的地面环境确定判识阈值，并利用人机交互方式对判识结果进行检查和修正。

利用光学卫星资料在白天进行水体监测主要有三种情况：晴空条件、薄云覆盖条件、水面覆盖雾条件。夜间水体判识主要根据水面和周围地表温度差异，利用红外通道提取水体信息。

(1)单通道阈值法

单通道阈值法适合白天晴空下水体信息提取，见式(6.1)：

$$R_{NIR} \leqslant R_{NIRth}，且 R_{NIR} - R_{RED} \leqslant R_{N-Rth} \tag{6.1}$$

式中：R_{RED} 指红光波段反射率；R_{NIR} 指近红外波段反射率；R_{NIRth} 为对应的阈值；R_{N-Rth} 为 R_{NIR} 与 R_{RED} 差值对应的阈值。

R_{NIRth} 参考阈值为10%。R_{N-Rth} 参考阈值为0。由于各地地理、天气条件和卫星过境时间的差异，阈值在不同情况下有一定的差异。

(2)比值法

比值法适合白天晴空或薄云下水体信息提取，见式(6.2)：

$$\frac{R_{NIR}}{R_{RED}} \leqslant R_{NIRth} \tag{6.2}$$

式中：R_{NIRth} 为R_{NIR} 与R_{RED} 比值对应的阈值，参考阈值为0.7。由于各地地理、天气条件和卫星过境时间的差异，阈值在不同情况下有一定的差异。

(3)水体指数法

水体指数法(NDWI)适合白天晴空或薄云下水体信息提取，见式(6.3)：

$$\frac{R_{GRE} - R_{NIR}}{R_{GRE} + R_{NIR}} \geqslant R_{G-Rth} \tag{6.3}$$

式中：R_{GRE} 为绿光波段反射率；R_{G-Rth} 为水体指数对应的阈值，参考值0。由于各地地理、天气条件和卫星过境时间的差异，阈值在不同情况下有一定的差异。

(4)红外差值法

红外差值法适合水面覆盖有雾条件下的水体信息提取，见式(6.4)：

$$T_{MIR} - T_{TIR} \leqslant R_{M-Tth} \tag{6.4}$$

式中：T_{MIR} 为中波红外波段的等效黑体辐射亮温；T_{TIR} 为热红外波段的等效黑体辐射亮温；R_{M-Tth} 为 T_{MIR} 与 T_{TIR} 差值的水体判识阈值，参考值为10 K。由于各地地理条件和卫星过境时间的差异，阈值在不同情况下有一定的差异。

(5)热红外阈值法

热红外阈值法适合夜间水体的信息提取，见式(6.5)：

$$T_{TIR} \geqslant T_{TIRth} \tag{6.5}$$

式中：T_{TIRth} 为 T_{TIR} 的水体判识阈值。判识阈值根据不同季节、不同地区的地面温度变化加以确定，该阈值宜利用人机交互方式选取。

6.2 主要水库和湖泊遥感监测评估

6.2.1 大中型水库水体监测评估

(1)石家庄市黄壁庄、岗南水库水体遥感监测

高分一号卫星数据监测结果表明：2020年黄壁庄水库和岗南水库面积每月均有不同程度

的变化，黄壁庄水库水体面积最大为 12 月的 41.5 km²（图 6.1），岗南水库水体面积最大为 10 月的 37.9 km²（图 6.2）。为了水库安全度汛，每年 6 月 1 日前水库库容被降至汛限水位，所以 6 月两个水库水体面积降至全年最低（图 6.3）。随着后期自然降水和引水，水库水体面积逐步恢复。

图 6.1　2020 年 1—12 月黄壁庄水库高分卫星影像

（2）冀东北大黑汀、潘家口水库水体遥感监测

应用 2013—2020 年高分一号卫星影像对大黑汀、潘家口水库进行水体面积遥感监测（图 6.4），大黑汀水库水体面积保持在 35～40 km²，潘家口水库水体面积在 15～25 km²（图 6.5）。

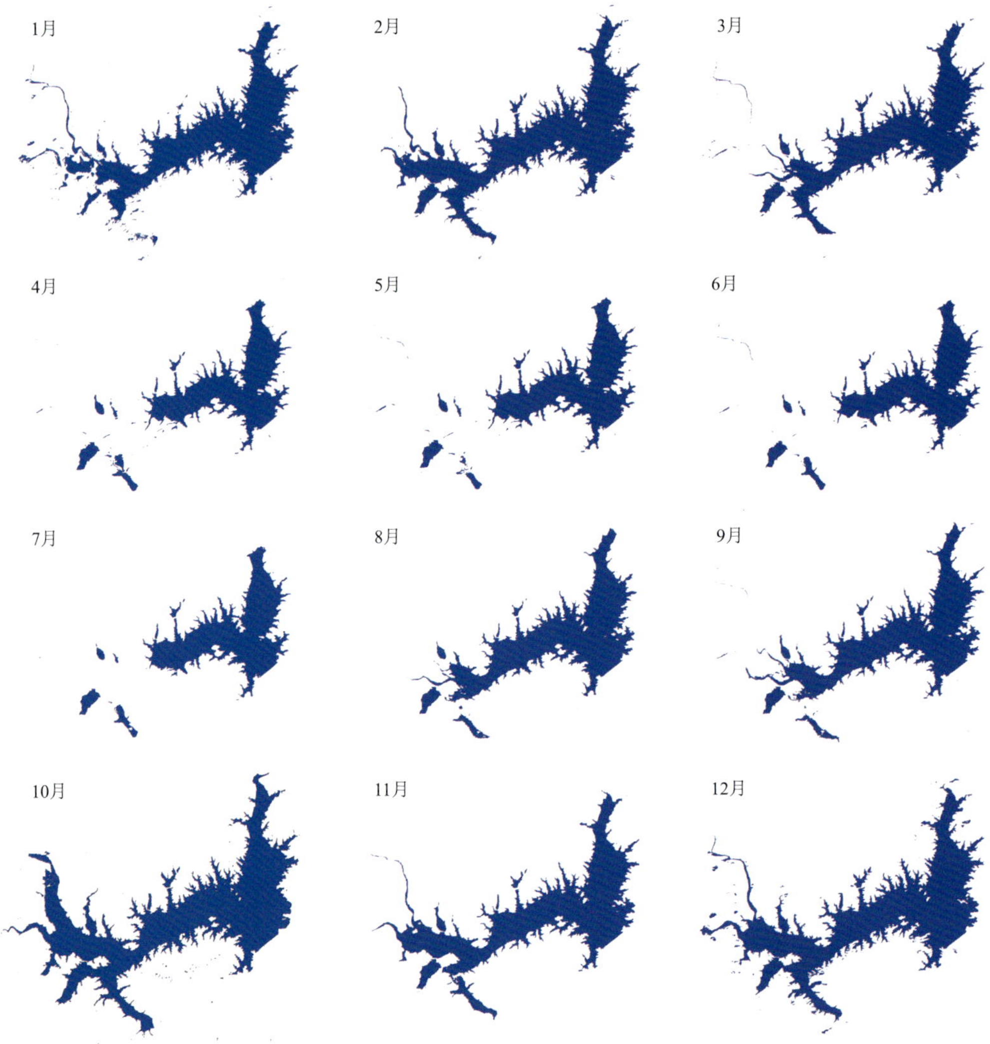

图 6.2　2020 年 1—12 月岗南水库高分卫星影像

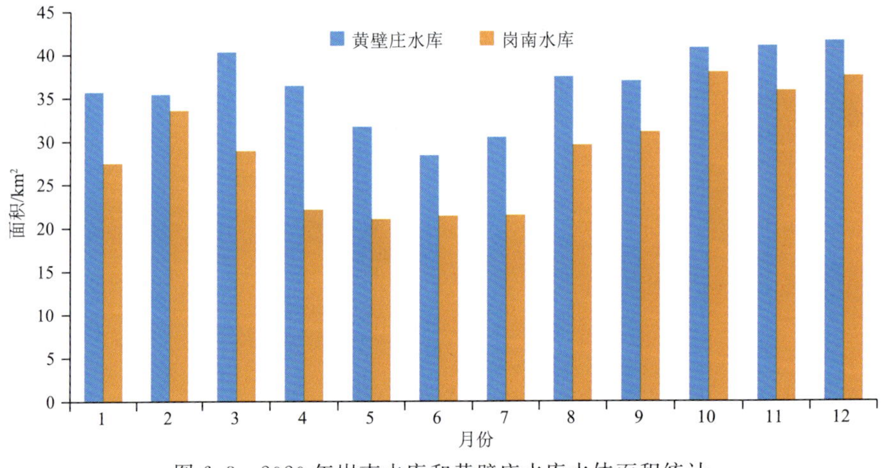

图 6.3　2020 年岗南水库和黄壁庄水库水体面积统计

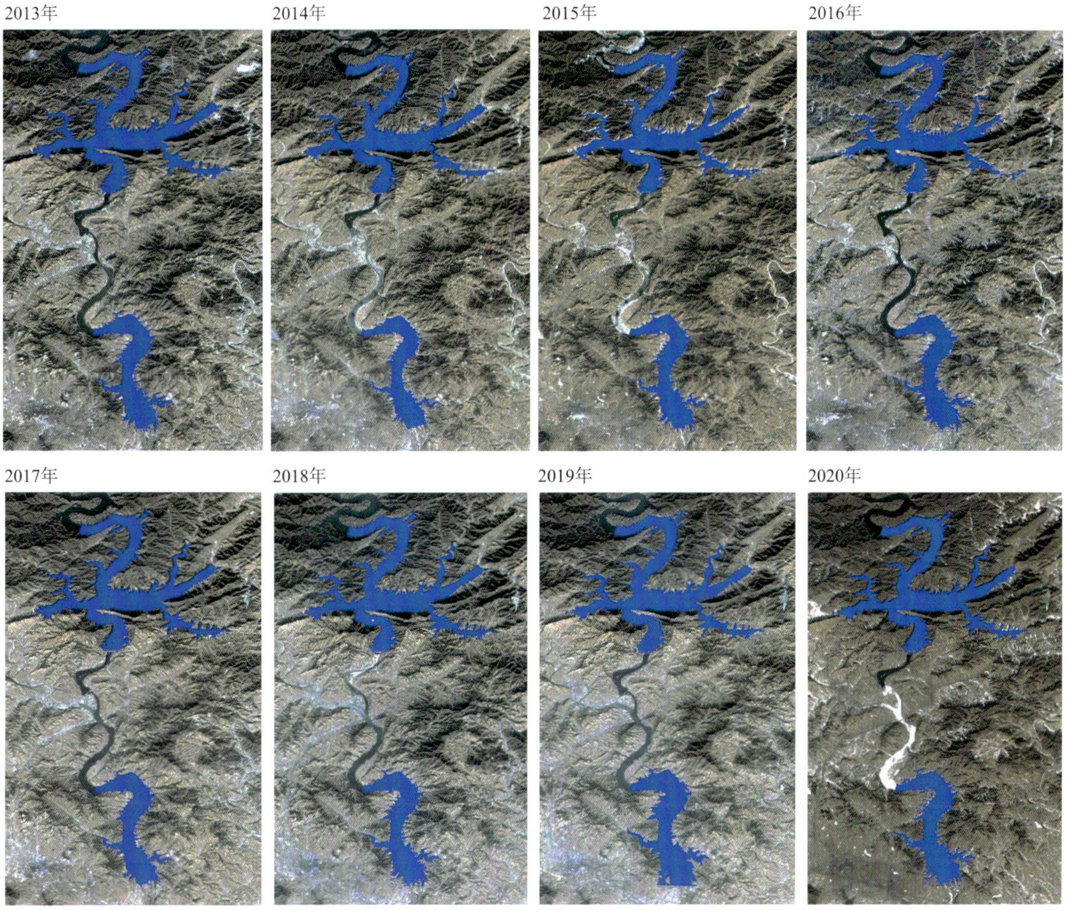

图 6.4　2013—2020 年大黑汀、潘家口水库水体遥感监测

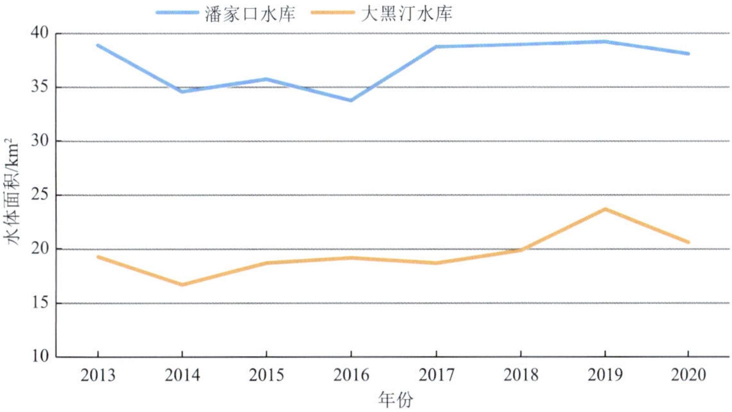

图 6.5　2013—2020 年大黑汀、潘家口水库水体面积变化

6.2.2 衡水湖湿地水体监测评估

衡水湖湿地坐落在河北省衡水市桃城区、冀州两县区境内，是华北平原唯一保持沼泽、水域、滩涂、草甸和森林等完整湿地生态系统的自然保护区。应用2013—2020年高分一号卫星影像对衡水湖湿地进行水体面积遥感监测（图6.6），衡水湖湿地水体面积平均值为34.1 km^2（图6.7），最大水体面积为39.6 km^2。

图6.6 2020年1—12月衡水湖湿地水体遥感监测

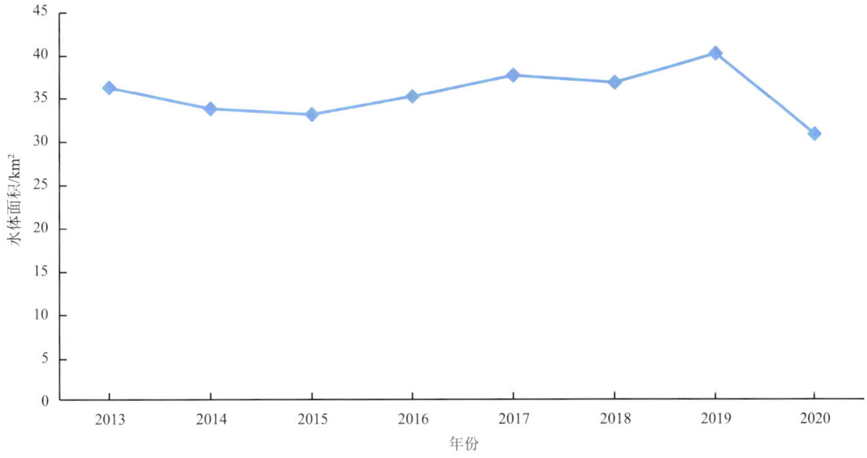

图 6.7　2013—2020 年衡水湖湿地水体面积变化

6.2.3　察汗淖尔湿地水体监测评估

察汗淖尔地处河北省张家口市尚义县与内蒙古自治区乌兰察布市商都县交界处，史称“漠南盐池”，是华北地区现存最大的内陆咸水湖，属季节性湿地。由于干旱少雨、地表径流减少以及农业灌溉用水量增加等多重因素的综合影响，察汗淖尔的水面在过去的十余年间持续萎缩。曾经广袤的湖床变为盐渍化的荒滩，地下水位大幅降低，降水渗漏快，保水能力差，湿地面积急剧缩减，生态状况日益恶化。每年 4—6 月更是频繁出现沙尘暴天气，成为京津冀地区生态环境的潜在威胁。

通过解译 Landsat 卫星、高分卫星、哨兵雷达卫星资料对察汗淖尔进行水体生态监测。21 世纪以来，察汗淖尔经历了水体萎缩—退化干涸—短暂性恢复—干涸的过程。遥感监测的最大水体面积为 34.0 km^2（2013 年 8 月 6 日），之后除 2019 年 5 月 15 日水体面积 21.8 km^2、2020 年 8 月 1 日水体面积 19.0 km^2 外，其他时间水体面积均不足 3 km^2。2019 年 6 月—2020 年 7 月多张影像监测表明，察汗淖尔处于接近干涸状态（图 6.8）。

2013年8月6日

2015年6月26日

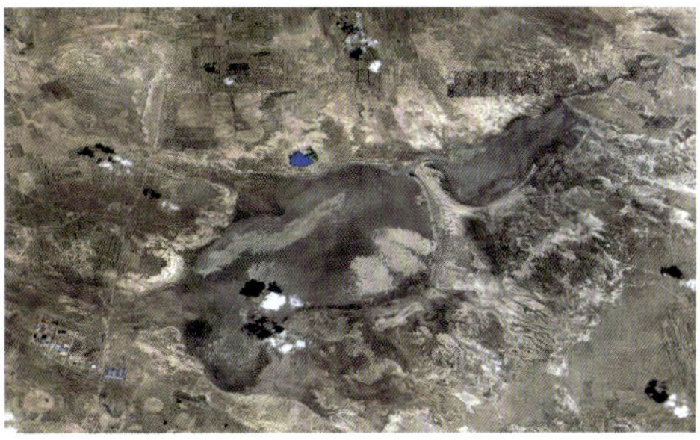

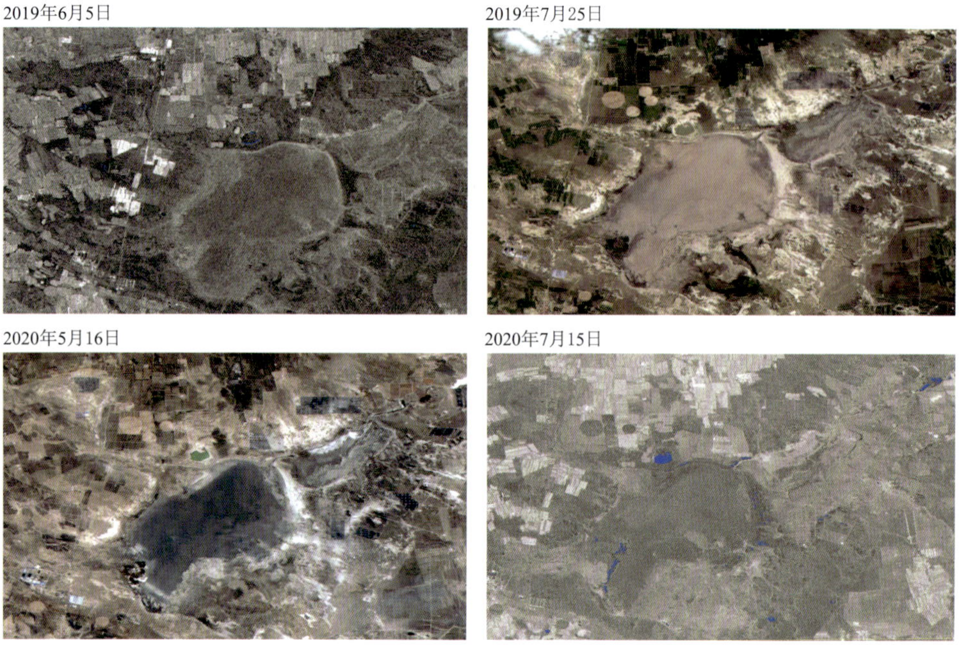

图 6.8　察汗淖尔湿地高分卫星水体面积遥感监测

6.2.4　河北省水系遥感监测

利用卫星数据对河北省全部水系开展了遥感监测(图 6.9),水体覆盖频次为各水体出现次数占总监测次数的百分比,最大覆盖分布为全部监测时段水体分布的最大范围。1984—

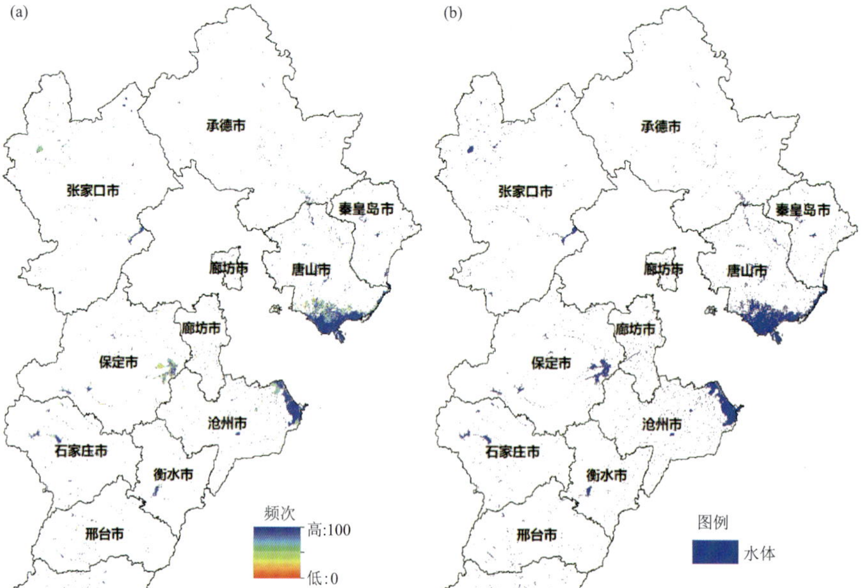

图 6.9　河北省水系遥感监测

(a. 1984—2020 年河北省水体覆盖频次;b. 1984—2020 年河北省水体最大覆盖分布)

2020 年河北省水系呈现显著空间差异，东部海滦河水系下游及渤海湾沿岸最大水体覆盖达 900 km²，曹妃甸、黄骅等滨海湿地高频覆盖区受潮汐周期性淹没影响明显，平原区大部分河道覆盖频次不足 30%；西部太行山区水库群（岗南、黄壁庄、西大洋、王快水库等）最大水面波动达 40%，但水体覆盖总体稳定，反映了库容季节性调蓄特征。

6.3 河北省“7·19”特大暴雨过程遥感监测分析

2016 年 7 月 18—21 日，河北省大部地区出现降雨过程，20 日凌晨，因上游来水量过大而引发的洪水袭击了河北邢台市。注入七里河的洪水有两路：一路来自东川口水库（开敞式水库）溢流及区间流入；另一路邢台市市区防洪分洪道，邢台市大贤村刚好就在河道收窄处，洪水造成了人员死伤。

此次降水过程，河北省水域面积增加明显的有黄壁庄水库、岗南水库和岳城水库，均增加 100%以上；在邯郸市西部洪水沿途下泄路径和汇集区域明显，过水面积约 254.6 km²；石家庄境内的岗南水库、黄壁庄水库泄洪后，沿途过水面积约 95.2 km²；石家庄市内的南平旺水库、白草坪水库泄洪后，流经区域过水面积约 782 km²；邢台市内的朱庄水库、临城水库泄洪后，流经距离长，区域大，过水面积约 782 km²（表 6.1）。

表 6.1 各水库水域面积变化 单位：km²

市	水库名称	7 月 19 日前水域面积	7 月 19 日后水域面积	增长率
石家庄	黄壁庄水库	25.3	55.5	119.4%
	岗南水库	18.7	41.0	119.3%
	横山岭水库	4.9	7.8	59.2%
邢台	野沟门水库	1.29	1.3	0.8%
	朱庄水库	3.14	7.86	150.3%
	东川口水库	0.24	0.44	83.3%
	东石岭水库	1.06	1.89	78.3%
	临城水库	5.47	6.73	23.0%
邯郸	东武仕水库	10.8	14.2	31.5%
	岳城水库	14.4	32.7	127.1%

利用高分卫星监测到的黄壁庄水库、岗南水库、朱庄水库、岳城水库、七里河、沙河及宁晋泊的影像，可明显看到此次降水过程后，上述水库、河流水体出现了明显的增长（图 6.10）。

(a)

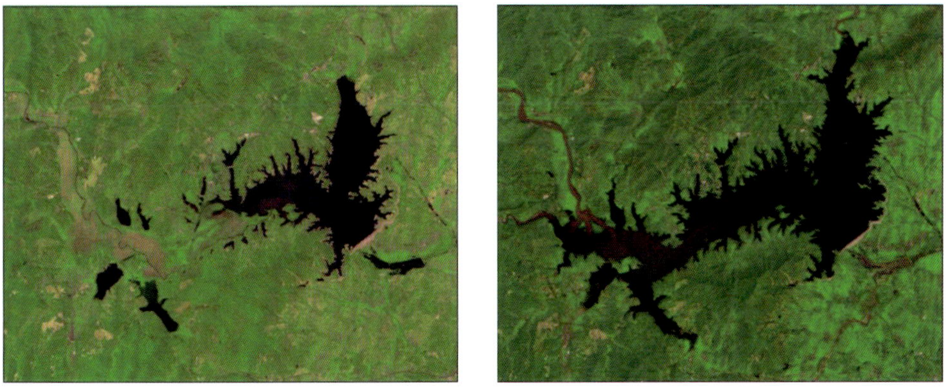

(b)

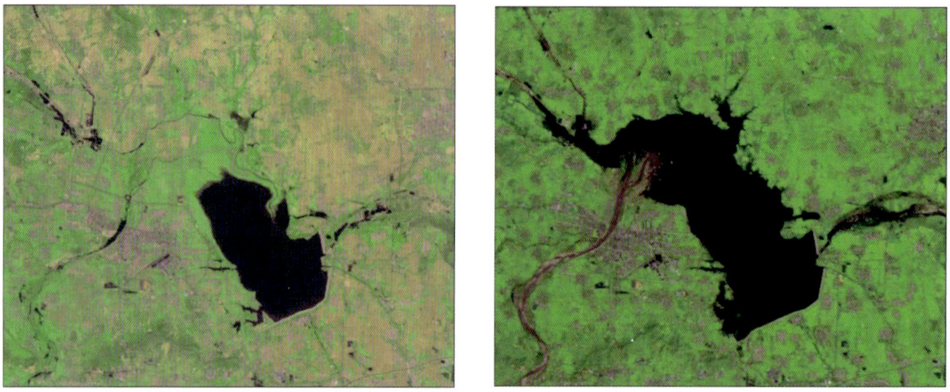

(c)

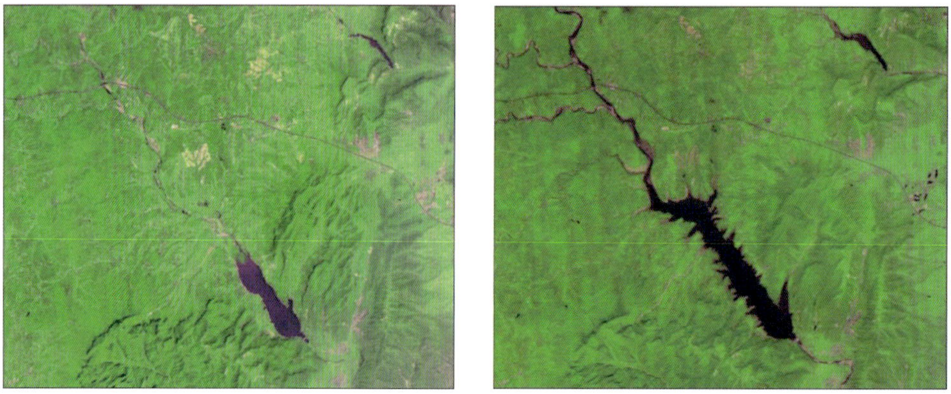

(d)

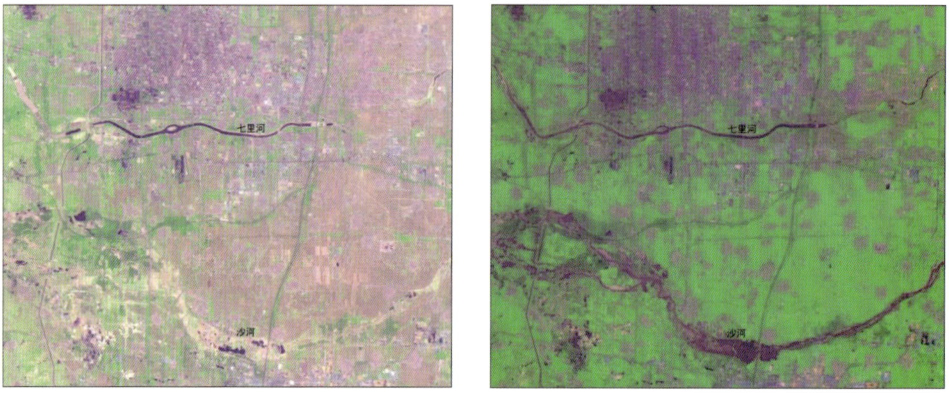

(e)

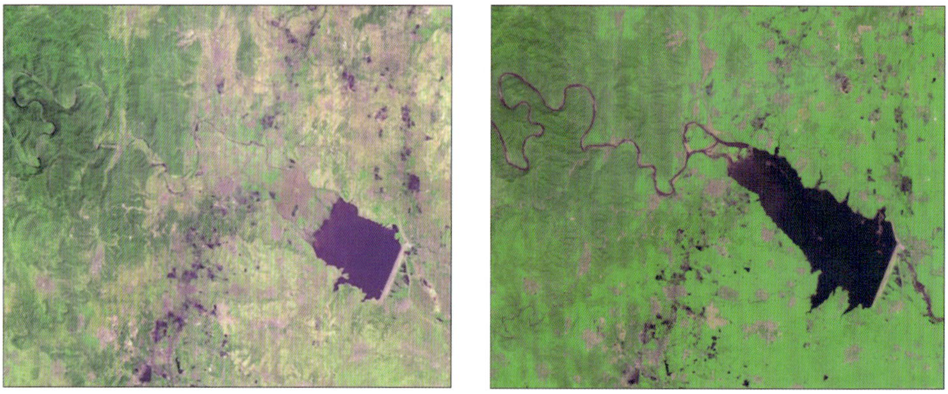

(f)

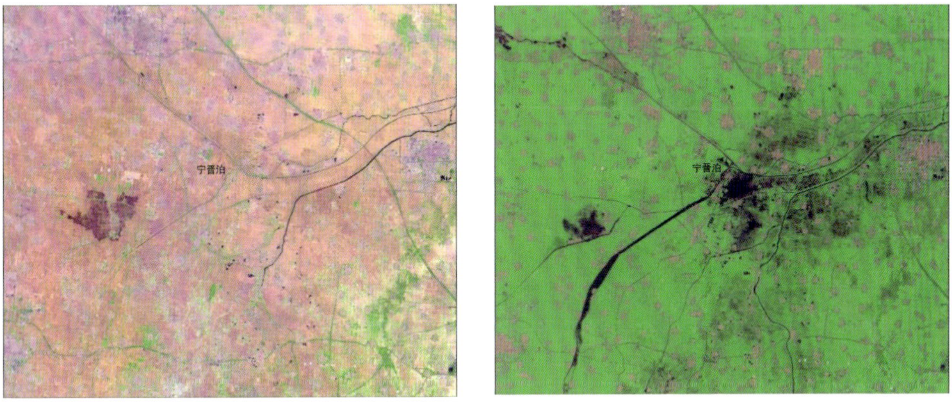

图 6.10 “7 · 19”降水过程前后河北省主要水库、河流高分卫星监测
（a. 岗南水库；b. 黄壁庄水库；c. 朱庄水库；d. 七里河、沙河；e. 岳城水库；f. 宁晋泊）

6.4 本章小结

河流湖库是水资源、水环境和水生态的重要载体，是生态系统的重要组成部分。本章介绍了利用光学和雷达卫星连续动态监测河北省地表水体变化的情况，通过分析水体面积变化，实现了主要湖泊水库的监测评估。应用高分卫星对 2016 年“7 · 19”特大暴雨过程的河流湖库水体进行了监测，为汛情分析提供了数据基础。

第7章 森林草原生态气象

7.1 河北省森林草原分布及植被生态监测评估方法

7.1.1 河北省森林草原分布

森林和草原是重要的自然生态系统，具有维持生态平衡、减缓气候变化、保护生物多样性、涵养水源、保持水土、防风固沙等多方面功能，是人类生存发展的重要生态保障。

河北省的森林资源主要分布在燕山、太行山等山区，以及部分平原地区。燕山山脉位于河北省北部，是全省森林资源最集中的区域之一，以天然次生林和人工林为主，主要树种包括油松、侧柏、栎类等。太行山脉贯穿河北省西部，森林覆盖率较高，是重要的生态屏障，主要树种有油松、侧柏、杨树等。此外，平原地区以人工林为主，包括农田防护林、城市绿化林等，杨树、柳树、槐树等是常见树种。

河北省的草原资源主要分布在北部的坝上高原地区，包括张家口和承德的部分县市。坝上草原是河北省最具代表性的草原区域，属于内蒙古高原的南缘，地势开阔，水草丰美，是典型的温带草原生态系统。这里以禾本科和豆科植物为主，如羊草、针茅、苜蓿等，是重要的畜牧业基地。坝上草原不仅是河北省重要的生态屏障，还具有独特的自然景观和旅游资源。此外，河北省西部山区的部分丘陵地带也有零星的草原分布，但面积相对较小。

近年来，河北省通过实施“三北”防护林建设、京津风沙源治理、退化草原综合治理等工程，开展大规模国土绿化，森林和草原的生态功能得到进一步恢复和提升，为区域高质量发展奠定了坚实基础。

7.1.2 植被生态遥感监测评估方法

利用MODIS卫星资料和气象数据，开展了河北省植被生态的遥感监测评估，植被生态产品的空间分辨率为250 m。

7.1.2.1 植被指数计算方法

植被指数宜采用归一化差值植被指数(NDVI)。NDVI计算公式如下：

$$\mathrm{NDVI} = \frac{R_{\mathrm{NIR}} - R_{\mathrm{VIS}}}{R_{\mathrm{NIR}} + R_{\mathrm{VIS}}} \tag{7.1}$$

式中：NDVI为归一化差值植被指数；R_{VIS}为可见光波段反射率；R_{NIR}为近红外波段反射率。

(1)最大值合成

对于未经过大气校正的数据，宜采用最大值合成法，即在给定的观测时间间隔内（如周/旬/月），选取其中的最大值作为该像元多时次合成后的值。表达式如下：

$$NDVI_k = \max(NDVI_{k,1}, NDVI_{k,2}, \cdots, NDVI_{k,n}) \tag{7.2}$$

式中：$NDVI_k$ 为第 k 个像元合成后的归一化差值植被指数；$NDVI_{k,n}$ 为第 k 个像元第 n 个时次的归一化差值植被指数。

（2）平均值合成

在最大值合成月植被指数的基础上，对于季节、年度的 NDVI，宜采用平均值合成，即在给定的观测时间间隔内（如季/年），统计各像元季节内或全年中各月像元多时次合成后的值。表达式如下：

$$NDVI_k = \frac{\sum_{i=1}^{n} NDVI_{k,i}}{n} \tag{7.3}$$

式中：$NDVI_k$ 为第 k 个像元平均值合成后的归一化差值植被指数；$NDVI_{k,i}$ 为第 k 个像元第 i 个时次的归一化差值植被指数。

7.1.2.2 植被净初级生产力估算方法

根据植物光能利用率原理，植物通过光合作用生产的有机物质的量与植物利用的光合有效辐射呈正相关关系。植被净初级生产力 NPP 等于总初级生产力 GPP 减去植物自养呼吸 R。植物自养呼吸 R 包括维持呼吸和生长呼吸，可以由温度和 GPP 估计。

生态气象业务评估采用基于光能利用率的陆地生态系统碳通量 TEC 模型，由太阳光合有效辐射 PAR、植被吸收 PAR 的比例 FPAR、实际光能利用率、降水和温度等数据计算植被 NPP。

7.1.2.3 植被覆盖度估算方法

植被覆盖度是指植被（包括叶、茎、枝）在单位面积内植被的垂直投影面积所占百分比，既是植物群落覆盖地表状况的一个综合量化指标，又是描述植被群落及生态系统的重要参数，对水文、生态、全球变化等都具有重要意义，同时，它又是影响土壤侵蚀与水土流失的主要因子。

使用混合像元分解模型中最常用的线性模型中像元二分模型计算植被覆盖度。该模型的原理是假设一个像元由土壤和植被两部分组成，像元信息由绿色植被成分所贡献的信息和由土壤成分所贡献的信息组成。

基于像元二分模型的植被覆盖度表达式如下：

$$f_v = (NDVI - NDVI_s)/(NDVI_v - NDVI_s) \tag{7.4}$$

式中：f_v 为像元的月（最大/平均）植被覆盖度；NDVI 为像元的月合成（最大/平均）归一化差值植被指数；$NDVI_s$ 为纯土壤覆盖像元的归一化差值植被指数最小值；$NDVI_v$ 为纯植被覆盖像元的归一化差值植被指数最大值。

理论上 $NDVI_s$ 接近零，不随时间改变，而对于大多数类型的裸地表面，由于地表湿度、粗糙度、土壤类型、土壤颜色等条件的不同，$NDVI_s$ 会随着时空而变化，其变化范围一般在 −0.1～0.2。$NDVI_v$ 理论上为 1，受植被类型等因素影响，$NDVI_v$ 也随着时间和空间而改变。

7.1.2.4 植被生态质量指数

基于年内任意时段、生长季、全年的植被 NPP 和平均植被覆盖度，计算得到反映该时段的植被生态质量指数，计算公式如下：

$$Q_i = \left(f_1 \times C_i + f_2 \times \frac{\mathrm{NPP}_i}{\mathrm{NPP}_m}\right) \times 100 \tag{7.5}$$

式中：Q_i 为第 i 年某段时间的植被生态质量指数；f_1 为植被覆盖度的权重系数(根据区域及其植被类型进行调整)；C_i 为第 i 年该时段的平均最高植被覆盖度；f_2 为植被净初级生产力的权重系数(根据区域及其植被类型进行调整)；NPP_i 为第 i 年该时段植被累计净初级生产力；NPP_m 为第 1 年至第 n 年同时段陆地植被净初级生产力中的最大值，即当地最好气象条件下该时段的植被净初级生产力。f_1 和 f_2 之和约定为 1。

7.2 河北省植被生态质量时空变化监测评估

7.2.1 河北省植被覆盖度

2020 年河北省平均植被覆盖度为 41.1%，高于常年值(35.5%)。空间分布上总体山区大于平原(图 7.1)。自 2000 年以来河北省 91.1%的区域植被覆盖度呈增加趋势，张家口市、承德市植被覆盖度改善面积占比最大(图 7.2)。2020 年植被覆盖度与历年相比最高(图 7.3)。

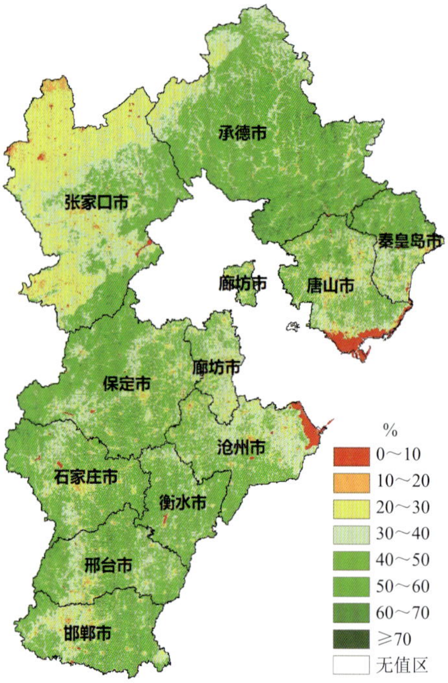

图 7.1　2020 年河北省平均植被覆盖度

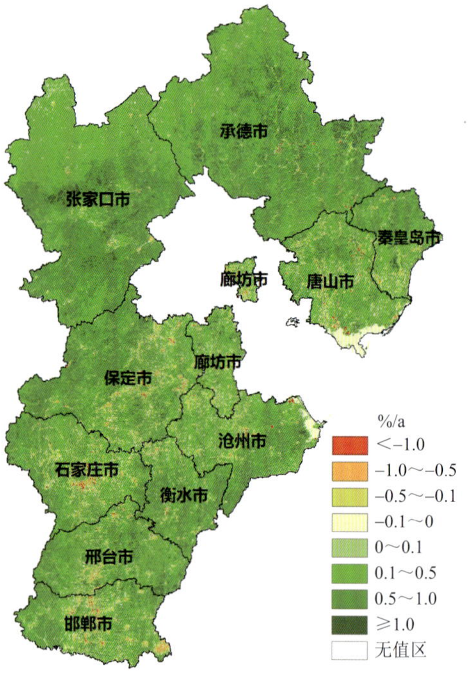

图 7.2　2000—2020 年河北省植被覆盖度变化趋势率

7.2.2 河北省植被净初级生产力

2020 年河北省植被净初级生产力平均值为 500.5 g C/m²，高于常年值 424.2 g C/m²。空间分布上山区大于平原(图 7.4)。自 2000 年以来河北省 89.4%的区域植被净初级生产力显

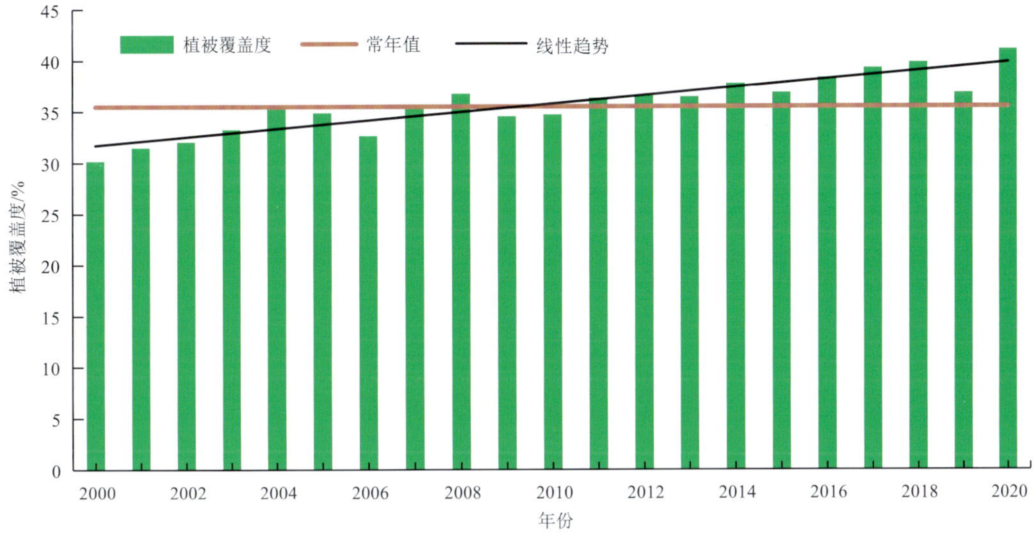

图 7.3　2000—2020 年河北省历年植被覆盖度

著增加，张家口市、承德市植被净初级生产力改善面积占比及改善程度均位列前茅(图 7.5)。2020 年河北省植被净初级生产力历年来达到最好(图 7.6)。

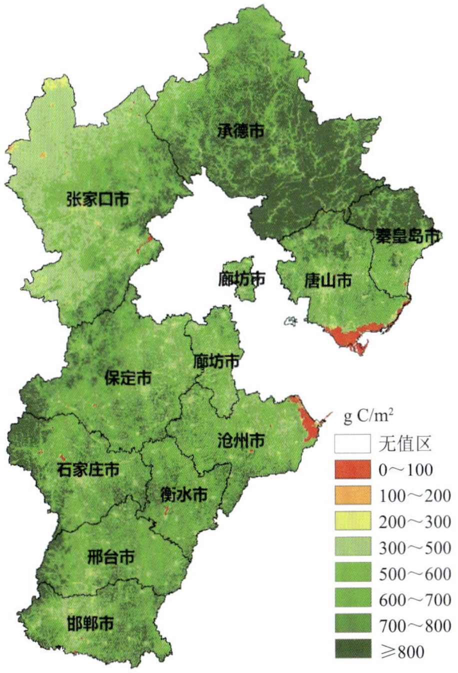

图 7.4　2020 年河北省植被净初级生产力

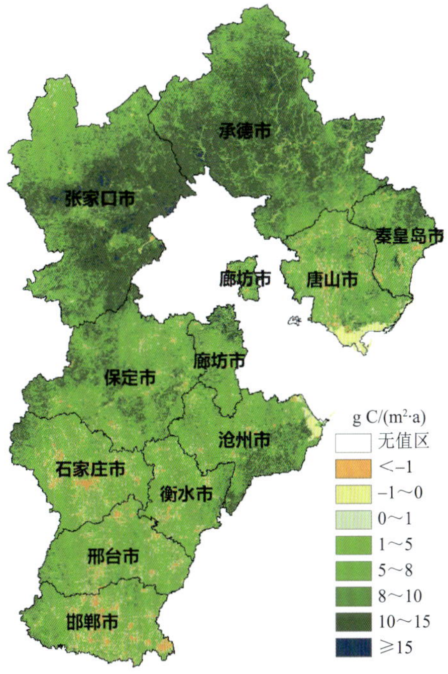

图 7.5　2000—2020 年河北省植被净初级生产力变化趋势率

7.2.3　河北省植被生态质量

2020 年河北省植被生态质量指数平均值为 55.3，较常年值提高 8.4%。空间分布上山区

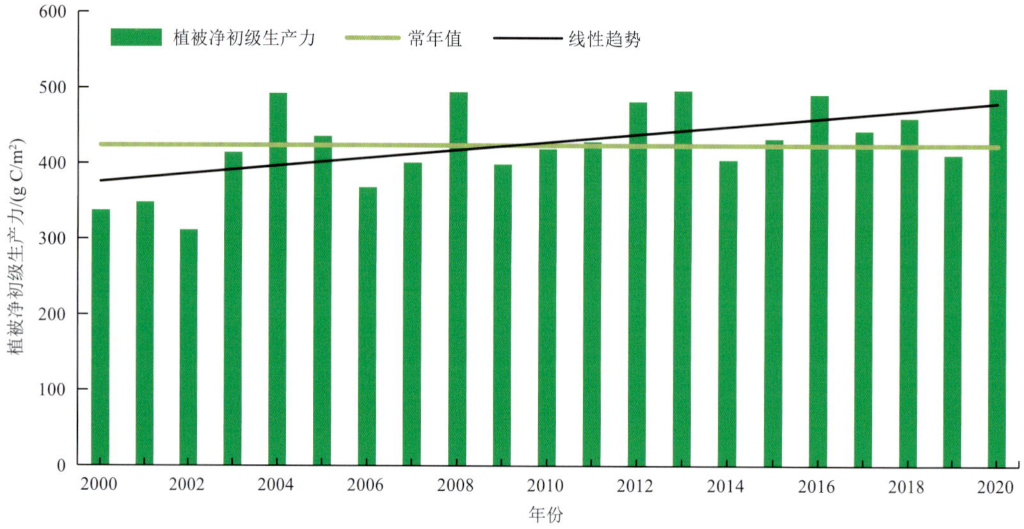

图 7.6 2000—2020 年河北省历年植被净初级生产力

植被生态质量较高(图 7.7)。自 2000 年以来河北省 83.0%的区域植被生态质量显著改善，张家口、承德、保定等区域改善程度及改善面积较高(图 7.8)。2020 年河北省植被生态质量与前 20 年相比达到最高(图 7.9)。

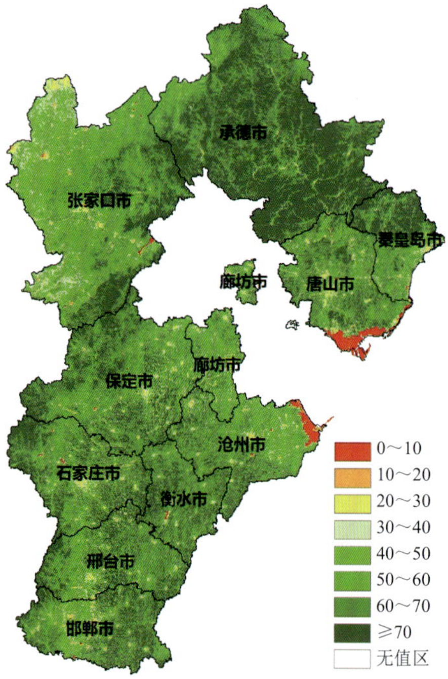

图 7.7 2020 年河北省植被生态质量指数

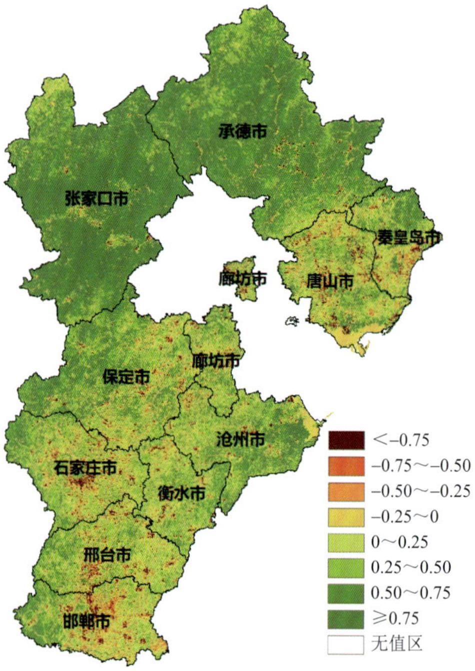

图 7.8 2000—2020 年河北省植被生态改善指数

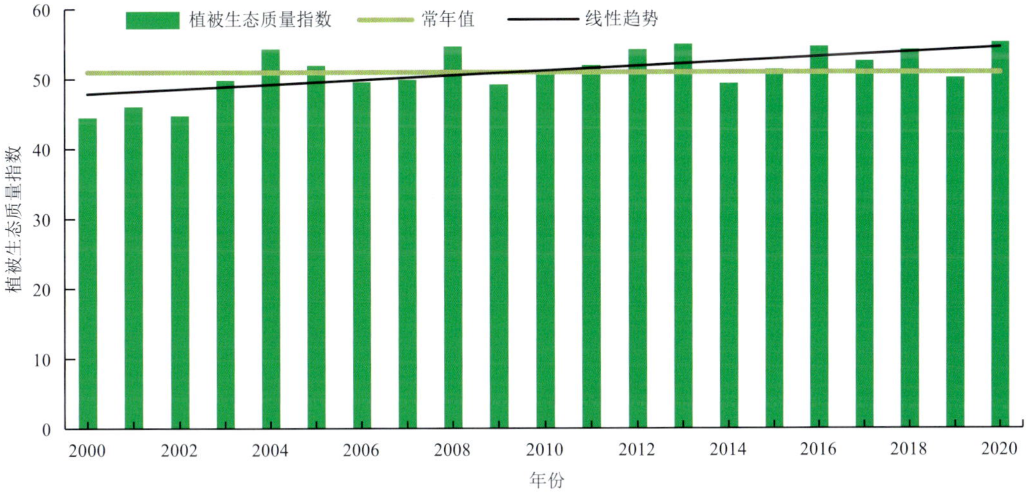

图 7.9 2000—2020 年河北省植被生态质量指数

7.2.4 太行山区植被生态气象监测分析

太行山是中国东部地区的重要山脉和地理分界线，纵跨北京、河北、山西、河南 4 省(市)，呈东北—西南走向，绵延 400 余千米，位于中国地形第二阶梯的东缘，是黄土高原与华北平原两大地理区的分界线。太行山是海河水系的发源地及黄河中下游部分支流的上游，是华北平原的生态屏障，在河北省境内覆盖 27 个县(市、区)。

7.2.4.1 太行山区植被生态状况

2000—2020 年，太行山(河北段)植被覆盖度、植被净初级生产力、植被生态质量均呈增加趋势(图 7.10)。2000—2020 年，太行山区植被覆盖度改善突出，植被覆盖度总体呈增大趋势，平均每年提升 0.52%；植被净初级生产力明显提高，植被净初级生产力平均每年增加 5.7 g C/m^2；植被生态质量总体呈增长趋势，植被改善指数平均每年增长 0.39。

7.2.4.2 气候变化贡献率

在实际生态质量变化中既包含自然条件(主要是气象因素)变化导致的生态质量变化，也包括人为活动导致的生态质量变化。计算分析的太行山区森林草原 2000 年后的气候变化贡献率表明，张家口、保定、石家庄北部以正贡献为主，负贡献出现在中南部区域(图 7.11)。年平均气温趋势率全区以增加为主；年降水量北部有增加趋势，邢台持平，邯郸南部有减少趋势；日照时数南部有减少趋势，北部持平或微弱增加。气温增加对植被有正作用，但降水减少、日照减少对植被生长不利。

7.2.5 塞罕坝植被生态气象监测分析

塞罕坝位于承德市围场满族蒙古族自治县北部，属冀北山地与内蒙古高原交汇区，是森林—草原、森林—沙漠交错带。新中国成立初期，塞罕坝已是一片风沙肆虐的荒山秃岭。从 1962 年建设塞罕坝机械林场以来，三代人接力传承，造林面积 115 万亩，构建出世界上最大的人工林海，重新修复了森林、草甸、湿地相结合的生态系统，使塞罕坝成为京津冀和华北地区的风沙屏障、水源卫士。

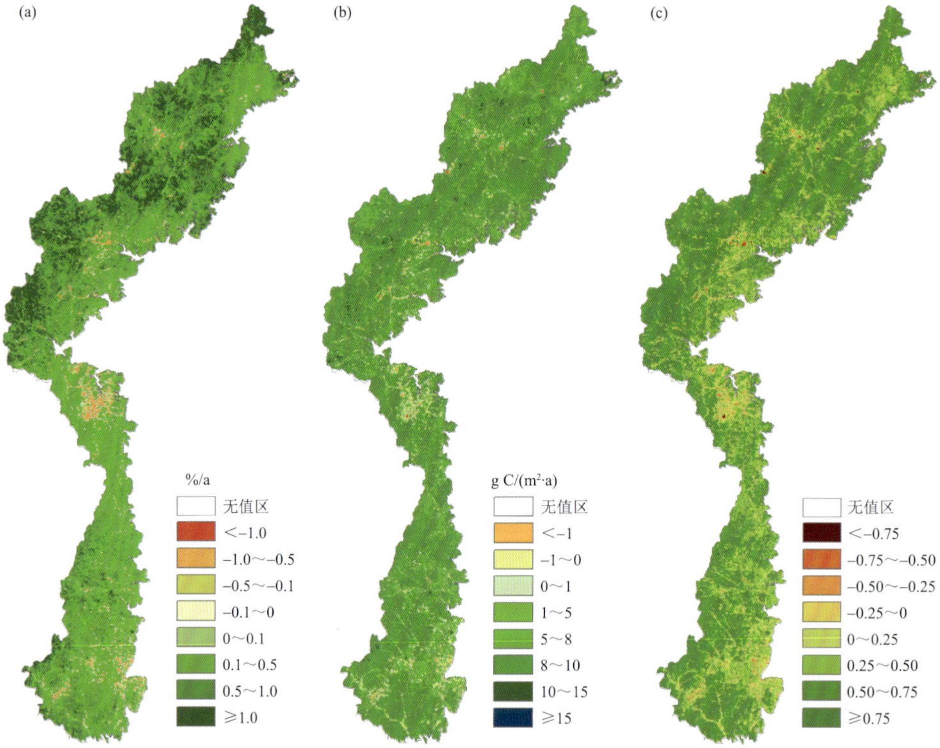

图 7.10　2000—2020 年太行山植被生态指数

（a. 植被覆盖度变化趋势率；b. 植被净初级生产力变化趋势率；c. 植被改善指数）

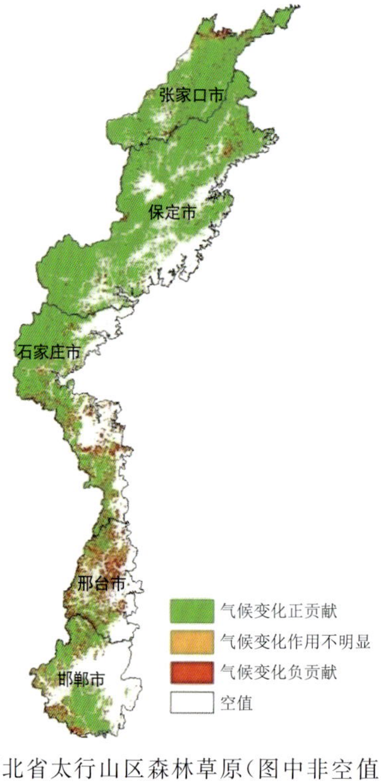

图 7.11　2000—2020 年河北省太行山区森林草原（图中非空值区域）气候变化累积贡献率

7.2.5.1 塞罕坝植被生态状况

利用 Landsat 卫星与锁眼卫星(KH)影像，采用人机交互法对土地利用进行分类提取，获取了塞罕坝 1962 年、1978 年、1988 年、1990 年、2000 年和 2018 年的林地范围及土地利用分类(图 7.12)。经过多年建设，塞罕坝荒漠裸地不断减少，森林覆盖率提升到 82%。

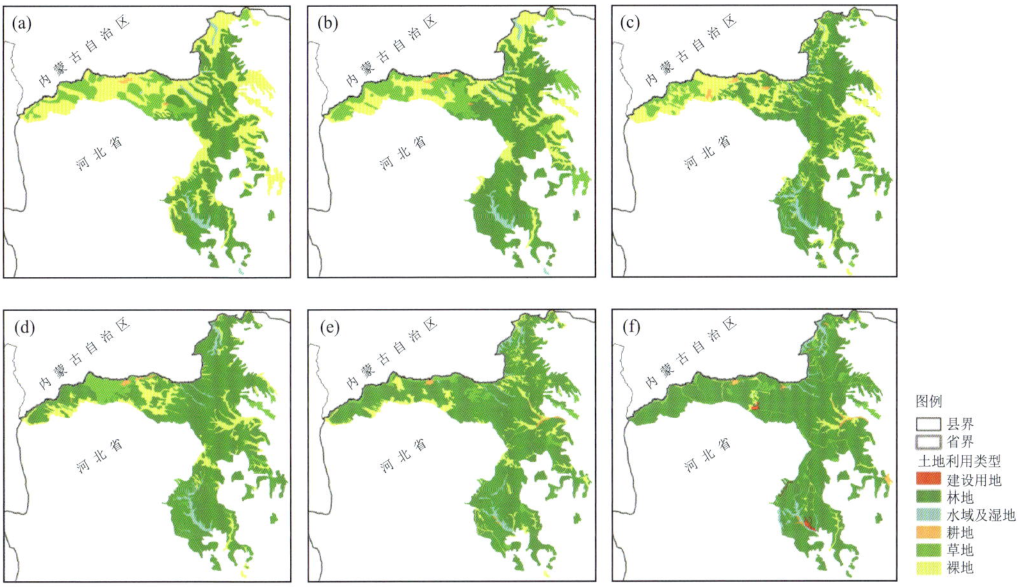

图 7.12 1962 年以来塞罕坝土地利用空间分布
(a. 1962 年；b. 1978 年；c. 1988 年；d. 1990 年；e. 2000 年；f. 2018 年)

计算塞罕坝 1981—2020 年每五年的植被生态质量指数(图 7.13)，显示植被生态质量指数从 1981—1985 年的 43.58 增长到 2016—2020 年的 50.93，40 年的变化趋势表明塞罕坝西部植被生态质量改善尤其显著。

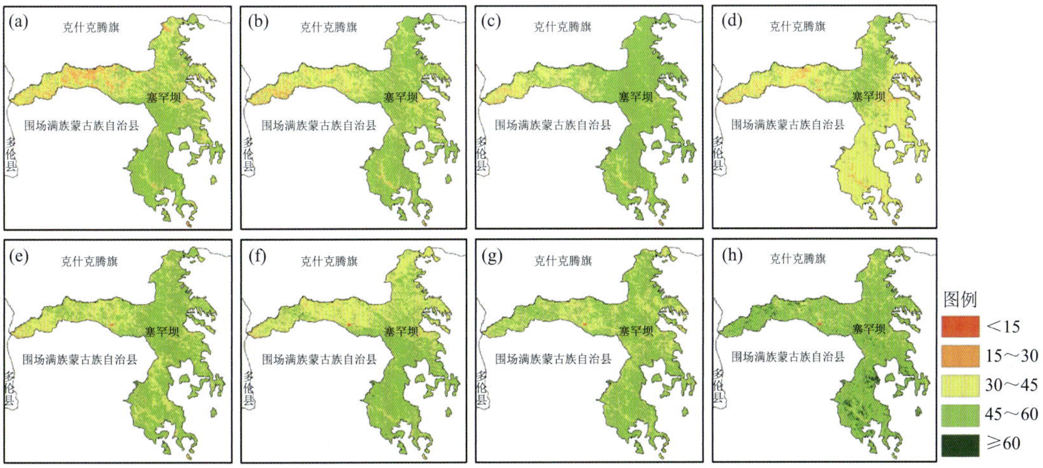

图 7.13 1981—2020 年塞罕坝每五年植被生态质量指数空间分布
(a. 1981—1985 年；b. 1986—1990 年；c. 1991—1995 年；d. 1996—2000 年；e. 2001—2005 年；f. 2006—2010 年；g. 2011—2015 年；h. 2016—2020 年)

7.2.5.2　塞罕坝气候效应

选取塞罕坝机械林场和周边的承德市围场县、丰宁县、隆化县及内蒙古锡林郭勒盟多伦县、赤峰市岗子乡等 6 个气象站，对塞罕坝林场站与周边地区 5 个站 1981—2021 年的气温和降水及其变化趋势进行了分析(图 7.14、图 7.15)。在气候变暖的背景下，1981—2021 年塞罕坝与周边地区平均气温都呈升高趋势，但塞罕坝年平均气温较周边地区低 6.6 ℃。1981—2021 年塞罕坝与周边地区降水量呈增加趋势，但塞罕坝年平均降水量较周边地区大 38.5 mm。1981 年以来，塞罕坝呈现气温升高、降水增加的趋势，总体上水热条件对植被生长有利。

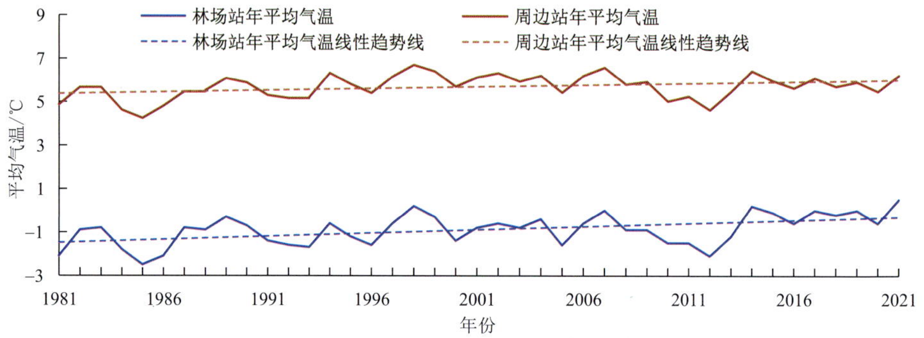

图 7.14　1981—2021 年塞罕坝与周边地区历年平均气温变化

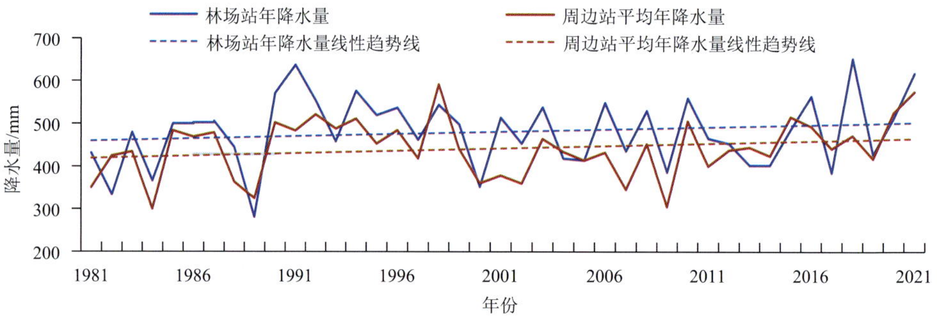

图 7.15　1981—2021 年塞罕坝与周边地区历年降水量变化

7.2.6　河北省植被生态质量变化评估

2000—2020 年河北省植被覆盖度、植被净初级生产力、植被生态质量指数均呈增加趋势，其中北部提高最为显著。植被生态质量的变化是人为活动和自然条件综合作用的结果，自然条件中气象因素对植被至关重要。河北省是“三北”工程重点攻坚区，肩负着筑牢首都绿色生态屏障的重大使命。河北省持续加强山水林田湖草沙一体修复治理，实施生态修复治理重大工程，突出张家口和承德地区等生态敏感地带和坝上“三化”草原治理、燕山—太行山生态提升、雄安新区生态修复等重点任务，健全政策体系，依法保护环境，是植被生态质量不断向好的根本原因。2000—2020 年河北省年降水量、年平均气温均呈增加趋势，降水增加率为 1.8 mm/a，平均气温增加率为 0.3 ℃/(10 a)，也为植被生长提供了有利的水热条件。山区植被生态质量改善，也会促进降水增加，改善局地气候，呈现对当地植被生态的正反馈作用。植被生态质量下降的年份，降水偏少等是主要影响因素，极端天气气候事件和各种自然灾害对植被生态系统也会造成重要的影响。在太行山区中南部气候变化贡献率不利的条件下，植被生态指数依然得到明显改善，表明人为因素是河北省植被生态质量持续改善的主要驱动力。

7.3 森林草原火情遥感监测与森林火险气象等级预报

森林草原火灾不仅严重破坏森林草原资源和生态环境，而且会对人民生命财产和公共安全产生极大的危害，对国民经济可持续发展和生态安全造成巨大威胁，具体危害表现为烧毁森林草原植被资源、危害野生动物、导致水土流失、引起空气污染、促使下游河流水质下降、威胁人民生命财产安全等方面。气象条件与森林草原火灾的发生、发展密切相关，特别是春季气温转暖，风大物燥，叠加春耕农忙与踏青祭扫，是森林草原火灾易发多发期，也是防灭火关键期。综合多源卫星资料、气象实况格点数据和智能网格天气预报产品开发了河北省森林草原火情卫星遥感监测和精细化森林火险气象等级预报系统，为各级政府森林草原防灭火工作提供技术支撑。

7.3.1 森林草原火情遥感监测技术

卫星遥感火情监测技术流程包括数据准备、数据预处理、火情监测、监测产品。

(1)数据准备

卫星数据源来自搭载有近红外(0.7～1.1 μm)、中红外(3.0～4.1 μm)、远红外(10.5～12.5 μm)、可见光(0.5～0.7 μm)等波段探测仪器的风云三号、“葵花”(Himawari)、国家极轨业务环境卫星系统预备项目(NPP)、MODIS 卫星。辅助数据包括行政边界、土地利用类型等数据。

(2)数据预处理

卫星原始数据应经过定位、定标、质量检查、局域图生产等预处理过程，其中可见光和近红外通道应经过太阳高度角订正。

(3)火情监测

火情监测的重点是火点判识(自动判识和人机交互判识)，其次包括火点强度等级判识、过火区判识、火点时空分布统计等处理过程。本节重点对火点判识进行介绍。

①火点自动判识

(a)像元标记

包括云区像元、水体像元、荒漠区像元、耀斑区像元、低温区像元和晴空植被像元标记。

若像元满足 $R_{VIS}>R_{VIS\_TCTH}$ 且 $T_{FIR}<T_{FIR\_TCTH}$，或在云检测产品中为云区，标记为云区像元。其中：R_{VIS} 为可见光通道反射率，以百分率表示(%)；R_{VIS_TCTH} 为可见光通道反射率云区判识阈值，以百分率表示(%)，参考值为 20%；T_{FIR} 为远红外通道亮度温度，单位为开尔文(K)；T_{FIR_TCTH} 为远红外通道亮度温度云区判识阈值，单位为开尔文(K)，参考值为 270 K。

若像元满足 $R_{NIR}<R_{NIR\_TWTH}$ 且 $(R_{NIR}-R_{VIS})<0$，标记为水体像元。其中：R_{NIR} 为近红外通道反射率，以百分率表示(%)；R_{NIR_TWTH} 为近红外通道反射率水体判识阈值，以百分率表示(%)，R_{NIR_TWTH} 参考值为 10%。

若像元所在的土地利用类型为荒漠区，标记为荒漠区像元。

若像元满足 $S_{glint} \leqslant 10°$，标记为耀斑区像元。其中：S_{glint} 为太阳耀斑角，单位为度(°)。

若像元 $T_{MIR} < T_{MIR\_TLOWTH}$，标记为低温区像元。其中：T_{MIR} 为中红外通道亮度温度，单位为开尔文(K)；T_{MIR_TLOWTH} 为中红外通道亮度温度低温区判识阈值，单位为开尔文(K)，参考值为 265 K。

若像元不是云区、水体、荒漠区、耀斑区、低温像元，标记为晴空植被像元。

(b)背景温度计算

背景温度计算包括背景区像元选择、背景区平均温度和标准差计算。

首先判断疑似高温像元。若探测像元周边邻域内的晴空植被像元满足以下条件，将其作为疑似高温像元：

$$T_{MIR} > (T_{MIR\_AVG} + \Delta T_{MIR}) \text{且} T_{M-F} > (T_{M-F\_AVG} + 8\ \text{K})\text{，或} T_{MIR} > T_{MIR\_WM}$$

式中：T_{MIR_AVG} 为探测像元中红外通道周边 7×7 像元中晴空指被像元亮度温度平均值，单位为开尔文(K)；ΔT_{MIR} 为判断疑似高温像元的中红外通道亮度温度增量阈值，单位为开尔文(K)，参考值为 10 K；T_{M-F} 为中红外通道和远红外通道之间亮度温度差异，单位为开尔文(K)；T_{M-F_AVG} 为探测像元周边 7×7 像元中晴空指被像元中红外通道与远红外通道亮度温度差异平均值，单位为开尔文(K)；T_{MIR_WM} 为判断疑似高温像元的中红外通道亮度阈值，单位为开尔文(K)，参考值为 330 K。

然后挑选背景区像元。参考像元标记图，挑选探测像元周边 7×7 像元邻域内的晴空植被像元和非疑似高温像元作为背景区像元。若背景区晴空植被像元数不足邻域像元数的 20%，邻域扩大为 9×9 像元，11×11 像元，…，直至 49×49 像元(参考值)。若仍不满足条件，放弃该像元的判识处理。

最后对符合背景区的像元按照统计学方法计算背景区平均温度和标准差，包括中红外通道背景区亮度温度平均值 T_{MIRBG}、远红外通道背景区亮度温度平均值 T_{FIRBG}、背景区中红外通道和远红外通道之间亮度温度差异平均值 T_{M-FBG}、中红外通道背景区亮度温度标准差 δT_{MIRBG}、远红外通道背景区亮度温度标准差 δT_{FIRBG} 和背景区中红外通道和远红外通道之间亮度温度差异平均值的标准差 δT_{M-FBG}，单位均为开尔文(K)。

(c)火点像元确认

如果一个像元满足以下条件，可将该像元初步认定为火点像元：

极轨卫星：$T_{MIR} \geqslant (T_{MIRBG} + 4\delta T_{MIRBG})$ 且 $T_{M-F} \geqslant (T_{M-FBG} + 4\delta T_{M-FBG})$，或 $T_{MIR} \geqslant 345$ K；

静止卫星：$T_{MIR} \geqslant (T_{MIRBG} + 3\delta T_{MIRBG})$ 且 $T_{M-F} \geqslant (T_{M-FBG} + 3\delta T_{M-FBG})$，或 $T_{MIR} \geqslant 345$ K。

如果初步认定的火点像元满足以下云污染条件之一，将之排除为火点像元，否则将之确认为火点像元：

$R_{VIS} > (R_{VISBG} + 30\%)$ 且 $T_{MIR} < T_{MIRTC}$ 或 $T_{FIR} < (T_{FIRBG} - \Delta T_{FIR\_TCR})$ 或 $R_{VIS} > R_{VISBG}$ 且 $T_{FIR} < T_{FIRBG}$ 且 $T_{MIR} < (T_{MIRBG} + 6\delta T_{MIRBG})$ 且 $T_{M-F} < (T_{M-FBG} + 6\delta T_{M-FBG})$

式中：T_{MIRTC} 为火点像元云污染中红外通道亮度温度判识阈值，单位为开尔文(K)；T_{MIRTC} 初值为 330 K；ΔT_{FIR_TCR}：火点云污染远红外通道亮度温度判识阈值，单位为开尔文(K)。ΔT_{FIR_TCR} 初值为 5 K。

(d)火点像元可信度分级

可信度按以下步骤分为四级：当$(T_{MIR} - T_{MIRBG}) \geqslant 10$ K 时，为一级火点像元，也称确认火点像元；当$(T_{MIR} - T_{MIRBG}) < 10$ K 时，为二级火点像元，也称疑似火点像元；当火点像元周边相

距 2 个像元以内(包括 2 个像元)有云区像元时,为三级火点像元,也称云区边缘火点像元;当该火点像元周边的 8 个像元均不是火点像元,且($T_{MIR}-T_{MIRBG}$)＞20 K 时,为四级火点像元,也称噪声火点像元。

(e)火点像元分区

将相邻的火点像元划分为同一火区,并按从北向南、从西向东顺序编号。本次与上一时次位置相同的火点,或实际火场位置相同的火点,火区的编号相同。

②人机交互火点判识

(a)白天图像人机交互火点判识方法

制作白天火情监测多通道合成图,包括图像增强和通道合成。

图像增强是对中红外通道图像做指数增强处理,突出热源点信息;对近红外、可见光通道图像做线性增强处理,突出地表特征。如果仅利用中红外波段或短波红外的单通道图像,通过图像做指数增强处理突出热源点信息。

通道合成时,一般选择中红外、近红外、可见光通道图像做 RGB 合成,生成白天火情监测多通道合成图,图像色彩指示意义为:鲜红色代表火点,暗红色或黑色代表过火区,绿色代表未过火植被区,白色或青灰色代表云或烟雾,蓝色或黑色代表水体。

(b)夜间图像人机交互火点判识方法

制作夜间火情监测多通道合成图,包括图像增强和通道合成。

图像增强是对中红外通道图像做指数增强处理,突出热源点信息;对远红外通道和远红外分裂窗通道分别进行线性增强和指数增强处理,突出地表特征。如果仅利用中红外波段的单通道图像,通过图像做指数增强处理突出热源点信息。

通道合成时,一般选择中红外通道、远红外通道、远红外通道分裂窗通道做 RGB 合成,生成夜间火情监测多通道合成图,图像色彩指示意义为:鲜红色代表火点,深青灰色代表无火区,亮青灰色代表云区或烟区,暗红色代表水体。

(4)监测产品

卫星遥感火情监测产品包括图像产品和信息列表产品。

图像产品包括卫星遥感火情监测多通道合成图像、火情监测专题图、火点强度等级图、过火区专题图等,根据需要图像叠加经纬度网格、行政边界和土地利用信息等。

信息列表产品包括火点观测时间、卫星号、各火点编号、火点中心经纬度、火点像元个数、火点明火区估算面积、火点覆盖土地类型比例以及火点中心省、地市、县名等。

7.3.2 森林火险气象等级预报

森林火险预报预警在森林防火工作中有着重要的指示作用,森林火险预报离不开对气象要素的实时观测和未来天气预报。影响森林火灾的主要气象因子包括降水、温度、相对湿度、风速、风向等,因此森林火险气象等级预报主要考虑这些气象因子。森林火险气象等级共分为五级,分别为低火险、较低火险、较高火险、高火险和极高火险。

多源气象数据融合实况格点产品、智能网格天气预报和 WebGIS 的应用,实现了从站点到格点的转变,为开发基于位置的精细化森林火险气象等级预报模型提供了基础。

参照《森林火险气象等级》(GB/T 36743—2018),在日最高气温、最小相对湿度、最大风速、日降水量、连续无降水日数等气象因子的基础上,增加了卫星反演温度植被干旱指数(TVDI)

的土壤湿度信息，作为反映地面可燃物干湿状况的预报因子。结合气象实况格点数据和智能网格预报产品，构建了基于位置的1～10 d、空间分辨率5 km和1～3 d、空间分辨率1 km的河北省精细化森林火险等级预报模型，实现了产品自动制作和火险等级网格预报。

7.3.3 森林草原火灾遥感监测

7.3.3.1 河北省森林草原火灾遥感监测分析

2020年1—2月火点为47处(图7.16)，2019年同期火点116处，因时处新冠疫情防控期间，人们出行减少是火点数量减少的重要原因。2020年监测到河北省森林草原火点262处，比2019年减少81处，比2018年减少25处，近年河北省森林草原火灾总体呈下降趋势(图7.17)。

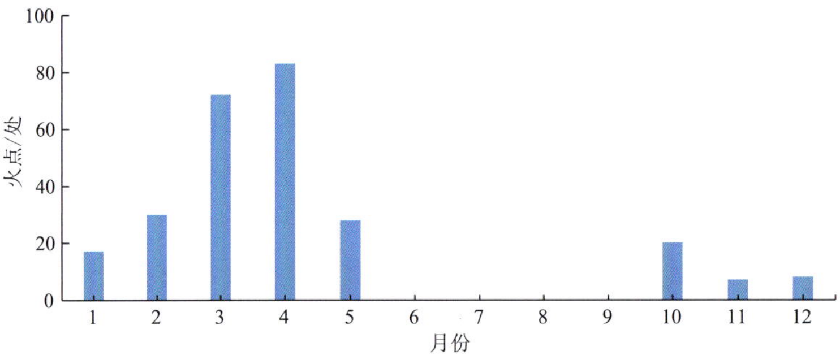

图7.16　2020年河北省森林草原火点

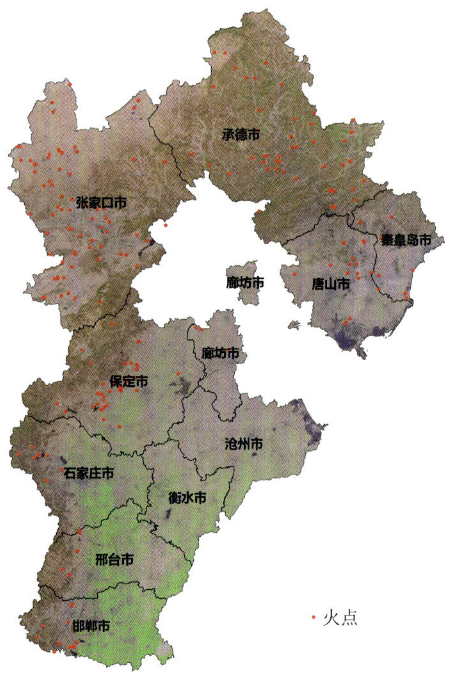

图7.17　2020年河北省森林草原火点遥感监测

7.3.3.2 森林火灾遥感监测

(1)保定涞源县森林火灾遥感监测

2019 年 3 月 25 日 12 时 30 分，葵花卫星发现保定市涞源县出现多个火点。13 时 NPP 卫星过境，遥感监测如图 7.18a 所示，图中可见燃烧所产生的烟迹。14 时 59 分 FY-3B 卫星过境，监测到 10 个火点(图 7.18b)。图中烟迹进一步扩大，说明火势仍在加强。3 月 26 日 11 时 30 分高分二号卫星(图 7.18c)监测到大部分火已经被扑灭(图中黑色区域)，但图中仍可见到 2 处燃烧点，对比 3 月 12 日的卫星影像(图 7.18d)，原来的森林在火灾发生后变成了黑色。

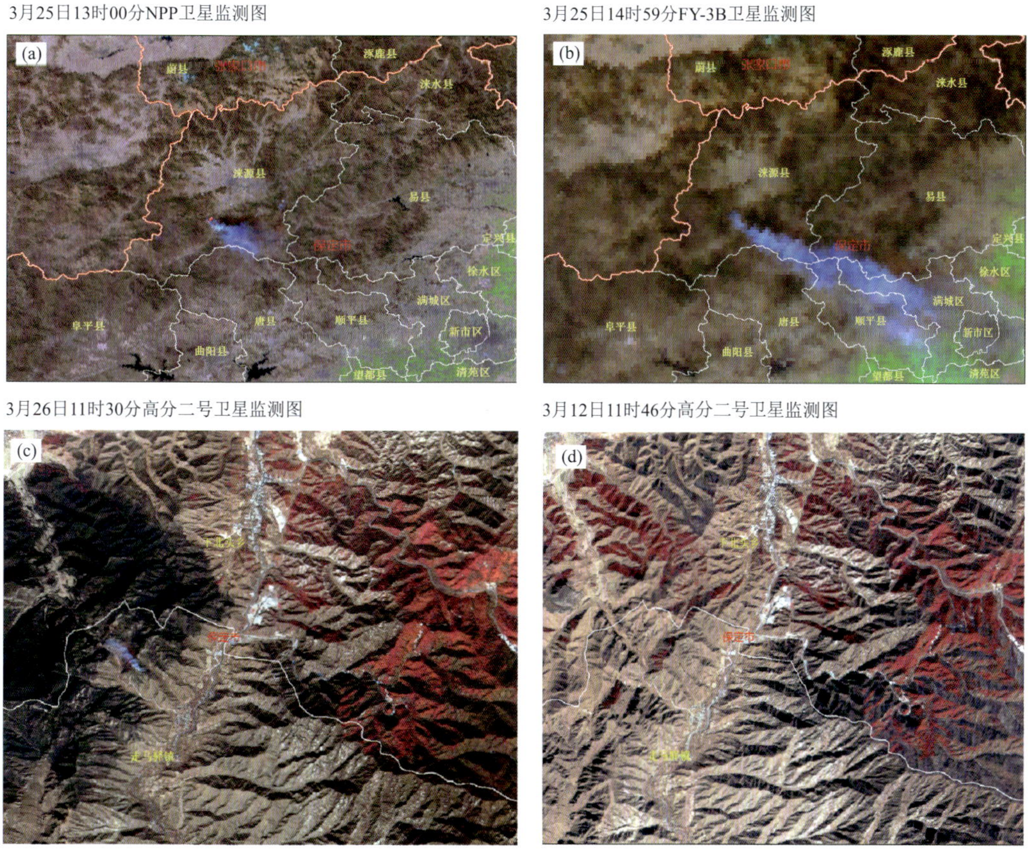

图 7.18　2019 年 3 月保定涞源县森林火灾遥感监测图

(2)邯郸武安市森林火灾遥感监测

2020 年入冬后邯郸市降水大幅偏少，至 2021 年 2 月 23 日全市平均降水量仅 3.2 mm，较历史同期偏少 74%，部分县(市)出现了阶段性干旱，同时气温起伏较大，大风天气明显增多，森林火险气象等级居高不下。

2 月 20 日 16 时左右，葵花卫星监测到山西省左权县与河北省武安市交界处发生森林火灾，火灾烟雾清晰可见(图 7.19a)。武安市当日最高气温 27 ℃，最大风速 10.5 m/s，平均相对湿度 6.8%。2 月 21 日 01 时，火势蔓延至武安市朝阳沟风景区。22 日 11 时，高分一号卫星遥感监测到大火仍在山西境内燃烧，计算山西省、河北省交界处的总过火面积约 7.9 km^2(图 7.19b)。从 20 日 16 时 20 分开始，河北省森林草原火情卫星遥感和精细化森林火险气象等级预报系统自动向相关单位人员发送火灾遥感监测短信息。至 21 日 17 时河北境内火灾扑灭，河北省气象部门提供了准确的实时遥感监测和气象保障服务。

2021 年 2 月 21 日的火险等级预报产品，表明河北省南部处于火险高发生区；武安市 20 日最高气温达 22.2 ℃，气温明显偏高，无降水日数已持续 45 d，因此该地林区极易发生火灾。“葵花”8 号卫星于 20 日 17 时 30 分监测到火情遥感影像，火灾烟雾清晰可见。

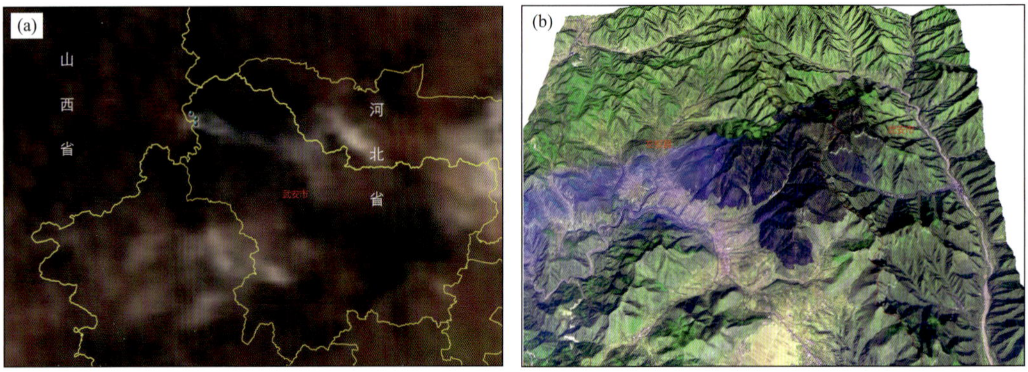

图 7.19　2021 年 2 月邯郸武安市森林火灾遥感监测图
（a. 20 日 16 时葵花卫星；b. 22 日 11 时高分一号卫星）

7.4　本章小结

森林和草原是重要的自然生态系统，对于维护生态安全、推进生态文明建设具有基础性、战略性作用。本章主要介绍了应用卫星和气象数据评估植被生态质量的技术方法，2000 年以来植被生态质量指数变化结果表明，河北省植被生态质量呈增长趋势，森林草原生态改善显著。利用多源卫星和气象智能网格数据开展森林草原火点实时监测和森林草原火险等级预报，为各级政府森林草原防火提供了科学依据。

第 8 章
雄安新区生态气象

8.1 雄安新区城市通风廊道构建

设立雄安新区，是以习近平同志为核心的党中央作出的重大历史性战略部署，是千年大计、国家大事。2018 年 4 月，党中央、国务院正式批复《河北雄安新区规划纲要》(简称《纲要》)，明确雄安新区作为北京非首都功能疏解集中承载地，要建设成为高水平社会主义现代化城市、京津冀世界级城市群的重要一极、现代化经济体系的新引擎、推动高质量发展的全国样板，建设绿色生态宜居新城区、创新驱动发展引领区、协调发展示范区、开放发展先行区，努力打造贯彻落实新发展理念的创新发展示范区。到 2035 年，基本建成绿色低碳、信息智能、宜居宜业、具有较强竞争力和影响力、人与自然和谐共生的高水平社会主义现代化城市；到 21 世纪中叶，全面建成高质量高水平的社会主义现代化城市，成为京津冀世界级城市群的重要一极。雄安新区是新时代中国高质量发展的标志性工程和全国样板，是新时代探索人类高质量发展的未来之城。

气象与雄安新区的规划建设、生态文明建设、城市安全运行息息相关。在全球气候变暖背景下，气象灾害强度、频度、影响程度将不断增大。雄安新区在建设、运行、发展阶段面临从农村到城市的巨大转变，势必带来人口和产业的高度集聚，建筑密度增大，经济社会暴露度增加，同时快速发展也会导致局地气候发生显著变化，气象灾害的风险势必越来越高，这些对气象保障未来城市安全运行提出了更高要求。按照雄安新区建设“绿色生态宜居新城区”的战略定位，在构建绿色智慧新城、发展优质公共服务、城市安全运行、海绵城市建设、塑造高品质宜居环境等规划建设上对气象服务提出了一系列需求，需要不断提高雄安新区规划建设气象保障能力。《纲要》明确提出，建设城市通风廊道，构造城淀局地气流微循环系统，将白洋淀凉爽空气输送到城市中心，塑造高品质城区生态环境。而通风廊道构建的意义在于确保用于改善城市局地气候环境的土地得到合法保护与合理建设，其作用在于促进空气流通、缓解热岛、降低建筑物能耗，从而提高城市宜居性，实现绿色发展。

8.1.1 背景风环境评估

(1)区域主导风向

利用京津冀地区国家级气象观测站近 30 年(1991—2020 年)气候整编资料，进行区域主导风向的统计分析，把握雄安新区背景风场特征。分析表明，雄安新区所处的冀中平原常年盛行西南—东北向风(图 8.1)。

雄安新区内国家站及周边气象站观测资料统计表明，所在地区全年以及四季的主导风向均为西南风(图 8.1、图 8.2)。

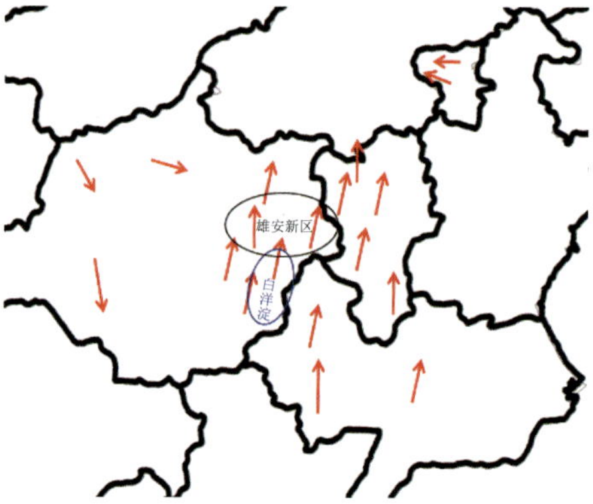

图 8.1 雄安新区及周边主要国家级气象观测站观测的近 30 年主导风向示意图

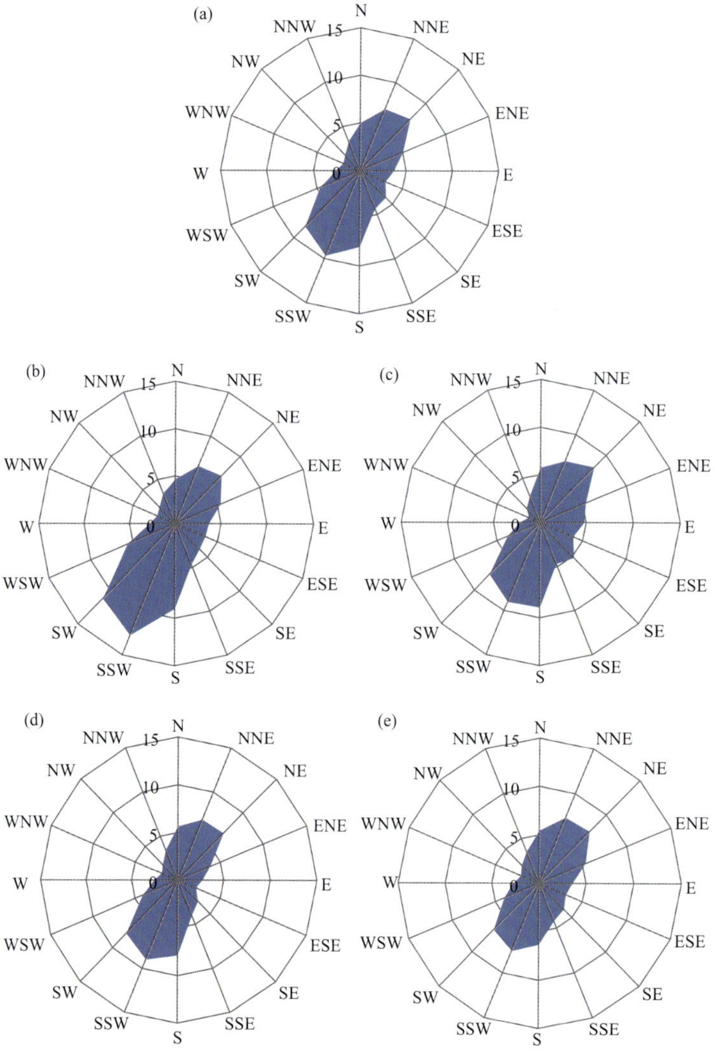

图 8.2 雄安新区国家级气象观测站 3 站平均风向频率玫瑰图(%)
(a. 年平均;b. 春季平均;c. 夏季平均;d. 秋季平均;e. 冬季平均)

(2)雄安新区风场特征

地区主导风向虽然以西南—东北为主,但空间上也存在一定差异,越往雄安新区南部越偏南—北走向,越偏北越偏西南—东北走向。而各方向风速统计也表明,主导风向西南—东北方向风速也较大(图 8.3)。

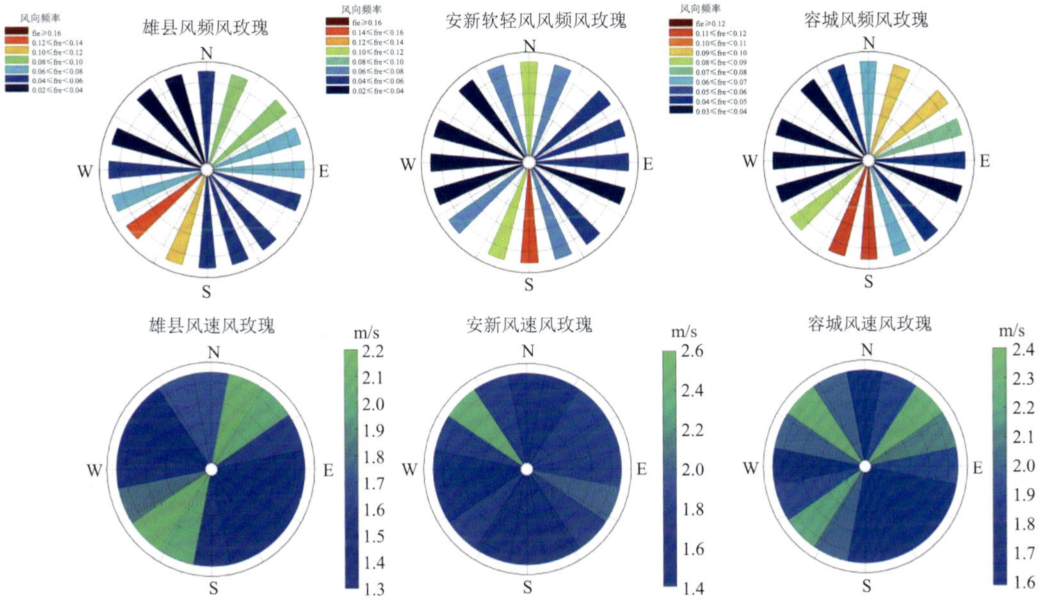

图 8.3　雄县、安新和容城国家级气象观测站年平均风向频率(上)和风速(下)玫瑰图

(3)软轻风主导风向

雄县、安新和容城三个国家级气象观测站的软轻风(风速为 0.3～3.3 m/s)风向频率统计表明,对通风廊道作用较明显的软轻风出现频率较高的风向为西南偏南,其次为东北偏北。

8.1.2　规划设计方案效果模拟评估

进一步结合雄安新区规划设计实际,开展土地利用空间布局规划和城市设计方案的气候环境效果数值模拟评估。分别利用中尺度数值模式 WRF 对雄安新区现状和规划土地利用空间布局规划方案的风热环境进行模拟,对比分析规划和现状局地气候环境差异,对规划方案土地利用空间布局可能产生的气候环境效果进行预评估;同时,建立理想地块城市设计方案,采用 CFD 流体力学模式,针对不同建筑高度和建筑密度控制指标下的城市设计方案,开展通风环境效果敏感性数值模拟试验,并利用前文所建立的评估指标对各试验方案风场进行评估,支撑建筑空间形态控制指标指引。

8.1.2.1　空间布局规划方案模拟评估

将现状和规划土地利用输入 WRF 模式(图 8.4),对典型天气条件下风场进行数值模拟,研究近地面 10 m 高度层风场和 2 m 高度气温空间分布特点。基于观测资料,选取风向与常年主导风向一致、风速与常年平均风速相近的 2016 年冬季东北风、2017 年夏季西南风典型天气个例模拟。模拟时从典型天气个例日 00 时往前 12 h 起,向后积分 36 h,前 12 h 作为模式启动时间,取后 24 h 作为模拟结果。WRF 模式水平方向采用 27 km、9 km、3 km、1 km 的4 重区域嵌套，最内层 1 km 覆盖雄安新区规划范围，采用的物理过程参数化方案包括 WSM6 微物理过程方案、RRTM 长波辐射和 Dudhia 短波辐射方案、ETA 相似理论近地面层方案、BouLac 边界层方案、Noah 陆面过程方案、UCM 城市冠层模型、Grell 3d 积云对流方案。

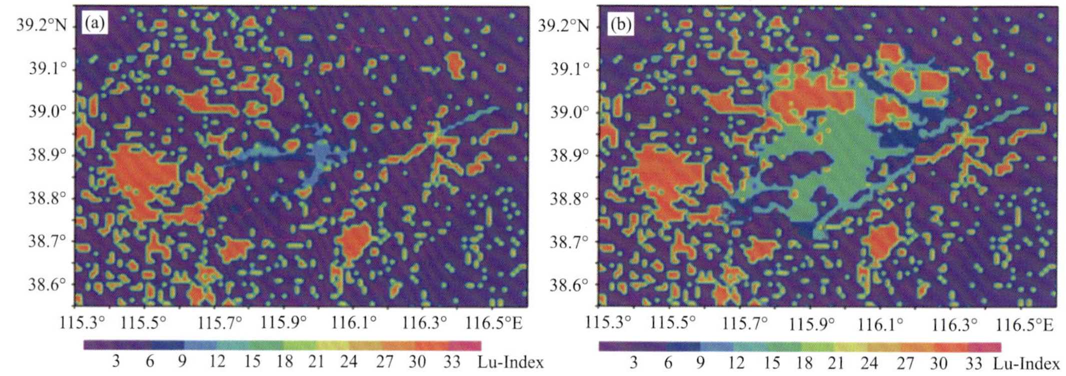

图 8.4　WRF 模式中雄安新区及周边现状(a)和规划(b)土地利用

(Lu-Index 代表土地利用类型，数值代表类别编号)

(1)冬季模拟结果

冬季典型天气个例日间气温叠加风速模拟结果(图 8.5)表明，规划方案实施后，雄安新区整体以东北风为主，白洋淀北岸有从淀区吹向北部城区的水陆风，白洋淀淀区气温总体低于周边。与现状土地利用模拟结果相比，规划方案实施后，白洋淀西南部东北风下游降温，建设区气温有所上升，建设区北部和雄安新区南部风速增大。

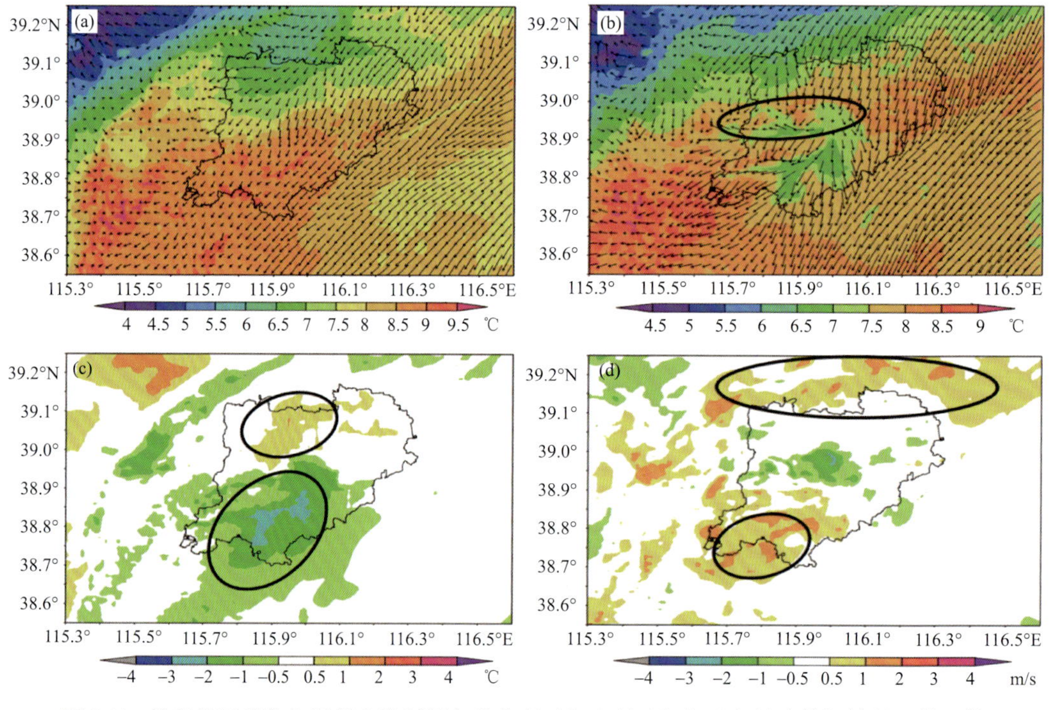

图 8.5　雄安新区现状和规划土地利用冬季典型天气个例日间气温和风速模拟结果及其差值

(a. 现状日间气温和风速；b. 规划日间气温和风速；c. 规划与现状的气温差；d. 规划与现状的风速差)

冬季典型天气个例夜间，规划方案实施后的雄安新区范围内整体以东北风为主，水体热容量大，降温慢，白洋淀淀区气温高于周边（图 8.6）。相比现状模拟结果，气流往白洋淀集中，一定程度上表现了白洋淀北岸有从北部城区吹向淀区的陆水风。规划方案大规模恢复水体，使得白洋淀地区冬季夜间增温显著，建设区因城镇用地增加，对东北风有一定阻挡作用，表现为新区北部建设区风速有所减小。

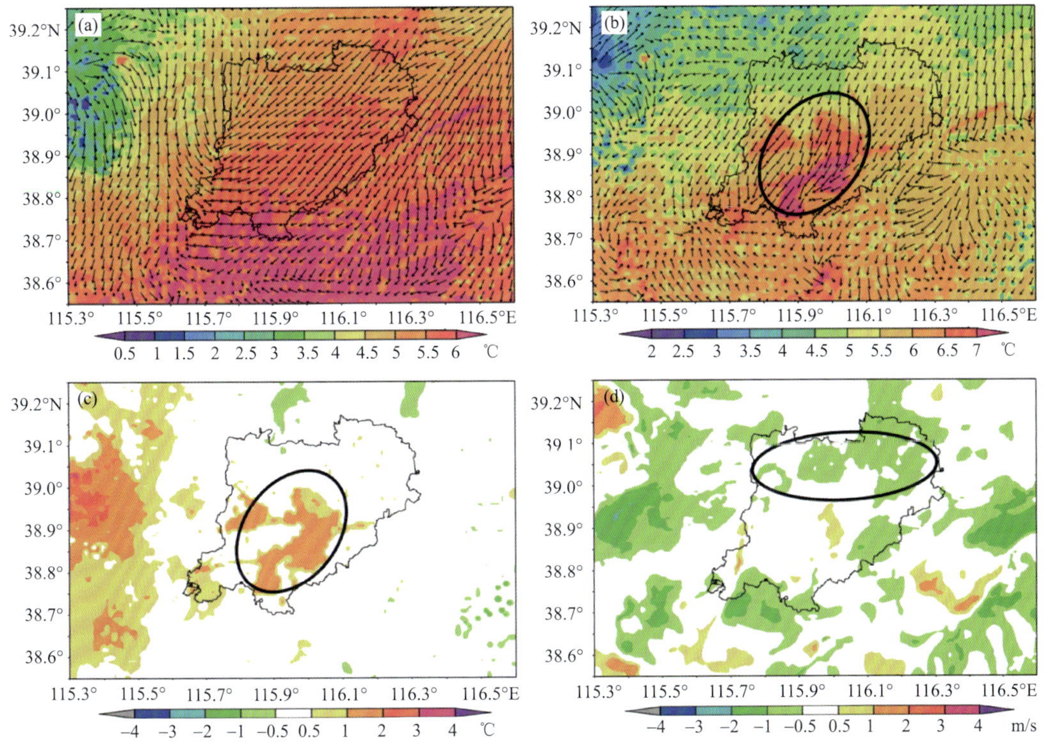

图 8.6 雄安新区现状和规划土地利用冬季典型天气个例夜间气温和风速模拟结果及其差值
（a. 现状夜间气温和风速；b. 规划夜间气温和风速；c. 规划与现状的气温差；d. 规划与现状的风速差）

（2）夏季模拟结果

夏季典型天气个例日间气温叠加风速模拟结果（图 8.7）表明，雄安新区以西南风为主，白洋淀区形成一个巨大的低温中心。相比于现状土地利用模拟结果，北部建设区增温，受西南风下游及水陆风降温影响，在白洋淀东北部沿岸降温，建设区风速增加。

夏季典型天气个例夜间，雄安新区总体转为东北风，白洋淀区仍为低温中心，北部建设区则温度较高（图 8.8）。相比于现状土地利用模拟结果，北部建设区增温，表现出热岛效应，但受水体风下游降温作用，白洋淀西南部温度有所下降，雄安新区总体风速则有所降低。

（3）模拟小结

雄安新区北部新增建设区增温，夏季夜间表现出热岛效应（图 8.9a），且对风速有一定阻挡效应。规划方案中预留的通风廊道表现出一定降温作用。

白洋淀区在夏季和冬季午间为低温中心，冬季夜间则温度较高（图 8.9b），且叠加水陆风局地环流和风场下游效应，对其周边气候调节效应显著。夏季夜间表现出南部淀区温度低，北部城区温度高，中苑和通风廊道对北城有降温作用。冬季夜间，南淀则对北城有增温作用。宜

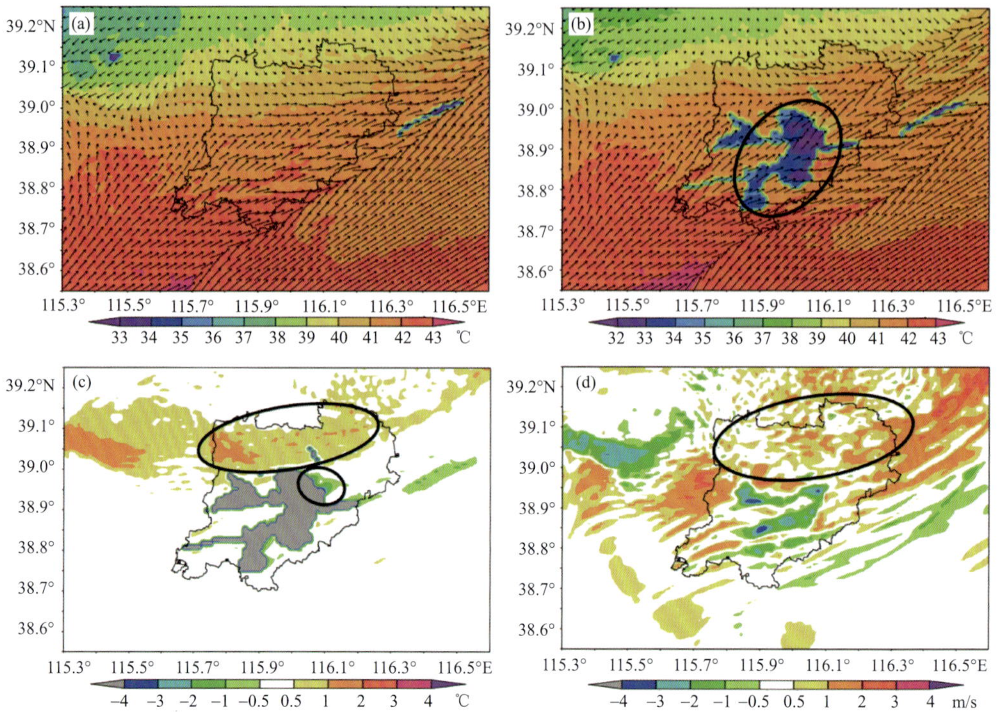

图 8.7　雄安新区现状和规划土地利用夏季典型天气个例日间气温和风速模拟结果及其差值

（a. 现状日间气温和风速；b. 规划日间气温和风速；c. 规划与现状的气温差；d. 规划与现状的风速差）

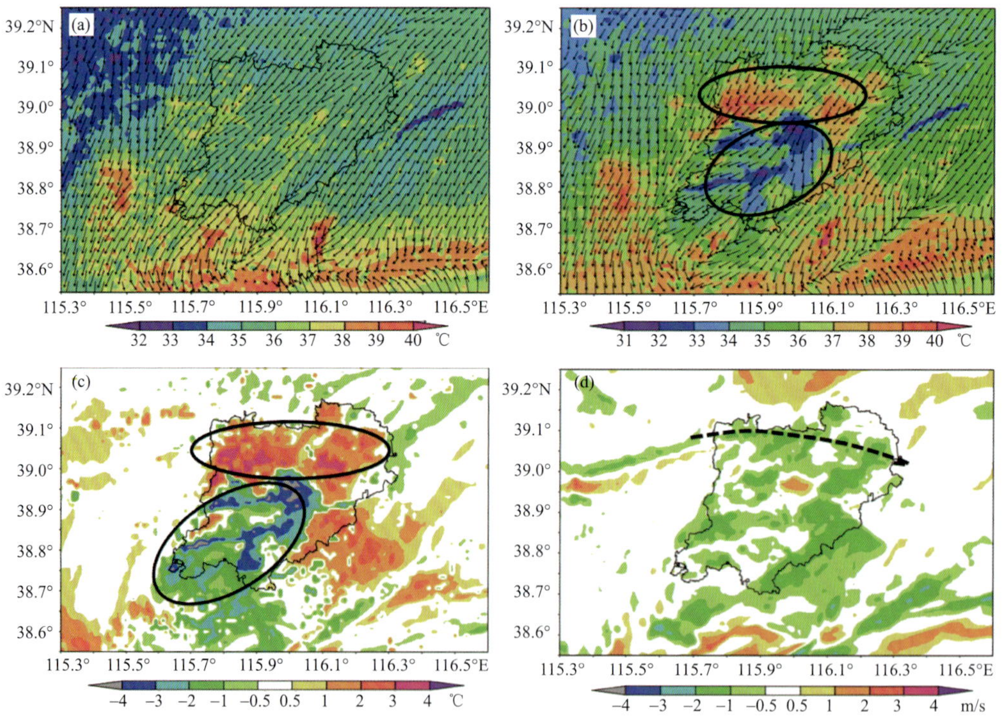

图 8.8　雄安新区现状和规划土地利用夏季典型天气个例夜间气温和风速模拟结果及其差值

（a. 现状夜间气温和风速；b. 规划夜间气温和风速；c. 规划与现状的气温差；d. 规划与现状的风速差）

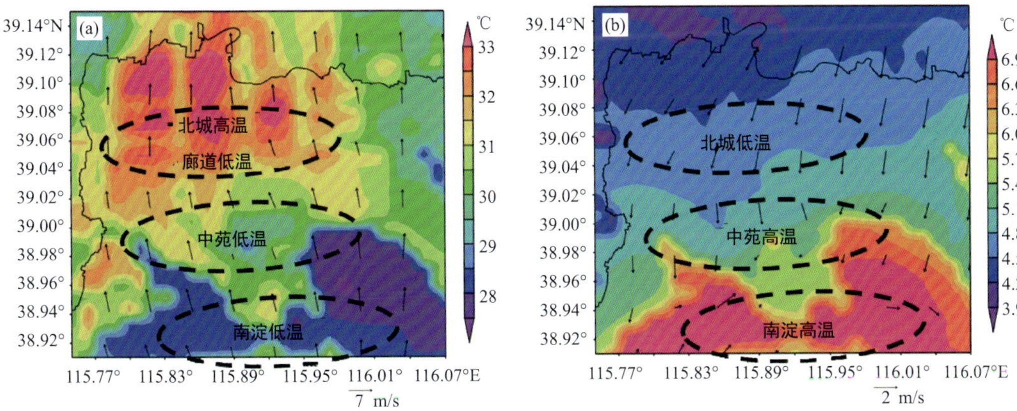

图 8.9 雄安新区规划土地利用夜间气温和风速模拟结果分析图
（a.夏季；b.冬季）

构建城淀间气流微循环系统，充分利用和增强南淀地区夏季降温北城、冬季增温北城的气候调节作用。

8.1.2.2 城市设计方案通风环境模拟

（1）模拟内容

结合雄安新区规划设计思路，在起步区内建立一块约 4 km^2 的理想地块城市设计方案（图8.10）作为基础城市设计方案，选取其中一定范围作为目标区域（红色区域），采用 CFD 流体力学模式，对目标区域不同建筑高度和建筑密度控制指标下的城市设计方案的风环境开展敏感性数值模拟试验，并利用所建立的评估指标（通风指数和小风速区面积比①）对各试验方案风场进行评估，为制定建筑空间形态控制指标指引提供参考。

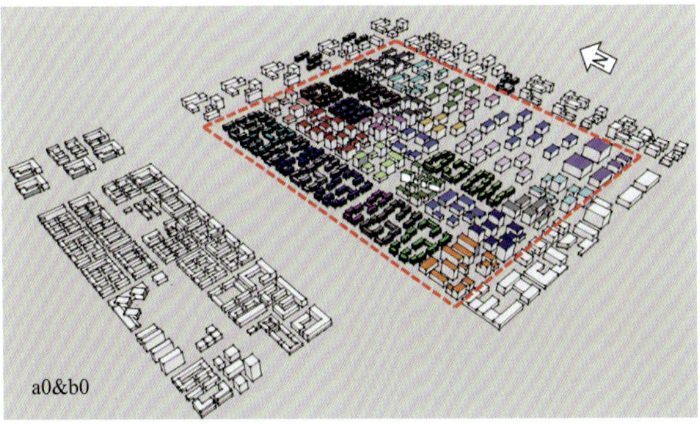

图 8.10 研究所建立的起步区内理想地块基础城市设计方案

① 通风指数：表示单位时间内，城市 100 m 以下高度层的总体空气流量。具体计算为：对研究区内 100 m 高度以下各层的平均风速求平均，再乘高度 100 m，作为表征城市区域通风环境的正面指标，单位为 m^2/s，该值越大表明城市 100 m 高度以内总体通风环境越好。

小风速区面积比：参考中国气象局《城市通风廊道规划指南（第 1 版）》，对通风廊道起作用的软轻风范围为 0.3～3.3 m/s，故考虑风速小于 0.3 m/s 的小风不利于城市通风。将 100 m 以下风速小于 0.3 m/s 的小风速区在研究区总面积中的占比，作为表征城市区域通风环境的负面指标，该值越大表明城市 100 m 高度以内总体通风环境越差。

(2)试验方案

在基础城市设计方案基础上，通过改变建筑高度和建筑密度，分别设定模拟敏感性试验方案。

改变建筑高度：控制目标区域内建筑密度不变，将基础城市设计方案 a0 中目标区域内所有的建筑高度分别统一降低 10 m 和升高 10 m、20 m、30 m 和 40 m，共设置 6 个模拟试验工况(图 8.11)，分别命名为 a0、a－10、a＋10、a＋20、a＋30、a＋40。

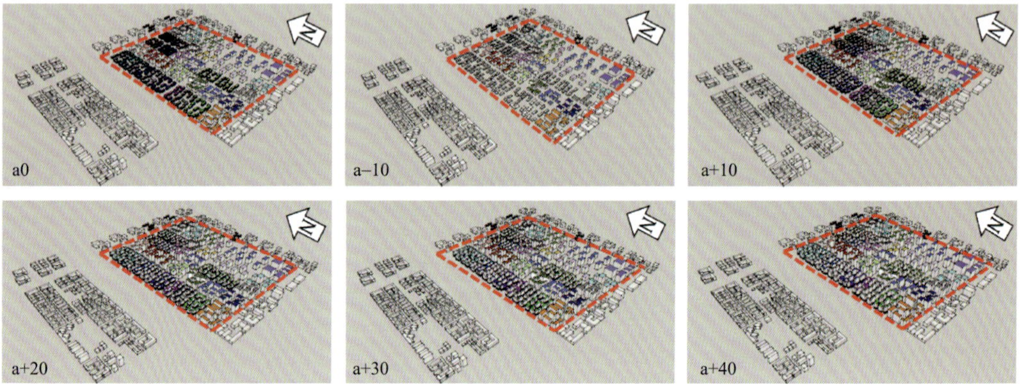

图 8.11　理想地块改变建筑高度各城市设计方案

改变建筑密度：控制目标区域内建筑高度不变，将基础方案 b0 中目标区域内建筑密度分别随机减少 10％、20％、30％和 50％，共设置 5 个模拟试验工况(图 8.12)，分别命名为 b0、b－10、b－20、b－30、b－50。

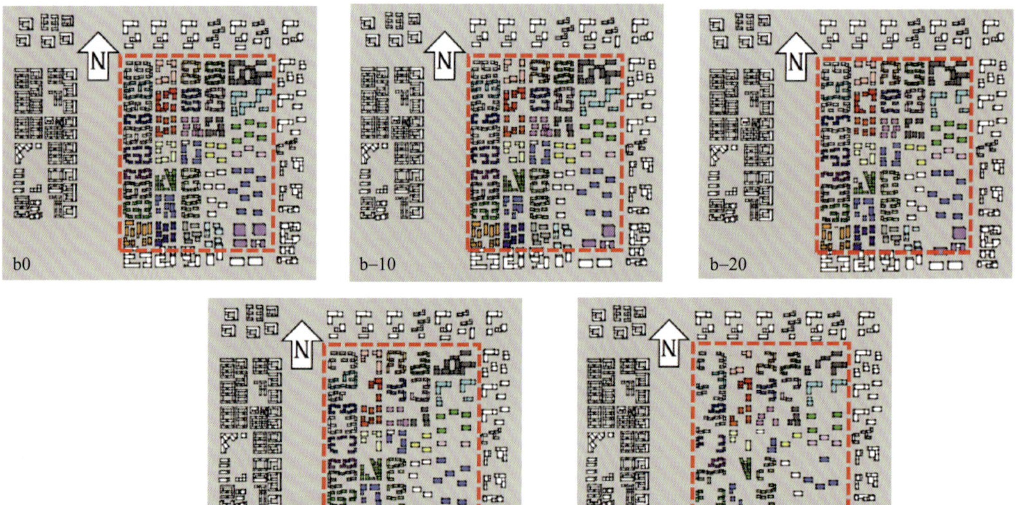

图 8.12　理想地块改变建筑密度各城市设计方案

结合雄安新区主导风向，分别设置 SSW 和 NE 风向对以上 11 个地块设计方案风环境进行 CFD 数值模拟，共计 22 个敏感试验方案，如表 8.1 所示。

表 8.1 城市设计建筑空间形态敏感性试验数值模拟试验方案

方案名称	方案说明	方案平均建筑高度	方案建筑密度	模拟初始输入风向,风速
a0	基础建筑高度方案	22 m	23.5%	SSW, 2.0 m/s
a−10	建筑高度统一降低 10 m	12 m	23.5%	SSW, 2.0 m/s
a+10	建筑高度统一升高 10 m	32 m	23.5%	SSW, 2.0 m/s
a+20	建筑高度统一升高 20 m	42 m	23.5%	SSW, 2.0 m/s
a+30	建筑高度统一升高 30 m	52 m	23.5%	SSW, 2.0 m/s
a+40	建筑高度统一升高 40 m	62 m	23.5%	SSW, 2.0 m/s
b0	基础建筑密度方案	22 m	23.5%	SSW, 2.0 m/s
b−10	建筑密度减少 10%	22 m	21.1%	SSW, 2.0 m/s
b−20	建筑密度减少 20%	22 m	18.8%	SSW, 2.0 m/s
b−30	建筑密度减少 30%	22 m	16.4%	SSW, 2.0 m/s
b−50	建筑密度减少 50%	22 m	11.7%	SSW, 2.0 m/s
a0	基础建筑高度方案	22 m	23.5%	NE, 2.0 m/s
a−10	建筑高度统一降低 10 m	12 m	23.5%	NE, 2.0 m/s
a+10	建筑高度统一升高 10 m	32 m	23.5%	NE, 2.0 m/s
a+20	建筑高度统一升高 20 m	42 m	23.5%	NE, 2.0 m/s
a+30	建筑高度统一升高 30 m	52 m	23.5%	NE, 2.0 m/s
a+40	建筑高度统一升高 40 m	62 m	23.5%	NE, 2.0 m/s
b0	基础建筑密度方案	22 m	23.5%	NE, 2.0 m/s
b−10	建筑密度减少 10%	22 m	21.1%	NE, 2.0 m/s
b−20	建筑密度减少 20%	22 m	18.8%	NE, 2.0 m/s
b−30	建筑密度减少 30%	22 m	16.4%	NE, 2.0 m/s
b−50	建筑密度减少 50%	22 m	11.7%	NE, 2.0 m/s

(3)模拟结果分析

主导风向 SSW 条件下各建筑高度敏感性试验方案 1.5 m 高度风场模拟结果显示,基础方案风速分布均匀,街道内风速较大,建筑物围合区和建筑背面风速较小(图 8.13)。随着目标区域内建筑高度逐步提高,建筑内部风速空间分布差异增加,街道狭管效应显著,部分街道风速过大,建筑背风面和围合区风速却显著减小。10 m 高度风场模拟结果显示,随着目标区域内建筑高度逐步提高,建筑内部风速空间分布差异增加,街道狭管效应显著,两个组团间的通风廊道效应更为明显,建筑背风面和围合区风速却显著减小,特别是方案北部建筑区蓝色风速较小区域面积逐步增加(图 8.14)。

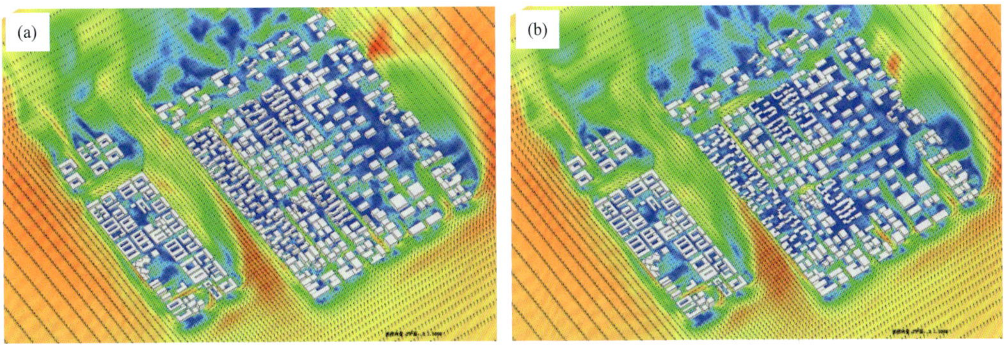

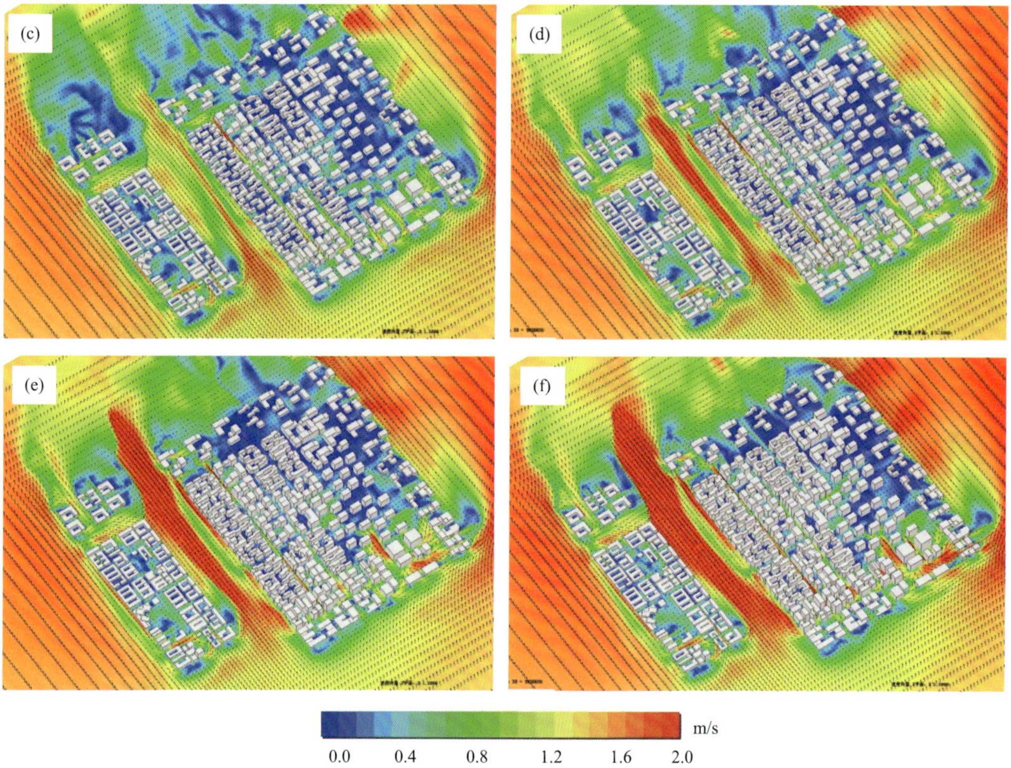

图 8.13 主导风向 SSW 条件下各建筑高度敏感性试验方案 1.5 m 高度风场模拟结果
（图 a—f 分别为基础方案 a0，建筑高度统一降低 10 m(a−10)和统一升高 10 m(a+10)、20 m(a+20)、30 m(a+30)和 40 m(a+40)方案模拟结果，下同）

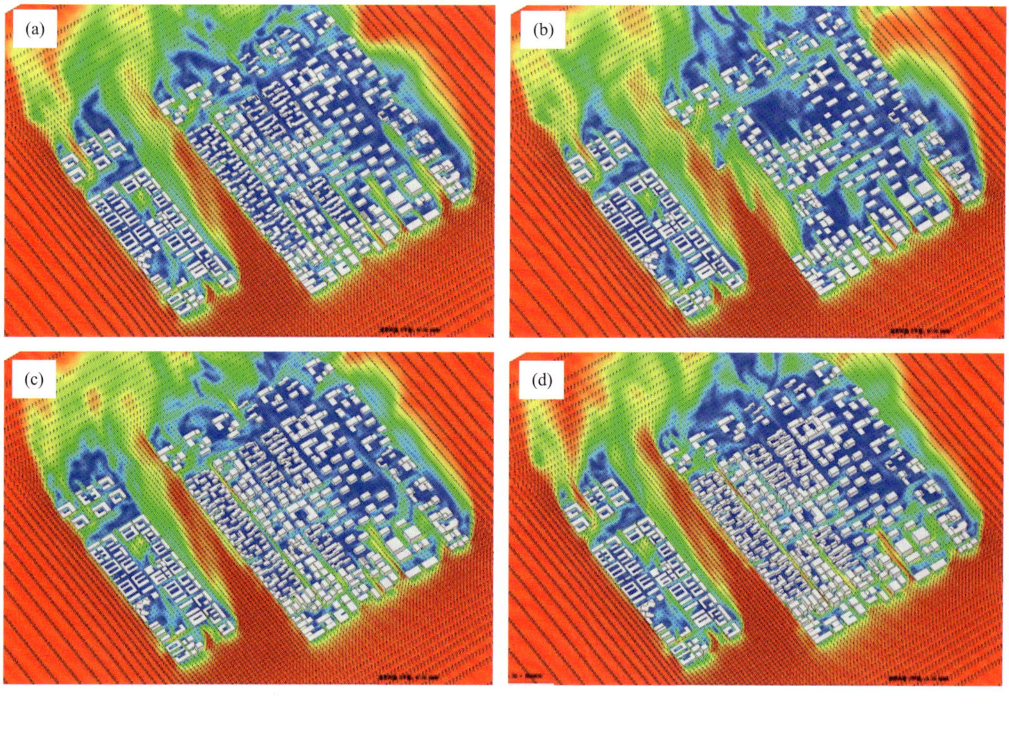

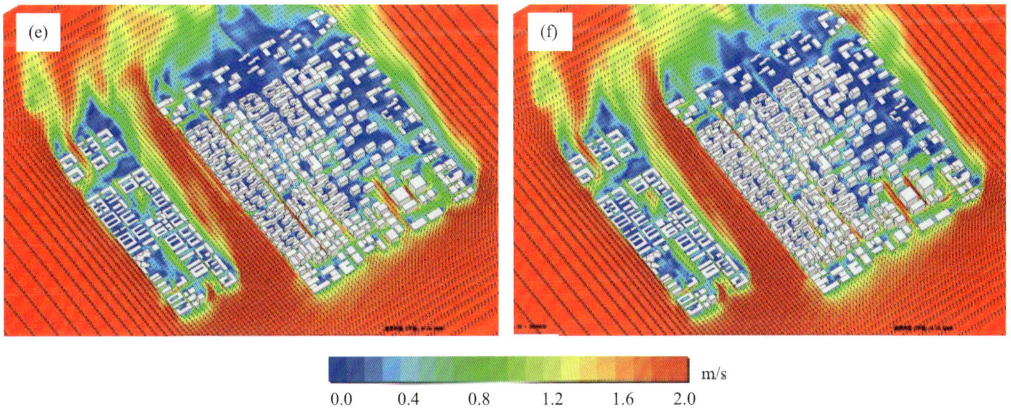

图 8.14　主导风向 SSW 条件下各建筑高度敏感性试验方案 10 m 高度风场模拟结果

次主导风向 NE 条件下 1.5 m 高度风场模拟结果显示，基础方案风速分布均匀，街道内风速较大，建筑物围合区和建筑背面风速较小（图 8.15）。随着目标区域内建筑高度逐步提高，建筑内部风速空间分布差异增加，街道狭管效应显著，两个组团间的通风廊道效应更为明显，建筑背风面和围合区风速却显著减小。10 m 高度风场模拟结果和 1.5 m 高度模拟结果表现出相似空间分布特征（图 8.16）。

对比基础方案和建筑密度减小方案，基础方案风速分布不均匀，街道内风速较大，建筑物围合区和建筑背面风速较小（图 8.17—图 8.19）。目标区域建筑密度减小 50% 后，风速分布更为均匀，整体风速变大，小风速区（蓝色）面积也较基础密度方案少，目标区域整体通风环境改善显著。

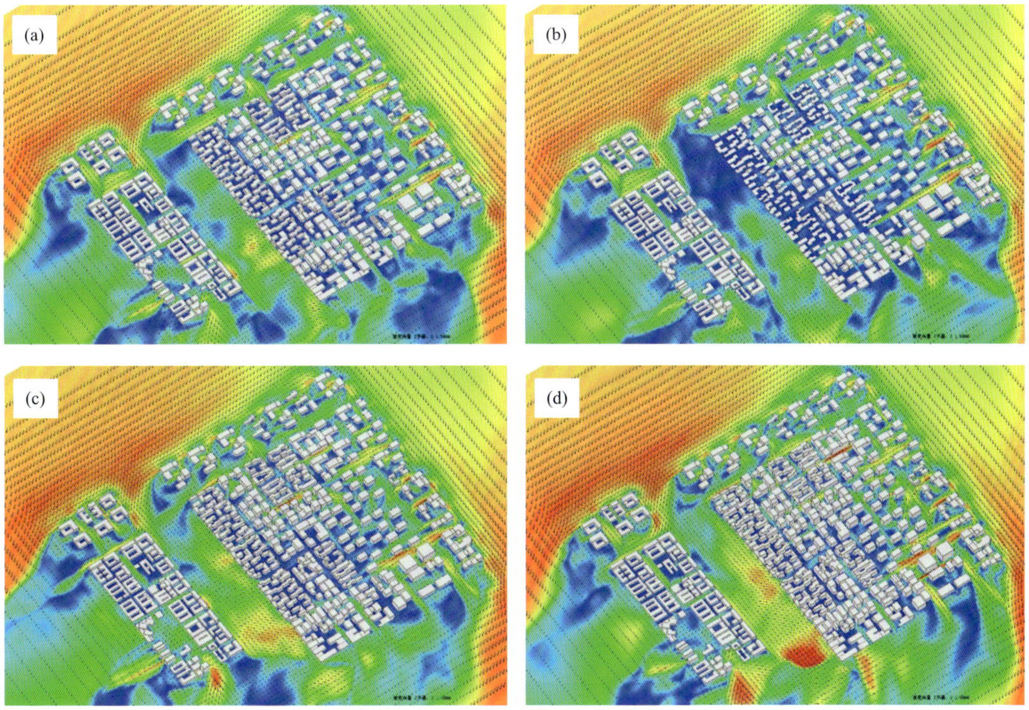

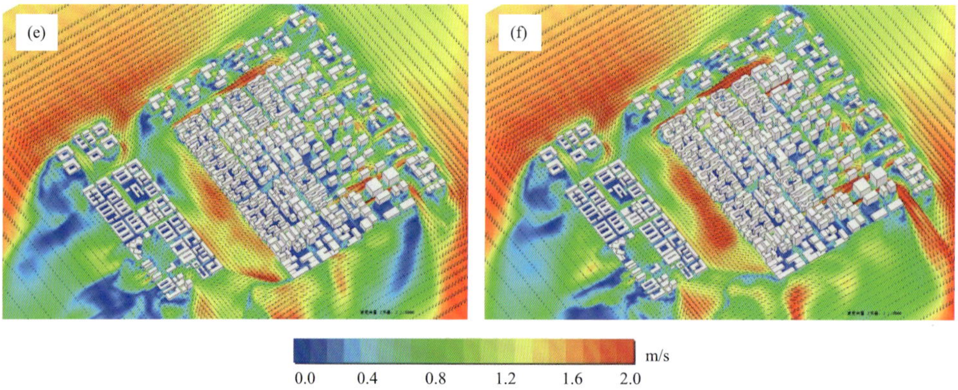

图 8.15　次主导风向 NE 条件下各建筑高度敏感性试验方案 1.5 m 高度风场模拟结果

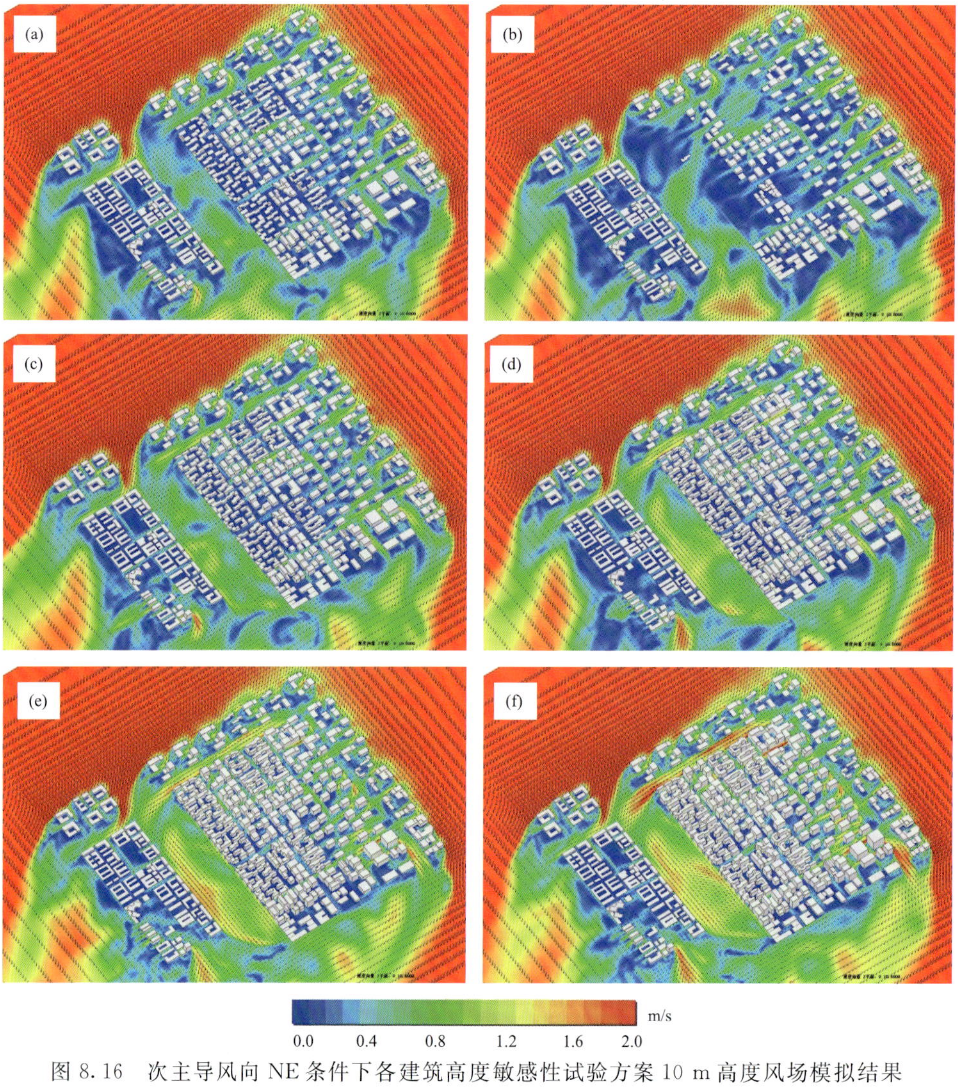

图 8.16　次主导风向 NE 条件下各建筑高度敏感性试验方案 10 m 高度风场模拟结果
（图 a－f 分别为基础方案 a0，建筑高度统一降低 10 m(a－10)和统一升高 10 m(a＋10)、20 m(a＋20)、30 m(a＋30)、40 m(a＋40)方案模拟结果）

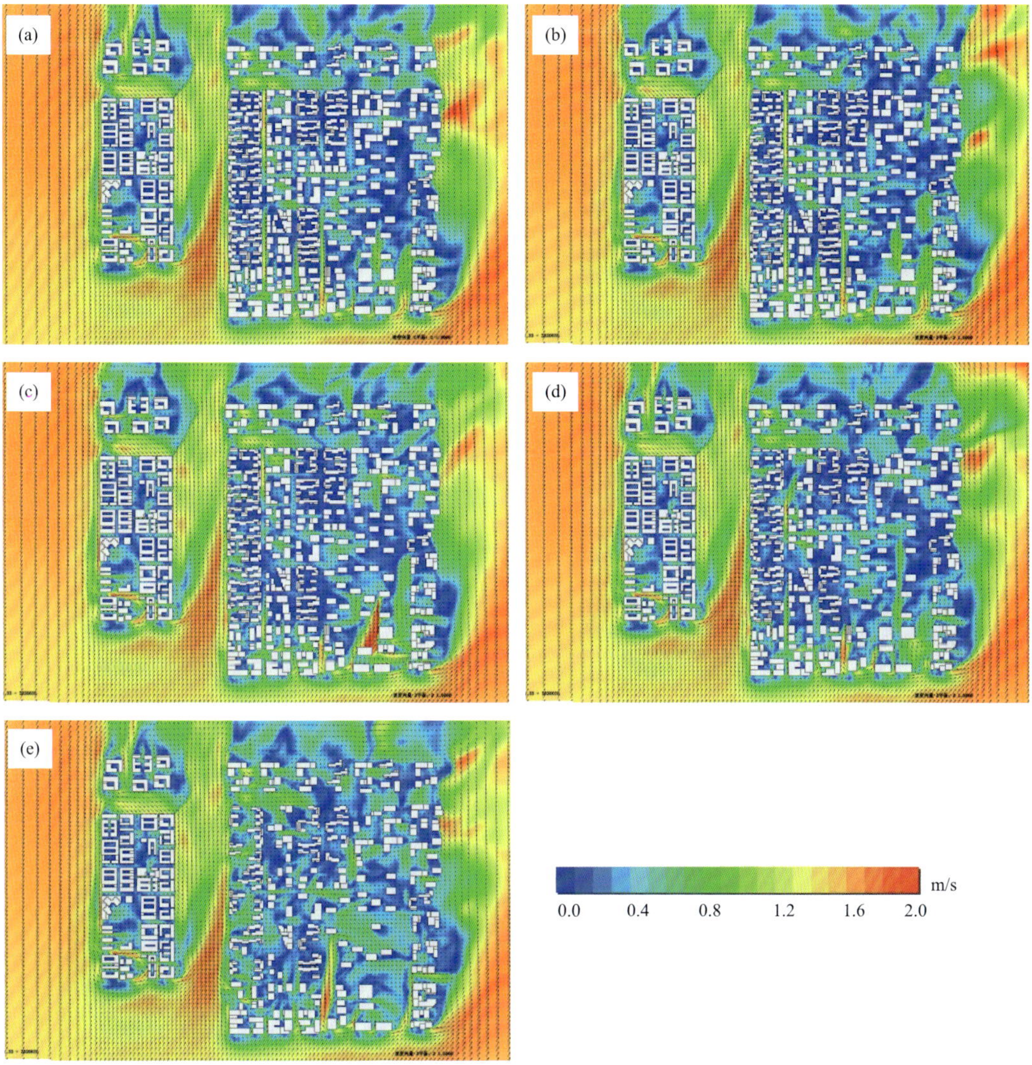

图 8.17　主导风向 SSW 条件下各建筑密度敏感性试验方案 1.5 m 高度风场模拟结果
（图 a—e 分别为基础方案 b0 和建筑密度统一减少 10%(b—10)、20%(b—20)、
30%(b—30)、50%(b—50)方案模拟结果，下同）

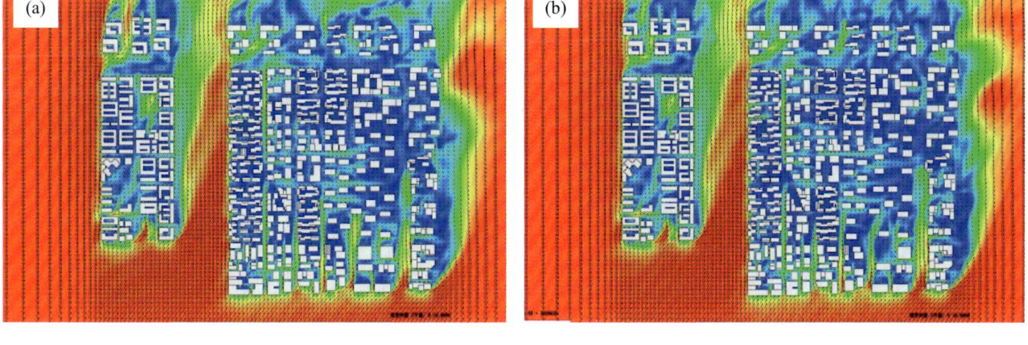

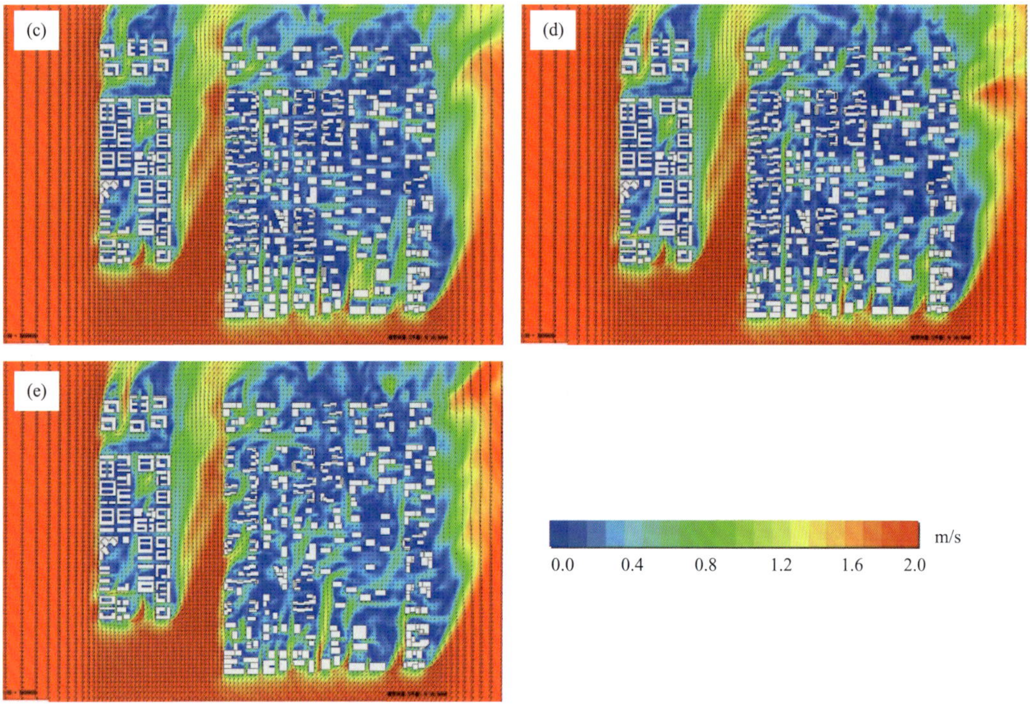

图 8.18 主导风向 SSW 条件下各建筑密度敏感性试验方案 10 m 高度风场模拟结果

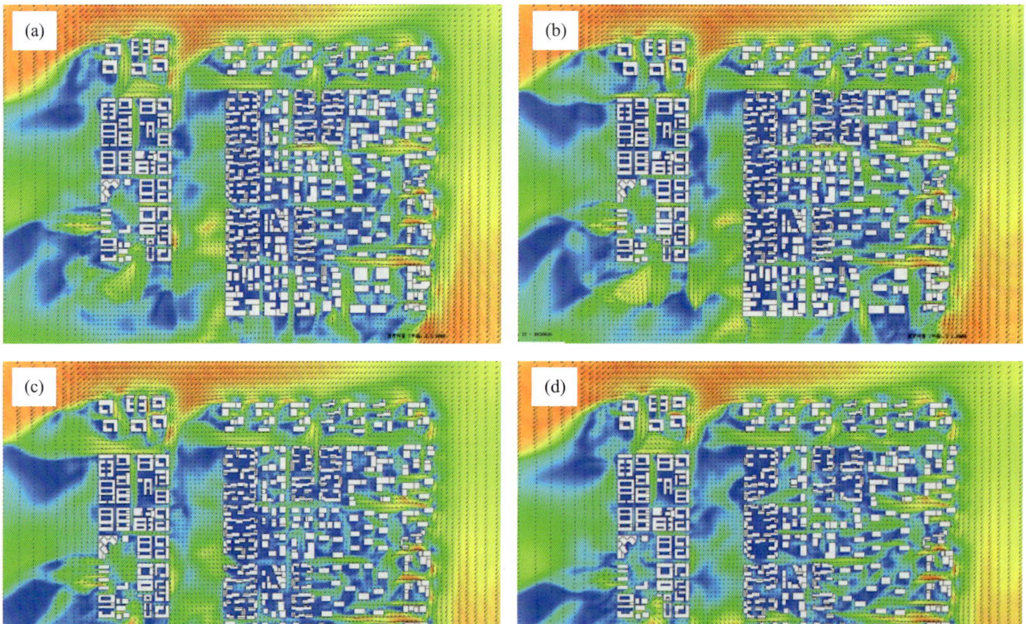

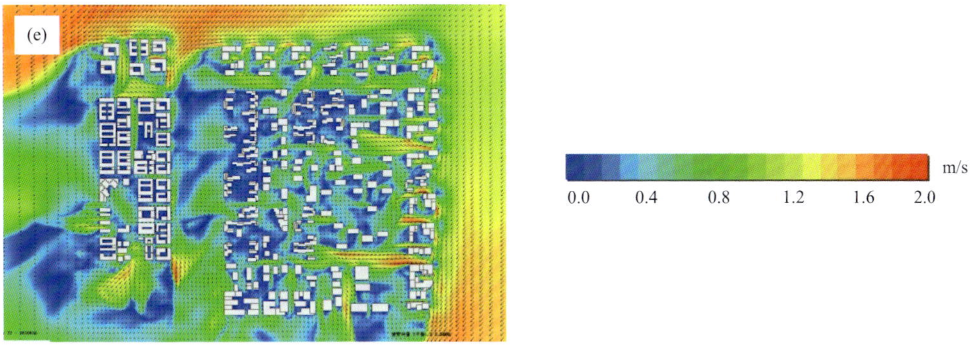

图 8.19　次主导风向 NE 条件下各建筑密度敏感性试验方案 1.5 m 高度风场模拟结果

利用通风指数和小风区面积比指标，对两大主导风向 SSW 和 NE 风向下的不同建筑高度方案风场定量评估表明，随着目标区域内建筑高度的升高，目标区域内通风指数出现减小趋势，小风区面积比有所上升，SSW 风向下该特征更为明显(图 8.20)。目标区域 100 m 以下高度的通风指数，在平均建筑高度不超过 42 m 时显著大于平均建筑高度 52 m 时。目标区域平均建筑高度从 12 m 升高至 22 m 时，通风指数减小幅度最大，小风区面积比增幅最大，通风环境恶化显著。

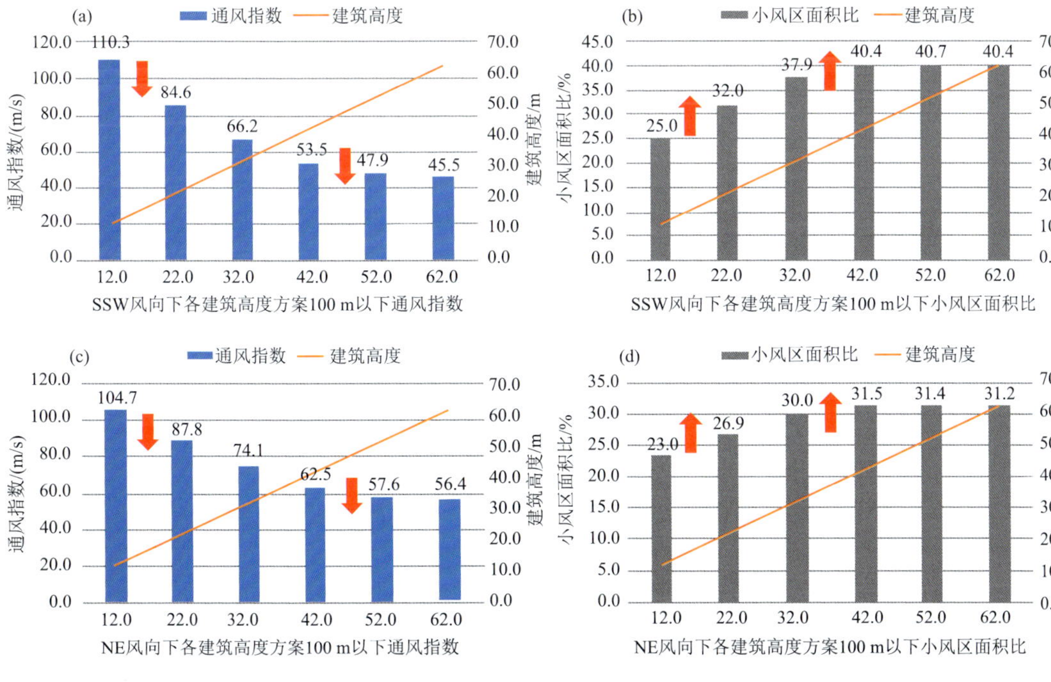

图 8.20　SSW、NE 两大主导风向下各建筑高度方案 100 m 以下通风指数(a,c)和小风区面积比(b,d)定量评估结果

对两大主导风向下的不同建筑密度方案风场的定量评估表明，随着目标区域内建筑密度减小，目标区域内通风指数出现增大趋势，小风区面积比有所下降(图 8.21)。目标区域平均建筑密度在 18.8%以内时，100 m 以下高度通风指数和小风区面积比明显好于密度 21.1%以上。

目标区域平均建筑密度从 16.4%降低至 11.7%，通风指数和小风区面积比改善幅度最大。

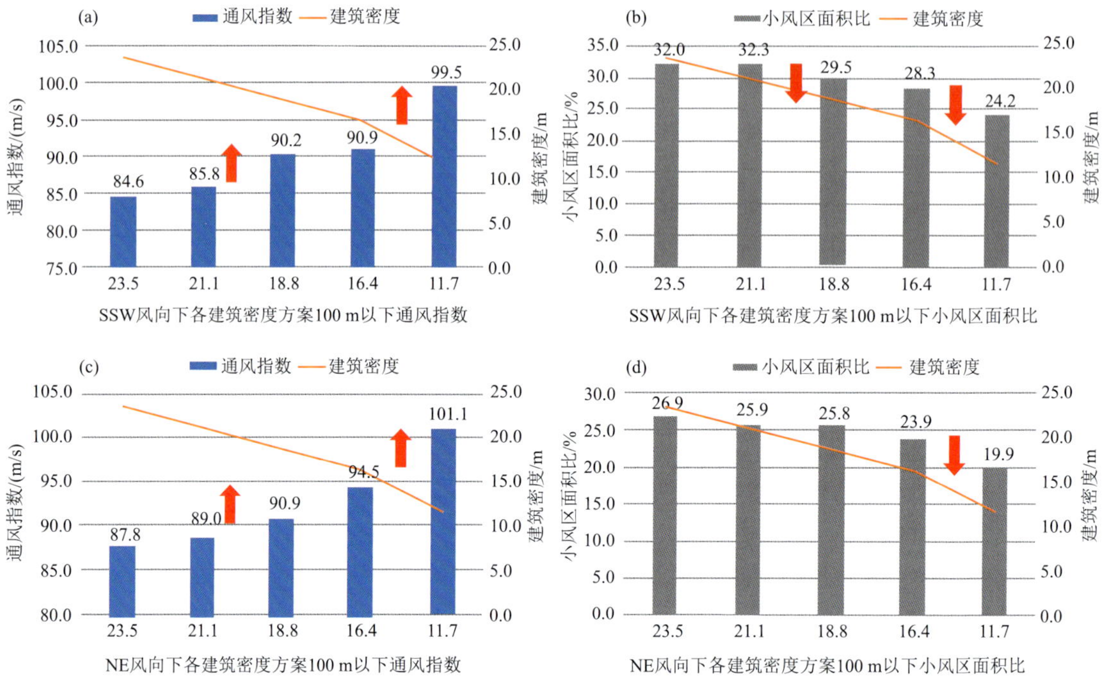

图 8.21 SSW、NE 两大主导风向下各建筑密度方案 100 m 以下通风指数(a,c)和小风区面积比(b,d)量评估结果

(4)模拟小结

针对起步区内建立的理想地块城市设计方案，利用 CFD 流体力学模式，对不同建筑高度和建筑密度情景下的方案开展敏感性试验，评估各方案对风环境的影响，结果表明：

①随着建筑高度升高，区域内风速分布空间差异增大，部分街道风速增大，而建筑背风面和围合区风速却显著减小；

②随着建筑密度减小，整体通风环境有所改善，区域内风速分布更为均匀，整体风速变大，小风速区也有所减少；

③区域内平均建筑高度从 12 m 升高至 22 m，100 m 高度以下风场减小幅度最大，而达到 42 m 后再增加区域内平均建筑高度，对风场的减小程度有所减弱；

④区域内平均建筑密度从 11.7%增大至 16.4%，100 m 高度以下风场减小幅度最大，大于 18.8%后再增大区域平均建筑密度，对风场的减小影响有所减弱。

综合建筑空间形态风效模拟结果，雄安新区一般地块建筑高度控制在 45 m 以内，通风敏感地块平均建筑高度宜控制在 20 m 以内；一般地块建筑密度控制在 20%以内，通风敏感地块建筑密度控制在 15%以内为佳。

8.1.3 通风廊道构建

(1)构建原则

通过调研国内外城市通风廊道构建原则，并基于上述研究，提出针对雄安新区实际情况的通风廊道构建原则。

①顺应地区主导风向，有效利用软轻风和局地环流

为了使城区内通风与空气运动达到最大化，应使主要通风廊道走向与主导风向的夹角不超过30°；同时应有效利用对通风效果明显的软轻风(0.3～3.3 m/s)主导风向。雄安新区全年主导风向和软轻风主导方向均为西南向，东北风频率也较高，因此确定廊道走向为西南—东北方向，可重点引导偏西南风、东北风贯穿城市集中建设区；此外，考虑水陆风环流，通风廊道宜连接南北生态补偿区，引入南部白洋淀清洁空气，可缓解夏季城市热岛，有利于冬季污染扩散。

②关注小风和高温热岛区域

研究结果显示，通风潜力差的地区和热岛地区主要集中在城市集中建设区，通风廊道应重点贯穿风速小、气温高的区域，提升局地空气流通性，分割城市热岛，改善局地热环境，保持空间的开阔程度以防止热岛加剧和连片发展。

③结合城市生态要素

研究表明，城市水体和大型绿地对周边热环境具有一定程度的降温效应，其中大型水体可使周围100～300 m范围内建筑区温度平均下降1.2～0.4 ℃；0.5 km^2 以上的绿地斑块可使周围100 m范围内的建筑区地表温度下降0.46～0.83 ℃。因此可整合自然山水林田湖草等生态要素，利用生态绿地、河湖水系等具有通风排热功能的天然冷源系统，营造城市通风廊道。利用通风能力较强地块，连接城市绿源，营造合理的城市通风廊道，将冷源的新鲜空气引入北部城区。

④因地制宜，尊重规划格局

通风廊道构建时应充分结合作用空间(起步区)未来建设格局和通风潜力，针对通风环境较好的带状空间进行保护修复，并结合现有开敞空间尺度和走向因地制宜管控廊道各项指标。

⑤依托城市路网及河道

河道和街道地表粗糙度较低、通风能力强、构建成本相对较低，因此可作为城市通风廊道的载体。基于雄安新区风场特征和用地布局规划，可选择适宜的街道和河道；在街道两侧建设紧密型道路绿带，修复、拓宽和保护河道，同时控制通风廊道两旁的建筑高度、密度和布局方式。

(2)通风廊道构建方案

基于上述原则，结合雄安新区北城—中苑—南淀的总体规划格局，提出区域性总体通风廊道系统方案：在雄安新区范围内构建6条一级通风廊道，提升整体通风环境，分割城市热岛防止未来热岛连片发展；针对城市区域构建17条二级通风廊道提升城市内部空气流通，促进城淀之间气流微循环，缓解城市内部热岛(图8.22)。

起步区通风廊道构建方案：结合雄安新区控制性详细规划和城市设计方案，在区域总体通风廊道构建基础上，划定不同层级的城市通风廊道，注重连通淀区、中苑等生态补偿空间与起步区城市作用空间，促进气流微循环，加速局地空气流通，改善城市通风环境(图8.23)。

(3)通风廊道系统控制指引

通过调研国内外城市通风廊道已开展的相关研究文献，以及走访国内城市规划部门，发现目前关于城市通风廊道的规划主要从廊道宽度、长度、走向等角度对廊道设计提出相关控制条件。根据城市规模和布局，城市主通风廊道的规划宽度一般不低于100 m，局地通风廊道宽度不低于30 m；在廊道长度方面，最少能够达到500 m；在廊道走向方面，应尽量与主导风向平行，夹角不宜过大；另外，在廊道构建中，相关城市对廊道内障碍物及建设用地比例有规定条件，如表8.2所示。

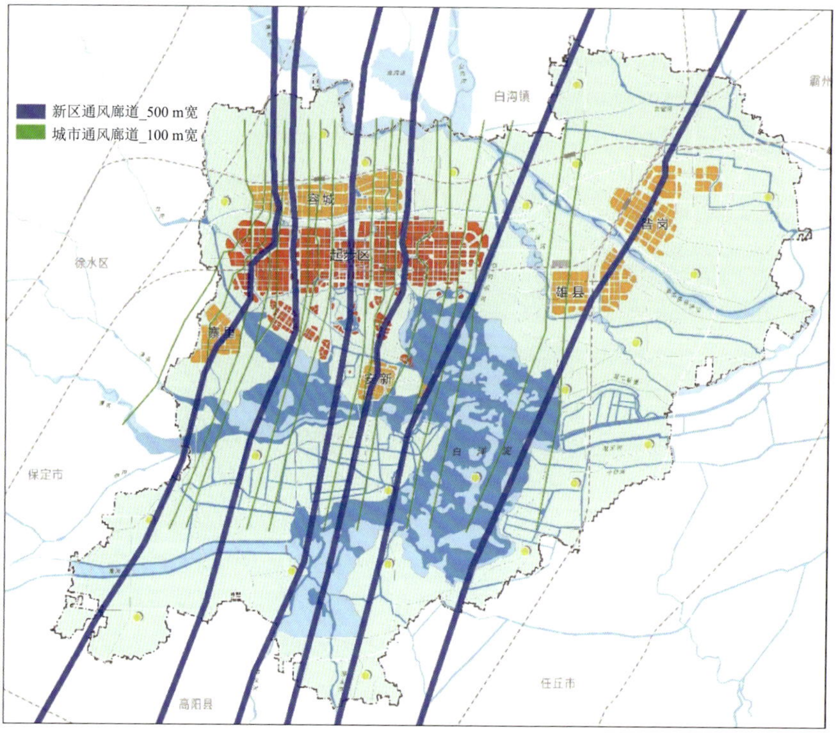

图 8.22 雄安新区通风廊道系统规划示意图

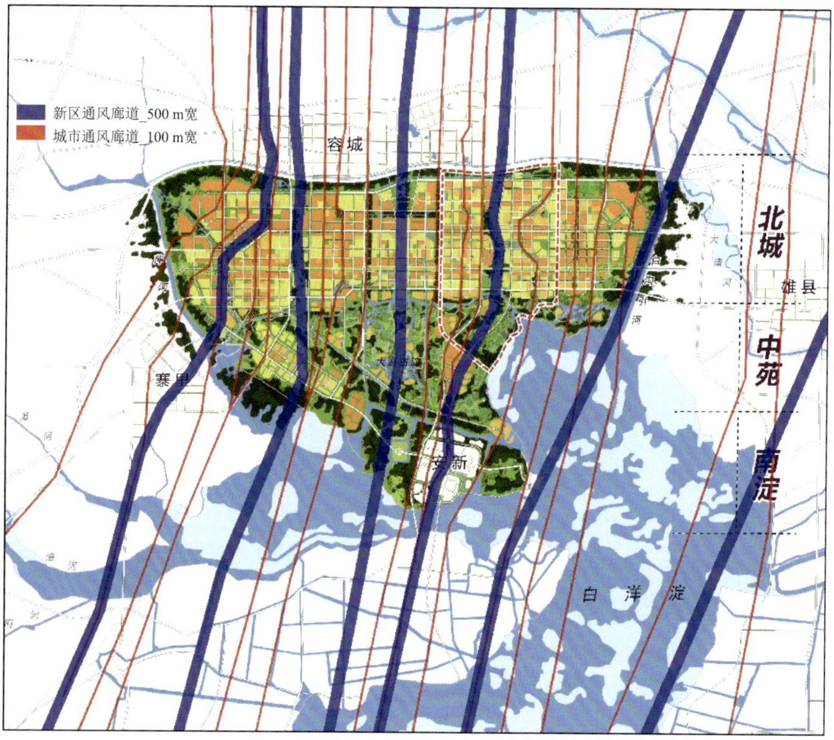

图 8.23 雄安新区起步区通风廊道构建示意图

表 8.2 国内外通风廊道管控指标总结

廊道类型	廊道宽度	廊道长度	廊道走向	其他
一级通风廊道	广州：≥150 m； 西安：≥200 m； 武汉：≥300 m； 成都：≥500 m； 济南：≥500 m； 贵阳：≥100 m； 南京江北：≥200 m； 绍兴：≥200 m	斯图加特：≥500 m 西安：≥500 m 成都：≥1000 m 南京江北：≥1000 m	广州、成都：与主导风向夹角≤45°； 南京江北：与主导风向夹角≤30°； 绍兴：一级与主导风向夹角≤30°、二级与主导风向夹角≤45°	斯图加特、西安：通道中障碍物垂直于气流方向的宽度小于或等于通道总宽度的10%； 广州、绍兴：主廊道内建设用地比例≤20%；次廊道内建设用地比例≤25%
二级通风廊道	广州：≥80 m； 西安：≥30 m； 武汉：≥100 m； 成都：≥50 m； 济南：≥80 m； 贵阳：≥50 m ； 绍兴：≥60 m； 南京江北：≥60 m； 斯图加特：≥30 m			

表 8.3 给出了北京中心城通风廊道管控指标，可见北京主通风廊道贯通中心城或延伸至中心城内部，宽度大于 500 m，二级廊道宽度 80～500 m，连接主通风廊道与城市核心地区。而北京通州区通风廊道规划中，廊道方向与地区主导风向平行，兼顾软轻风主导风向，廊道与主导风向夹角尽量保持在 30°以内，北京东部及毗邻的河北廊坊北三县区域通风廊道的宽度一般不小于1000 m，相同方向长度在 5000 m 以上；通州城市通风廊道的宽度应不小于 100 m，相同方向长度 1000 m 以上为宜；廊道内切向障碍物宽度小于廊道总宽度的 10%。

表 8.3 北京中心城通风廊道管控指标（引自《北京中心城区通风廊道研究报告》）

廊道类型	作用区域	关注对象	廊道宽度及长度
一级通风廊道	中心城区	①较高风频、生态价值较高的风； ②连接郊外或城区内部大型绿源并贯穿城区内部	贯通中心城或延伸至中心城内部，宽度大于 500 m，长度较长；廊道走向与主导风向近似平行或两者夹角较小
二级通风廊道	局部区域	①中等风频，生态价值较高的风； ②较高风频，生态价值中等的风； ③接主廊道与城市核心地区	宽度 80～500 m，长度中等；廊道走向应与局地软轻风主导风向平行，或两者之间夹角较小

雄安新区通风廊道系统控制指引：根据雄安新区规划方案中通风潜力较高的带状区域分布尺度，以及雄安新区特别是起步区水系、路网的规划位置、宽度等，并结合国内外通风廊道构建的规律分析，提出雄安新区通风廊道系统控制指引（表 8.4）。通风廊道应尽可能贯通通风潜力较大的区域，一级通风廊道的设计应尽可能与城市主导风向平行或近似平行，并充分利用面积较大、生态环境较好的绿地、河流等绿源。二级廊道的设置应起到辅助和延展一级通风廊道通风效能以及沟通、连接局地绿源和风环境较差区域的功能，宽度和长度设置应结合中心城

区内部的冷源分布和现实构建条件，从而形成最终的“风廊网络”。

表 8.4　雄安新区通风廊道系统控制指引

廊道级别	廊道条数	作用区域	作用对象	廊道宽度、长度指标
雄安新区通风廊道（一级廊道）	6 条	雄安新区	①风频较高、生态价值较高的风通过雄安新区，提升整体通风性；②连接大型绿源和城市建设区	贯通整个雄安新区；宽 500 m 以上；长 10 km以上；西南—东北走向；廊道内障碍物垂直于廊道方向的宽度尽量小于廊道宽度的 10%；廊道内为绿地、水体或开放空间
城市通风廊道（二级廊道）	17 条	起步区及周边城市集中区	①风频较高、生态价值较高的风通过城市集中建设区；②连接绿源和城市集中建设区，局地环流进入城市集中建设区；③与一级廊道互为补充，提升城市集中建设区内部整体通风性	贯穿起步区及周边城市集中建设区；宽 100 m 以上；长 2.0 km 以上；西南—东北或南—北走向；廊道内为绿地、水体、开放空间或低矮稀疏建设用地

8.1.4　建筑空间形态设计通风环境优化解决方案

综合利用气候观测资料、气象数值模拟、卫星遥感和地理信息技术等，开展雄安新区通风廊道构建和气象模拟评估，提出建筑空间形态设计通风环境优化解决方案。

8.1.4.1　雄安新区城市总体形态与通风廊道相适应

（1）指引原则

①全年以及四季的主导风向均为东北—西南走向。

②近年来夏季热岛强度有一定增强趋势，但仍处于零星分布状态，未出现连片蔓延发展，热环境现状较好，白洋淀为主要冷岛区域，对于整个雄安新区有较好的环境改善价值。

③整体通风潜力现状良好，具有大面积通风区域，通风潜力不佳地区主要集中在现有城镇建设用地。

结合北城—中苑—南淀总体规划格局，提出构建 6 条雄安新区通风廊道和 17 条城市通风廊道，形成覆盖雄安新区和起步区范围的通风廊道系统构建方案。

对于总体城市建筑空间形态设计，应注意与城市通风廊道系统配合，保证城市总体空间形态与城市层级的主、次级别通风廊道位置相协调，保证主、次通风廊道间的连通性，合理营造城市总体空间与形态的透风度。

对于靠近白洋淀、起步区南部地区、通风廊道周边地区等重点地区城市建筑空间形态设计，遵循有利于提升地区空气流通性的原则，注意街道走向、开放空间的衔接、建筑排列布局、水体及滨水区、绿地区等设计，并确保城市层级通风廊道能与地区层级的通风廊道相连成网，城市透风度贯穿、延伸至地区层级，避免“断头”廊道。

（2）城市形态总体指引

①宜采用多中心组团结构，区域中心宜采用四周低、中心区稍高的高度控制形态布局。

②城市通风廊道沿线不宜设置高密度、高层建筑与连续、高大的立柱式广告等构筑物。

③城市通风廊道沿线大型住宅区或建筑群宜留出次区域通风廊道，与相邻通风廊道走向

近似平行。

④城市建筑密度大的商业区或居住区宜布局于城市北部，密度小的建筑组团宜布局于南部。

⑤城市中心区路网宜以南北—东西架构为主，西北、东北区宜有西南—东北向道路。

(3)清洁空气源营造与保护

①利用城市河流、水体，增加河道面积，让水体充分发挥气候调节作用。河道两岸应保持一定宽度的林地或绿地，蓝绿交织配合。

②白洋淀(北部)或其他大型水体、绿地周边区域，建筑密度和高度，应按临水体从近到远，由低向高分布，使得水体冷源产生的新鲜冷空气可以进入城市，发挥水体的气候调节作用。

③白洋淀(北部)或其他大型水体、绿地周边区域，防止大量屏风楼宇群，楼宇间保证一定的开口间隔，防止阻碍空气流通。

8.1.4.2　建筑空间形态设计通风环境优化指引

(1)建筑空间形态通风环境影响规律

8.1.4节中利用CFD流体力学模式，模拟研究了不同建筑物高度、密度和建筑布局情景下的小区理想模型对近地面风场的影响，结果表明：

①随着地块内建筑高度增高，对下游近地面风场的影响距离明显增加，建筑高度均为45 m的地块对下游人行高度风速影响距离显著大于建筑高度为18 m和30 m的地块。

②地块建筑物密度为20%的地块风环境和污染扩散条件明显好于建筑密度为40%和60%的地块，地块内建筑物走向与风向平行有利于提升风环境和污染扩散能力。

③建筑布局为行列式、周边式和点式，地块内部风环境效果相对较优，而周边式和行列式的建筑布局方式，对下游地区风环境影响较小。

④建筑区布局呈"迎风口大、背风口小"的喇叭口特征，或适度集中布局，建筑区内部和下游的风环境相对较好。

(2)建筑空间形态控制指引

基于CFD流体力学模拟试验成果，提出有利于通风的雄安新区建筑空间形态设计指引，具体如下：

①地块建筑高度宜控制在45 m以内，靠近白洋淀及起步区南部地区地块建筑高度则以20 m以内为佳。

②地块建筑密度宜保持在20%以内，靠近白洋淀及起步区南部地区地块建筑密度最好低于15%。

③不同区域内的地块建筑布局方式应有所差异，建筑布局不宜形成完全封闭的围合空间，密集建设区内宜采取行列式、周边式和点式的建筑布局方式(图8.24)，通风廊道内部及周边、

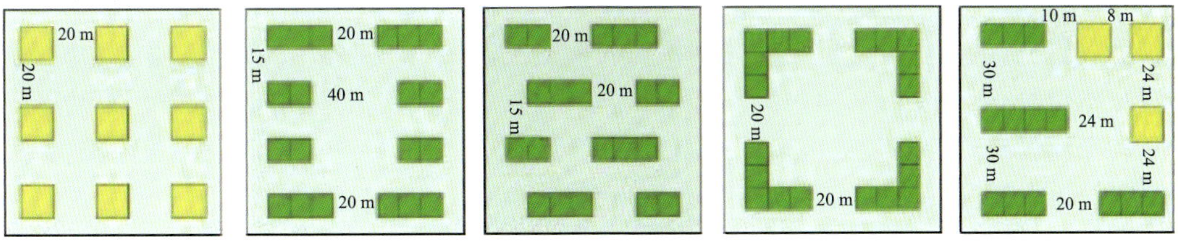

图8.24　五种不同的建筑布局方式示意

靠近白洋淀区及起步区南部城区，采用周边式和行列式的建筑布局方式为佳。

④建筑宜前后、高低错落排放，采取来风方向的高度越低，或外低内高的方式，形成南北向通风路径，避免高度整齐划一的建筑群落。

⑤大型建筑宜减少底层大体量裙房建设，避免阻碍通风。

⑥人流密集的街道采用南北走向，由低到高的退台式建筑形式，避免建筑间形成涡旋区。

⑦兼顾夏季引风、冬春季防风，北部宜结合景观设施引导活动空间的空气流动，防止人形活动区风速过高。可结合植物配置改善建筑场地和建筑风环境。

⑧避免在低洼区域兴建建筑，不可避免时，宜建设低矮、低密度、低容积率建筑，避免影响局地通风效果。

8.1.5 关于雄安新区规划与城市设计建议

(1)实施通风环境营造系统工程

充分借鉴国内外城市通风环境营造先进经验，有效融合城市通风廊道构建与城市建筑形态设计空间结构优化。目前，国内城市或在城市规划层面研究规划通风廊道，或在城市设计层面开展空气流通评估指引，缺乏在两个层面统筹考虑通风环境营造。建议雄安新区充分借鉴国内外先进经验，充分考虑项目成果，在国内率先融合城市通风廊道规划与城市设计空间结构优化，实施通风环境营造系统工程，打造“会呼吸的雄安新区”，为国内外城市树立“通风样板”。

(2)落实通风廊道构建方案

建议雄安新区结合生态廊道体系，落实通风廊道构建方案，有效保护、合理利用有利于局地气候的土地。利用通风廊道构建研究成果，落实多级别城市通风廊道系统构建方案，完善新区生态廊道体系。对各级廊道内部及周边实施生态保护与修复，充分利用由通风廊道构成的生态空间优化城市空间结构、发挥生态补偿效益、系统性推进山水林田湖草生态环境综合治理。同时，将通风廊道作为一张“底图”，为未来在城市设计和地块开发过程中，判别地块是否位于通风敏感性区域而开展空间结构优化和空气流通评估提供依据。

(3)优化城市空间形态

在雄安新区推行有利于通风环境的城市空间形态设计指引。对于总体城市设计，应注意与通风廊道系统配合，保证城市总体空间形态与各级通风廊道位置相协调，合理营造城市总体空间与形态的透风度；对于重点地区城市设计，应遵循有利于通风的建筑形态设计指引，对地块建筑高度、建筑密度和建筑排列布局方式等具体设计进行指引，从通风环境优化角度提升城市内部空间品质。

(4)开展通风环境监测与评估

实施生态气象环境智慧监测与规划方案气象环境影响动态评估，助力绿色智慧新区建设。建议充分利用云计算、大数据、物联网、移动互联网、人工智能等新一代信息技术，构建覆盖雄安新区远期控制区的生态气象立体监测体系和覆盖起步区的城市微气候智慧监测系统，在新区规划、建设、运行全生命周期内，开展生态气象监测、生态气象信息融合服务与开放共享。同时，对雄安新区规划方案和城市设计方案产生的风环境与热环境进行评估，从提升局地微气候角度，支撑雄安新区规划和城市设计方案优化调整。

8.2 雄安新区生态气象观测技术

8.2.1 雄安新区生态应用气象观测站网络

针对雄安新区林、城、水、田交错分布的下垫面，河北省于 2022 年开始建设雄安新区生态应用气象观测网络，对雄安新区内的典型生态系统（如森林、农田、城市和湿地）开展碳通量及相关生态气象要素监测，获取各典型生态系统与大气之间的物质和能量交换数据，并明确系列生态气象指标算法。观测资料可为服务雄安新区“双碳”目标及可持续发展提供科学依据与数据基础。

雄安新区生态应用气象观测站网络如图 8.25 所示，包括城市生态应用气象梯度站、森林生态应用气象梯度站、湿地生态应用气象观测站和农田生态应用气象观测站。各观测站点以微气象学的涡度相关技术（Eddy Covariance，EC）为主要观测手段，对各典型生态系统与大气之间的 CO_2、CH_4、水汽和能量通量进行长期高频连续监测。同时，还系统地开展了气象要素以及辐射、水质和土壤等要素的综合观测，以揭示各生态系统的结构和功能对气候变化和人为干扰的响应。各站点的具体信息及通量观测仪器如图 8.25 和表 8.5 所示。

图 8.25　雄安新区生态应用气象观测站网络

表 8.5　雄安新区生态应用气象观测站信息

下垫面类型	涡度相关仪器	通量观测高度
城市	IRGASON 一体式水汽二氧化碳通量传感器	50 m
森林	IRGASON 一体式水汽二氧化碳通量传感器	30 m、50 m
湿地	IRGASON 一体式水汽二氧化碳通量传感器； LI-7700 甲烷通量传感器	5 m
农田	IRGASON 一体式水汽二氧化碳通量传感器	4 m

8.2.2 雄安新区生态系统碳通量观测技术

8.2.2.1 碳通量观测基本概念

碳通量是定量评价生态系统和大气之间碳交换能力的重要依据，是明确生态系统碳源碳汇特征及其强度的重要基础。涡度相关法是测量湍流通量最直接的方法，具有观测频率高、时间连续、稳定性好且对观测环境无干扰等优势，在各类生态系统的物质和能量通量观测中均得到了广泛的应用(Baldocchi, 2020)。涡度相关法是对垂直风速和所关注的标量进行高频(如10 Hz)观测，根据这些高频观测的时间序列计算雷诺协方差，从而得到标量通量(李旭辉，2018)。例如，CO_2通量的计算公式(李旭辉，2018)为

$$F_c = \overline{w'\rho'_c} \tag{8.1}$$

式中：F_c 为 CO_2的湍流通量(mg/(m^2 · s))；w'为垂直风速脉动值(m/s)；ρ_c 为 CO_2的密度脉动值(mg/m^3)。基于 EC 观测原理，对于公式中各分量需使用具有较高时间分辨率、响应速度以及高精度的仪器进行观测。各分析仪的采样频率至少为 10 Hz，平均时间通常选为 30 min，以此有效地捕捉大气中不同频率的湍涡交换信息，保证 EC 观测结果的准确性。涡度相关系统仪器组成如图 8.26 所示。

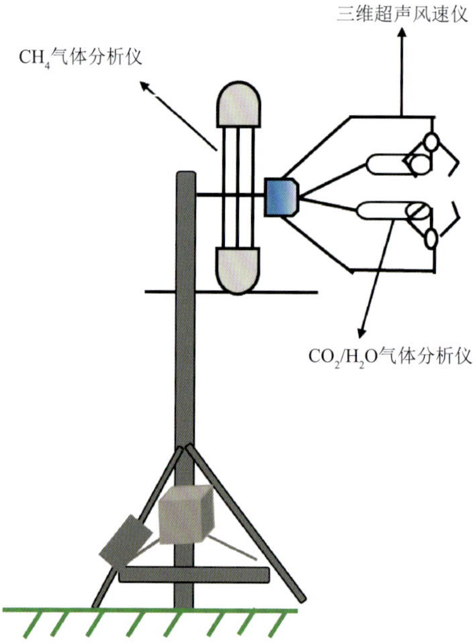

图 8.26 涡度相关系统示意图

8.2.2.2 通量数据处理流程

涡度相关方法应用的前提假设是下垫面平坦均匀、平均垂直速度为 0、观测高度以下不存在源汇项，但是受地形和仪器等要素的限制，上述要求在实际观测中可能无法完全满足。因此，观测数据需进行数据校正与质量控制，以此消除由下垫面非平坦均匀、仪器实际设计与理想状态间的差异等因素对观测产生的影响(Baldocchi, 2020)。

针对涡度相关数据校正和质量控制，技术方案流程如图 8.27 所示：首先，对涡度相关仪器观测的 10 Hz 原始数据进行统计检验，检验的内容包括异常值、振幅分辨率、缺失值、绝对限度、偏度和峰度。其次，对数据进行两次坐标旋转，消除由地形倾斜引起的自然风坐标系与仪器坐标系不一致而产生的误差(Lee et al.，2004)。再次，采用超声虚温校正和空气密度效应校正(WPL 校正)消除由湿度和温度波动变化对通量数据产生的影响(Webb et al.，1980)。然后，考虑温度、压强和水汽波动对分析仪光谱测量的影响，对通量数据进行光谱校正(McDermitt et al.，2011)。最后，基于大气平稳性检验和总体湍流特征检验等质量控制(Mander et al.，2004)，将 30 min 通量数据分为 3 个等级：0(最好)、1(较好)、2(较差)，为了保证数据的准确度和精确度，尽量使用 EC 质量等级为 0 和 1 的通量数据进行后续分析。

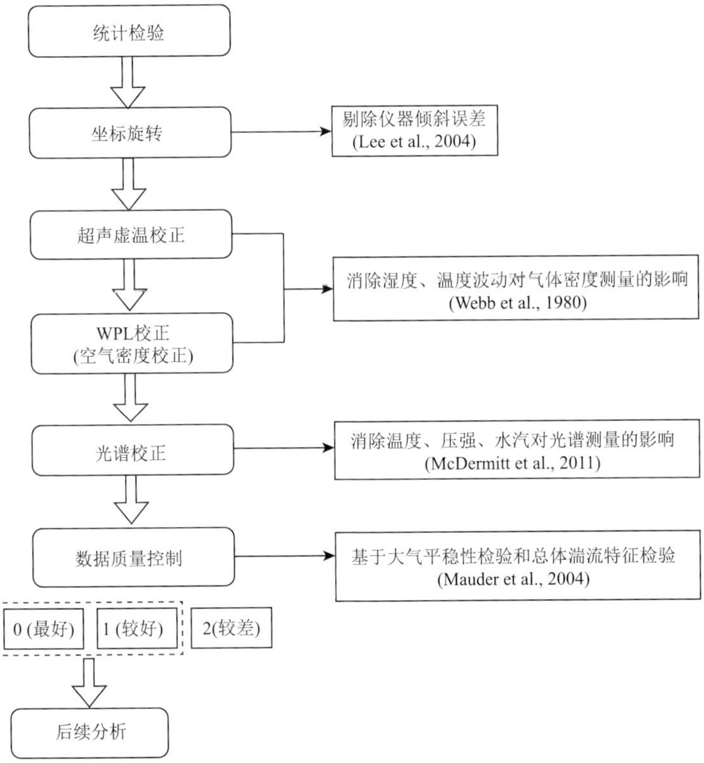

图 8.27　涡度相关通量数据校正流程

以 WPL 校正为例，图 8.28 展示了雄安新区各站点节选的冬季部分 CO_2 通量观测数据经 WPL 校正前后的日变化情况。由图 8.28 可知，WPL 校正前后的 CO_2 通量数据在日变化趋势、日变化幅度等方面存在明显差异。例如，对于森林生态系统，未经 WPL 校正的 CO_2 通量呈现出白天汇、夜间弱源的日变化特征；然而，校正后的 CO_2 通量则全天表现为 CO_2 排放源，且白天排放强度显著高于夜间。类似的现象也出现在湿地以及农田生态系统中。此外，就节选的部分通量数据而言，各生态系统 WPL 校正前后的 CO_2 源汇特征也存在明显差异。例如，农田和湿地生态系统在 WPL 校正前均表现为碳汇(农田：-0.029 mg/(m^2 · s)；湿地：-0.022 mg/(m^2 · s))，但 WPL 校正后表现为碳源(农田：0.008 mg/(m^2 · s)；湿地：0.003 mg/(m^2 · s))，并且数值相差 1 个量级。以上分析表明，WPL 校正对 CO_2 通量的计算结果有显著影响，且影响程度与生态系统类型有关。因此，在通量数据应用过程中，应首先结合各站点仪器安装条件以及生态系统特点，选取适用的数据处理方法对观测数据进行校正，以此保证观测结果的准确性和分析结论的可靠性。

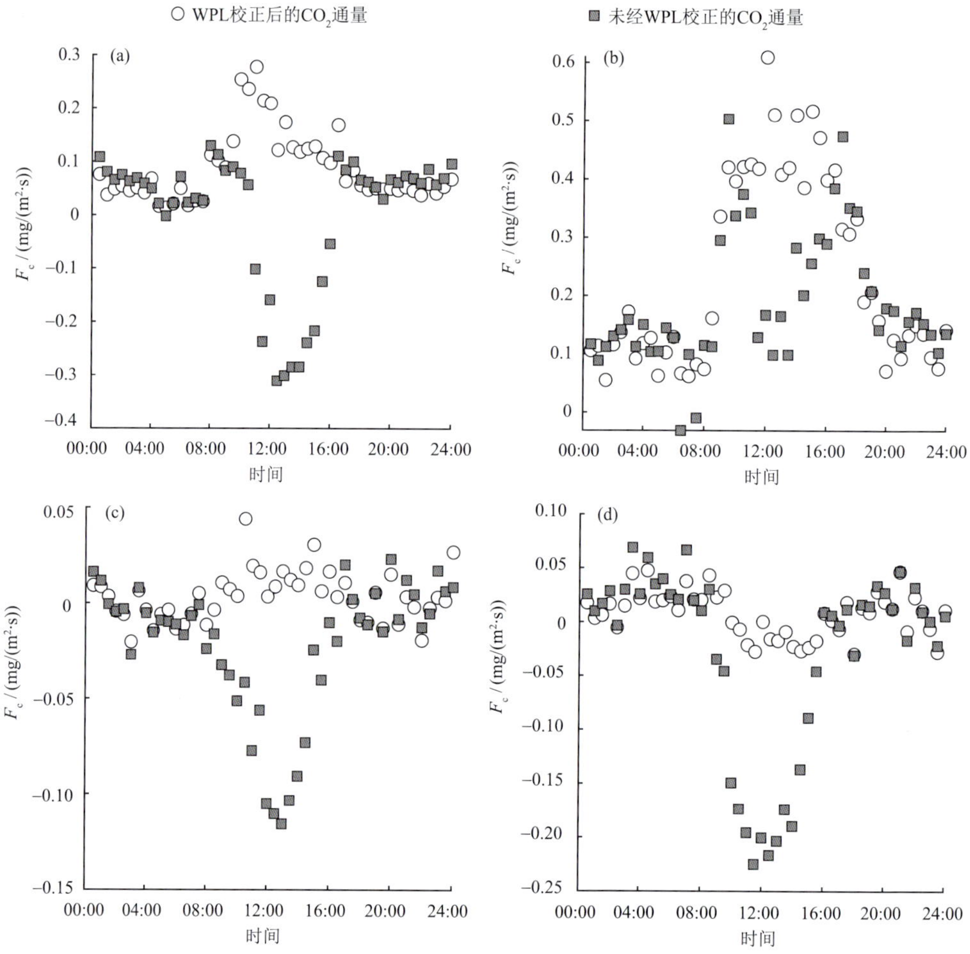

图 8.28　WPL 校正前后 CO_2 通量(F_c)的日变化特征

(a. 森林站点；b. 城市站点；c. 湿地站点；d. 农田站点)

8.2.3　雄安新区生态气象评价方法

8.2.3.1　生态气象指标的建立方法

生态气象指标，是指在生态气象监测过程中选定的能够反映和指示生态系统状况的特征量，由大气、生物、土壤和水以及相关灾害等五类特征量组成，包括地面观测方法获取的直接观测值或调查值，以及对直接观测值或调查值加工处理后的计算值。

为充分发挥气象在雄安新区生态环境治理和保护、绿色低碳发展中的服务保障作用，围绕打造优美自然生态环境、建设绿色低碳之城的要求，依托雄安新区生态应用气象观测网络，基于各站点气象、水质、土壤监测以及涡度相关技术支撑下的碳通量监测数据，开发了适用于森林、城市、湿地和农田的一系列生态气象指标算法。

(1)净生态系统生产力(Net Ecosystem Productivity, NEP)

①定义:一般指植物光合作用所固定的光合产物中,扣除植物自身的呼吸消耗和异养生物的呼吸消耗所剩余的部分。

②观测仪器:CO_2/ H_2O 气体分析仪和三维超声风速仪。

③计算方法

通常条件下,在通量观测塔所观测到的 CO_2 通量相当于净生态系统碳交换量(NEE,Net Ecosystem Exchange),正值代表 CO_2 向上输送由地面释放进入大气,负值则代表大气 CO_2 向下输送进入生态系统。在没有人为干扰的条件下,NEE 与 NEP 数值相同,但是符号相反。如果是在森林和城市进行观测,还需考虑储存项的影响,即

$$\mathrm{NEE} = F_{\mathrm{c}} + F_{\mathrm{storage}} \tag{8.2}$$

④适用生态系统:森林、农田和湿地。

(2)年总初级生产力(Gross Primary Productivity, GPP)

①定义:单位时间内生物(主要是指绿色植物)通过光合作用途径所固定的光合产物量或有机碳总量。

②观测仪器:CO_2/ H_2O 气体分析仪、三维超声风速仪和小气候观测系统。

③计算方法

总初级生产力(GPP)可分解为生态系统呼吸(R_{es})与净生态系统生产力(NEP),即

$$\mathrm{GPP} = R_{\mathrm{es}} + \mathrm{NEP} \tag{8.3}$$

式中:NEP 可由涡度相关系统直接观测的 NEE 而得到;对于生态系统呼吸(R_{es}),夜间为涡度相关系统观测的 NEE,白天的 R_{es} 可利用与温度之间的关系进行推算,计算公式如下:

$$R_{\mathrm{es}} = a\mathrm{e}^{bT} \tag{8.4}$$

式中:a 和 b 为拟合系数;T 为土壤或水体表层温度,具体选择依生态系统观测条件而定。在计算过程中,首先通过夜间观测数据拟合得到系数 a 和 b;之后将方程用于白天,基于白天的温度观测数据,计算白天生态系统呼吸值。再进一步结合 NEP 观测数据,最终计算 GPP。

④适用生态系统:森林、湿地和农田。

(3)蒸散量(Evapotranspiration,ET)

①定义:指下垫面整体向大气输送的水汽通量。

②观测仪器:CO_2/ H_2O 气体分析仪和三维超声风速仪。

③计算方法

$$\mathrm{LE} = \lambda \overline{w'\rho'_{\mathrm{v}}} \tag{8.5}$$

式中:λ 为水汽的相变潜热(J/g);w' 为垂直风速的脉动量,由三维超声风速仪观测提供;ρ'_{v} 为 H_2O 质量密度的脉动量,由 CO_2/H_2O 气体分析仪观测;LE 表示潜热通量,可作为实际蒸散量的代表。需注意,在森林和城市还需考虑储存的潜热项。

④适用生态系统:森林、湿地、农田和城市。

(4)水分利用效率(Water Use Efficiency, WUE)

①定义:指光合作用同化的 CO_2 量与蒸腾作用散失的水量之比。

②观测仪器:CO_2/ H_2O 气体分析仪和三维超声风速仪。

③计算方法

$$\mathrm{WUE} = \frac{\mathrm{GPP}}{\mathrm{ET}} \tag{8.6}$$

关于 GPP 的计算方法已在式(8.3)进行了详细的描述,ET 可根据与 LE 之间的比例关系进行求解,利用二者之比即可计算水分利用效率,该公式既考虑了植物群落蒸腾利用效率的生理生态过程的影响,也纳入了土壤蒸发与蒸腾相对比例的生物、物理过程的影响。

④适用生态系统:森林、农田。

(5)降水利用效率(Precipitation Use Efficiency,PUE)

①定义:指生态系统净初级生产力与年降水量的比值。

②观测仪器:CO_2/ H_2O 气体分析仪和三维超声风速仪。

③计算方法

$$\mathrm{PUE} = \frac{\mathrm{NPP}}{\mathrm{PPT}} \tag{8.7}$$

式中:NPP(Net Primary Production)为生态系统净初级生产力;PPT 为年降水量。在基于地面观测数据的研究中,研究者普遍采用植被地上净初级生产力(Aboveground Net Primary Production, ANPP)代替 NPP 计算 PUE,其中所隐含的假设为 ANPP 与 NPP 之间存在固定比例关系。

④适用生态系统:森林、农田。

(6)全球增温潜势(Global Warming Potential, GWP)

①定义:GWP 指在一定时期内(通常为 20 年或 100 年),排放到大气中的 1 kg 温室气体的辐射强迫与 1 kg CO_2 的辐射强迫的比值。

②观测仪器: CO_2/ H_2O 气体分析仪、CH_4气体分析仪、三维超声风速仪。

③计算方法

以百年尺度 CO_2 和 CH_4 气体所引起的 GWP 为例,计算公式为

$$\mathrm{GWP} = 1 \times \mathrm{CO_2} + 28 \times \mathrm{CH_4} \tag{8.8}$$

式中:CO_2 和 CH_4 通常使用年排放量,其中 CO_2 年排放量由 CO_2/H_2O 红外气体分析仪和三维超声风速仪所组成的涡度相关系统获取,CH_4 年排放量由开路式 CH_4 气体分析仪和三维超声风速仪所组成的涡度相关系统观测。

④适用生态系统:城市、森林、农田、湿地。

8.2.3.2 生态气象指标应用案例分析

以下案例分析数据观测时间为 2022 年 10 月—2023 年 5 月。

(1)雄安新区农田生态系统观测站生态气象指标分析结果

NEP:基于 EC 观测的半小时尺度 NEE 数据,计算观测期间农田生态系统各月的净初级生产力 NEP 以及累计碳吸收,如图 8.29 所示。研究结果表明,12 月—次年 2 月 NEP 整体较低,受较低温度的影响,农田生态系统在该时间段内表现为大气的弱汇或弱源,其中 2 月 NEP 数值仅为−0.9 g C/(m^2 · 月);但随着气温升高,农田生态系统的 NEP 逐渐升高,累计碳吸收也随之增加,5 月达到 NEP 最高值,为 119.8 g C/(m^2 · 月);整体而言,观测期间 NEP 均值为 47.3 g C/(m^2 · 月),累积碳量为 283.7 g C/m^2,农田生态系统表现为碳汇。

GPP:观测期间,农田生态系统月尺度的 GPP 存在显著性差异(图 8.30)。整体 GPP 呈逐渐上升的趋势。12 月—次年 4 月,GPP 逐月增大,其中 12 月最低,GPP 仅为 30.2 g C/(m^2 · 月);

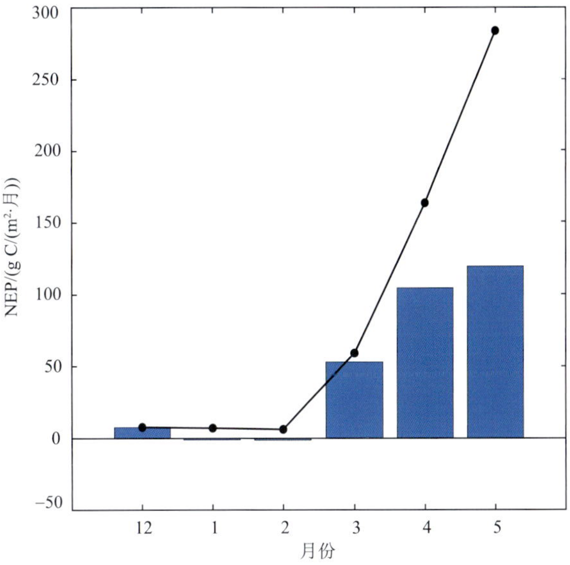

图 8.29　农田生态系统观测期间月尺度 NEP 与累计碳吸收的变化

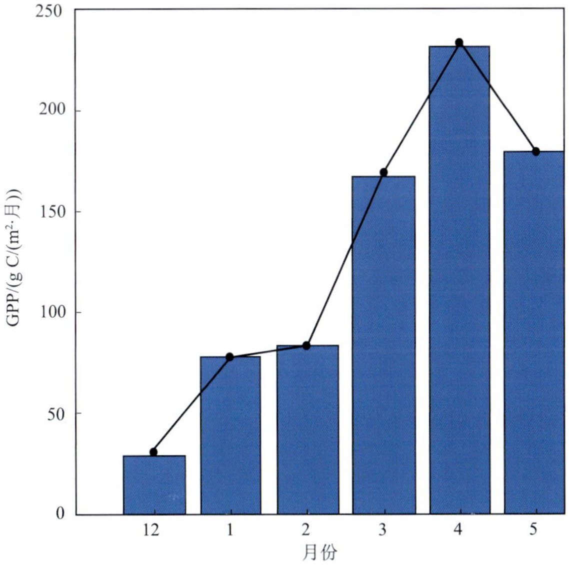

图 8.30　农田生态系统观测期间月尺度 GPP 的变化

4 月 GPP 达到极值 233.8 g C/(m^2·月)。

WUE:观测期间,农田生态系统月尺度的 WUE 无明显变化规律(图 8.31)。12 月—次年 2 月 WUE 较高,其中 1 月达到峰值,为 14.2 g C/kg H_2O;3—5 月较低,在 4 月最低,为 3.03 g C/kg H_2O。

(2)雄安新区森林生态系统观测站生态气象指标分析结果

NEP:基于 EC 观测的半小时尺度 NEE 数据,计算森林生态系统观测期间月尺度的净初级生产力 NEP 和累计碳吸收。研究结果表明,在森林生态系统中,NEP 在 1—5 月由负值向

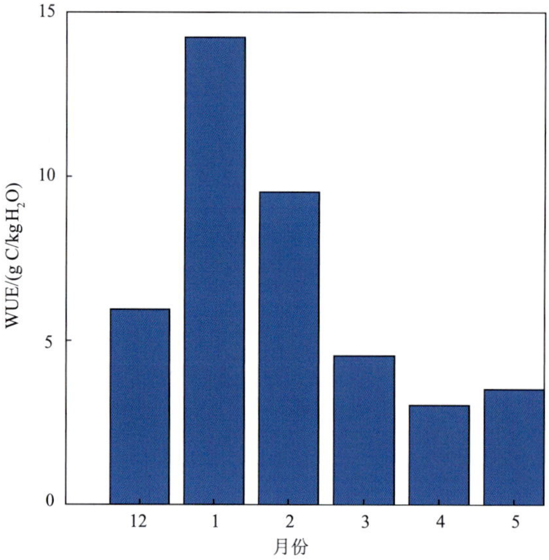

图 8.31　农田生态系统观测期间月尺度 WUE 的变化

正值转变(图 8.32)。1—4 月 NEP 变化范围为－58.24～－4.72 g C/m²,表现为 CO_2 的源;5 月 NEP 为 104.98 g C/m²,表现为 CO_2 的汇;截至观测时间内,森林生态系统累计碳吸收呈先降低后增加的趋势,1—5 月累计碳吸收值为 62.19 g C/m²。

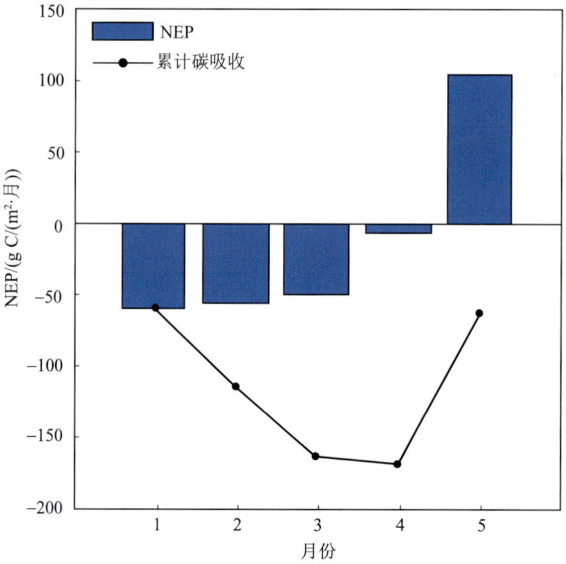

图 8.32　森林生态系统观测期间月尺度 NEP 与累计碳吸收的变化

GPP:该森林生态系统观测期间月尺度 GPP 差异较大(图 8.33)。GPP 整体呈上升趋势,变化范围为 7.75～233.16 g C/m²,1 月最小,5 月最大。

WUE:森林生态系统观测期间 WUE 的月际变化特征如图 8.34 所示,2 月 WUE 最小,为 1.54 g C/kg H_2O,3 月 WUE 最大,为 2.58 g C/kg H_2O。

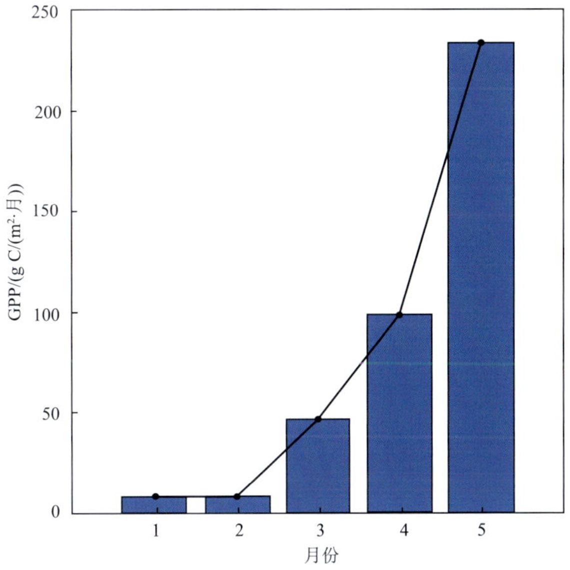

图 8.33　森林生态系统观测期间月尺度 GPP 的变化

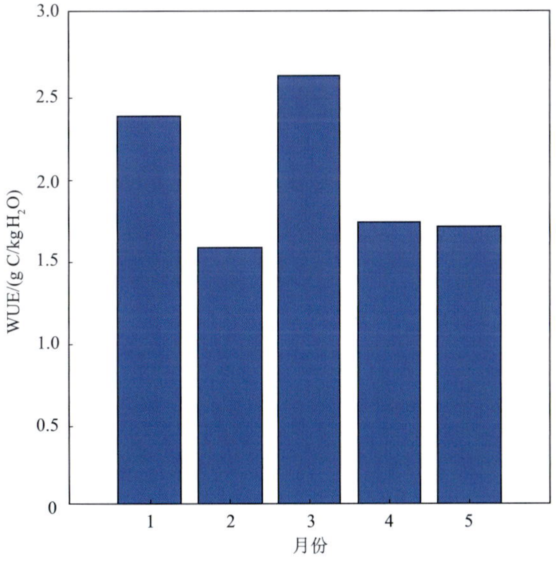

图 8.34　森林生态系统观测期间月尺度 WUE 的变化

(3)雄安新区城市生态系统观测站生态气象指标分析结果

NEP：基于 EC 观测的半小时尺度 NEE 数据，计算城市生态系统观测期间月尺度的净初级生产力 NEP 和累计碳吸收。研究结果表明，在城市生态系统中，NEP 在 1—5 月均为负值，无累计碳吸收；NEP 的变化范围为－183.64～－138.30 g C/m^2，表现为 CO_2 的源；观测期间，该城市生态系统累计碳排放逐渐增加，1—5 月累计碳排放值为 758.92 g C/m^2(图 8.35)。

(4)雄安新区湿地生态系统观测站生态气象指标分析结果

NEP：基于 EC 观测的半小时尺度 NEE 数据，计算观测期间各月的净初级生产力 NEP 和

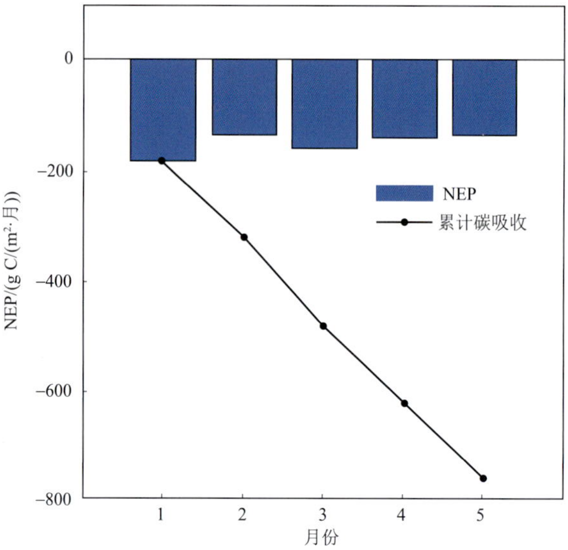

图 8.35　城市生态系统观测期间月尺度 NEP 与累计碳吸收的变化

累计碳吸收。研究结果表明，NEP 由负值向正值转变，累计碳吸收由降低转变为增加（图 8.36）。12 月—次年 3 月均值为 −5.5 g C/(m^2·月)，为碳源，12 月 NEP 最低，为 −17.2 g C/(m^2·月)。4—5 月 NEP 均为正值，为碳汇，表示生态系统通过光合作用从大气中吸收 CO_2 用于植被生长，进行碳固定，5 月 NEP 最大，为 80.9 g C/(m^2·月)，4 月较小为 35.3 g/(m^2·月)。累计碳吸收呈先降低后增加的变化趋势。观测期间碳汇最大值出现在 5 月，为 94.1 g C/m^2；碳源最大值出现在 12 月，为 17.2 g C/m^2。

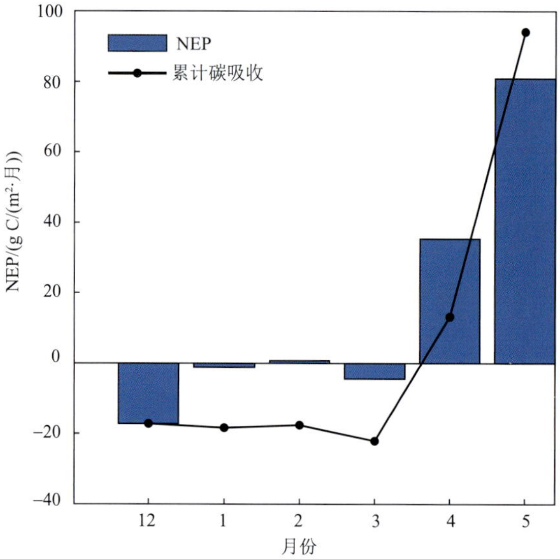

图 8.36　湿地生态系统观测期间月尺度 NEP 与累计碳吸收的变化

GPP:该湿地生态系统各月 GPP 存在明显差异(图 8.37)。观测期间随着气温升高,GPP 呈逐渐上升的趋势,其中 12 月 GPP 最低,仅为 19.9 g C/(m^2 · 月);5 月 GPP 达到观测期间最大值,为 173.5 g C/(m^2 · 月),说明植被光合作用较为强烈。

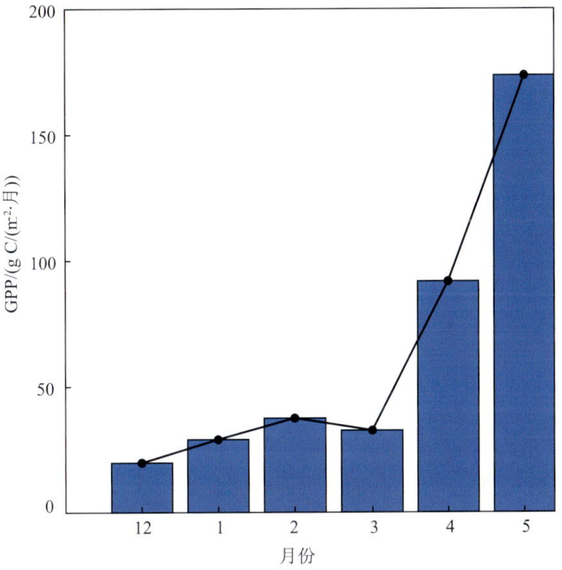

图 8.37 湿地生态系统观测期间月尺度 GPP 的变化

WUE:湿地生态系统月尺度 WUE 存在复杂的月际变化特征(图 8.38)。12 月—次年 2 月 WUE 较高,其中 1 月达到峰值,为 3.31 g C/kg H_2O;3—5 月较低,但呈现逐渐增加的趋势,在 5 月最大,为 0.97 g C/kg H_2O。

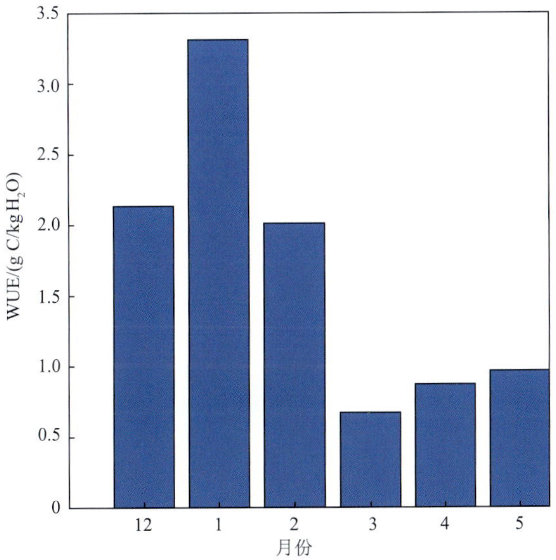

图 8.38 湿地生态系统观测期间月尺度 WUE 的变化

8.3 白洋淀湿地生态遥感监测

8.3.1 白洋淀湿地水体监测评估

利用遥感影像，对淀区内水体面积及水生植物等进行快速监测，为白洋淀的生态保护、修复和科学补水工作提供技术支撑。

8.3.1.1 近60年来白洋淀湿地水体面积变化显著

基于现有的极轨卫星遥感资料接收处理系统，使用资源卫星、高分卫星资料搜集并整理以白洋淀湿地为中心的雄安新区20世纪60年代—21世纪10年代及近期的高分辨率卫星数据（图8.39），以此为基础开展白洋淀湿地区域水体面积变化的动态监测。近60年来白洋淀水体面积变化很大，20世纪50—70年代白洋淀及周边区域降水偏多致白洋淀水体扩大，导致水患严重内涝，80年代一度干涸，均给白洋淀及其周围和下游地区造成较大影响（图8.40）。

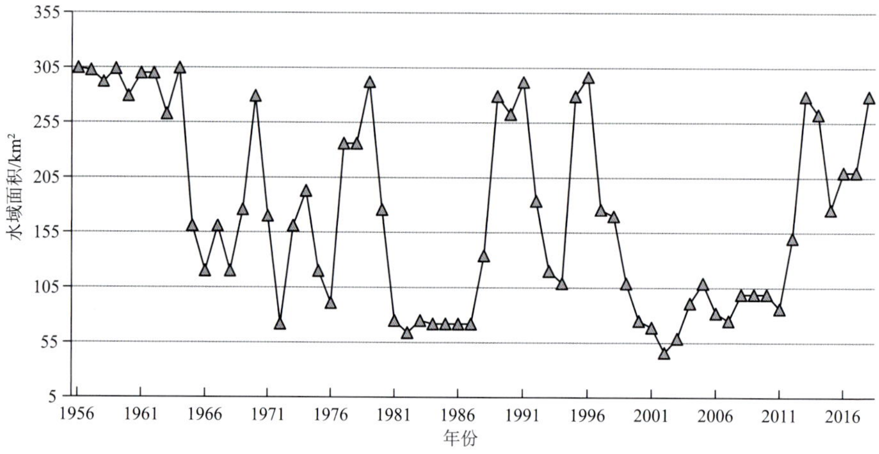

图8.39 1956—2018年白洋淀湿地最大水域面积

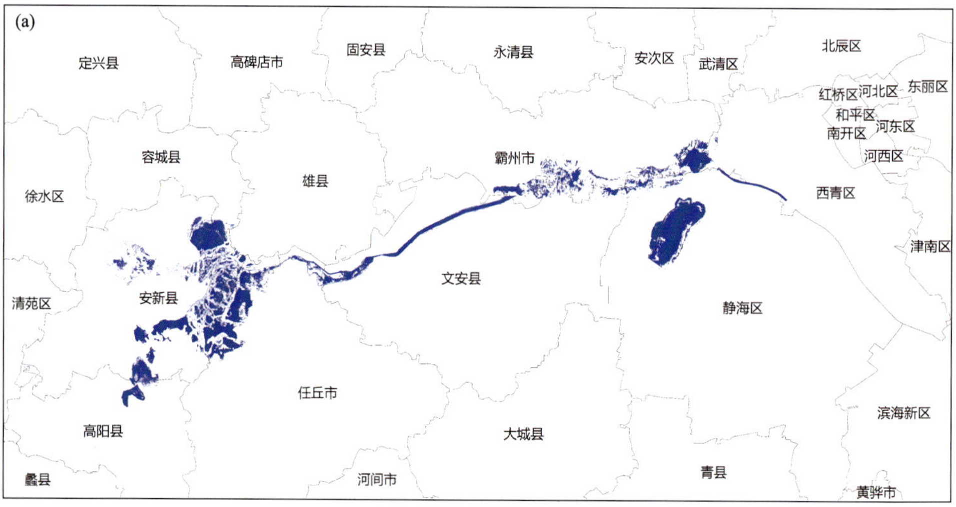

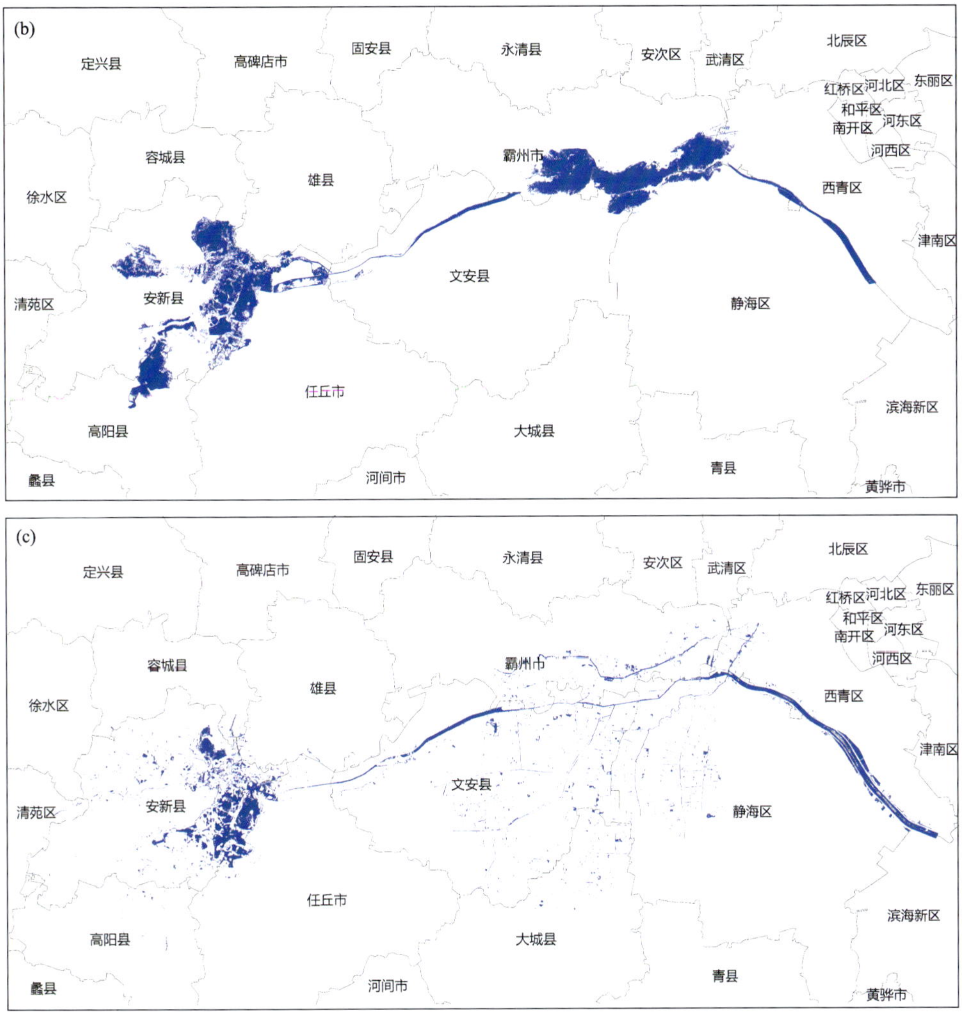

图 8.40　不同时期白洋淀湿地及下游区域水体分布
（a. 1962 年 8 月 29 日；b. 1967 年 9 月 20 日；c. 2018 年 8 月 23 日）

8.3.1.2　近年来白洋淀湿地水体面积随季节变化明显

2020 年遥感监测白洋淀水体表明，1—2 月白洋淀水面结冰，水体面积达到最大，夏季水生植物生长旺盛（图 8.41），大片芦苇、荷花等植被覆盖水面，可监测到的水体面积达到低值（图 8.42）。

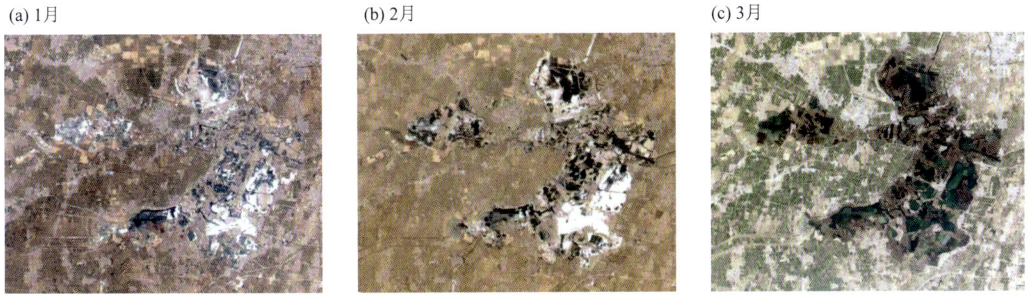

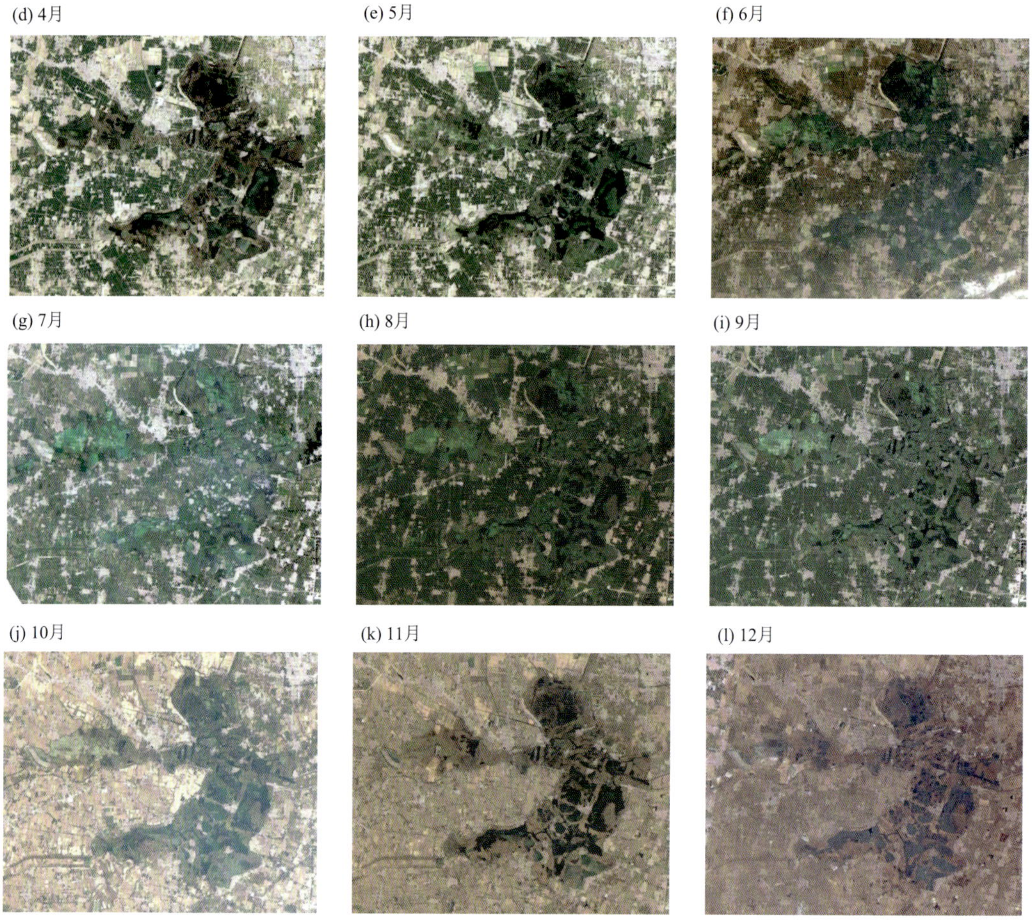

图 8.41　2020 年 1—12 月白洋淀湿地高分卫星影像

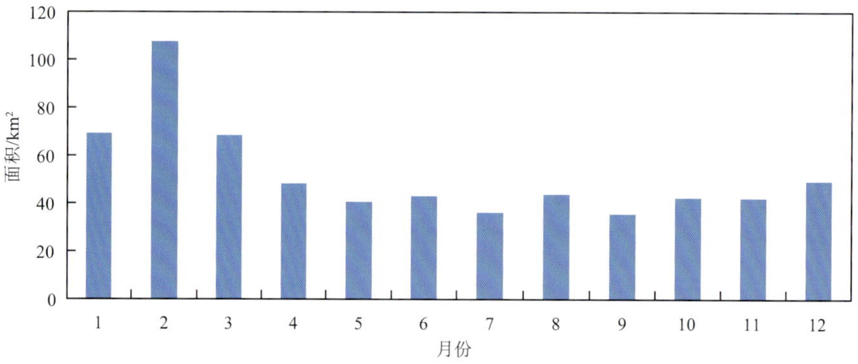

图 8.42　2020 年 1—12 月白洋淀湿地水体面积统计

8.3.1.3　白洋淀湿地月度水体监测

应用高分一号 WFV 卫星影像对白洋淀湿地进行水体面积遥感监测。2022 年白洋淀湿地水体面积最大，为 131.4 km^2，出现在 2 月。夏季受水生植物生长影响，可监测到的水体面积偏低(图 8.43)。2013 年以来白洋淀湿地水位高度和水体面积逐渐增长，近几年水位高度保持在 8.0 m 左右，水体面积在 100.0 km^2 左右(图 8.44)。

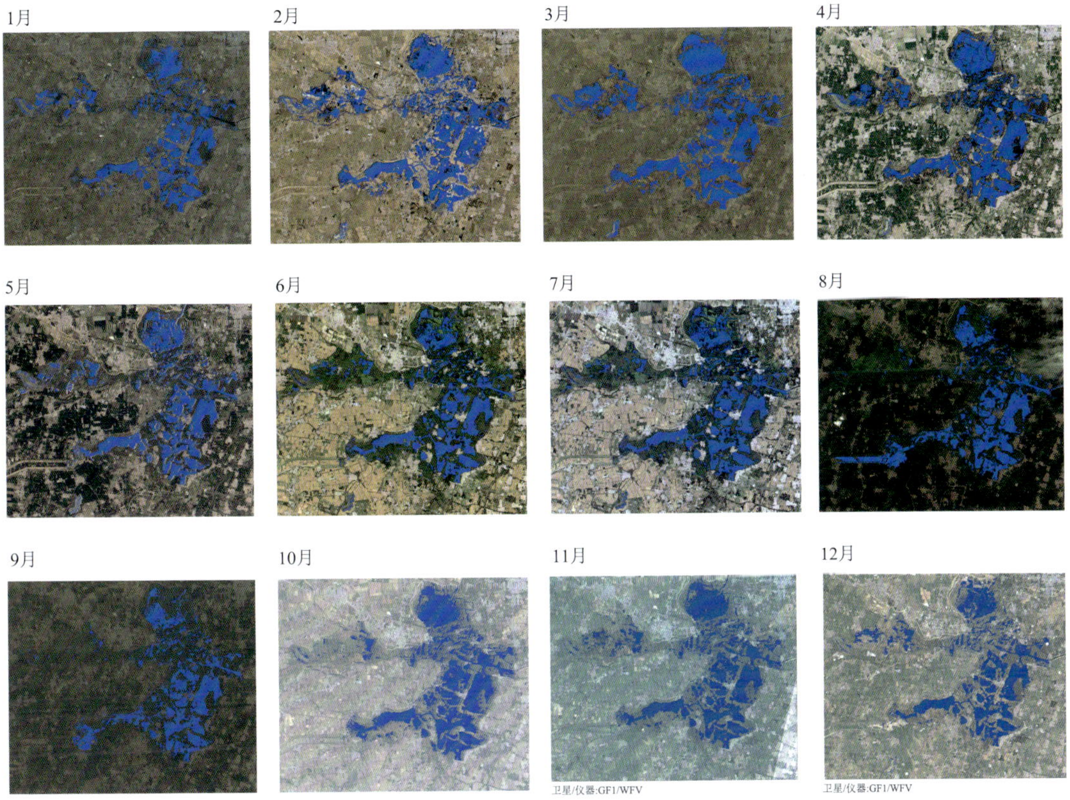

图 8.43 2022 年 1—12 月白洋淀湿地水体遥感监测

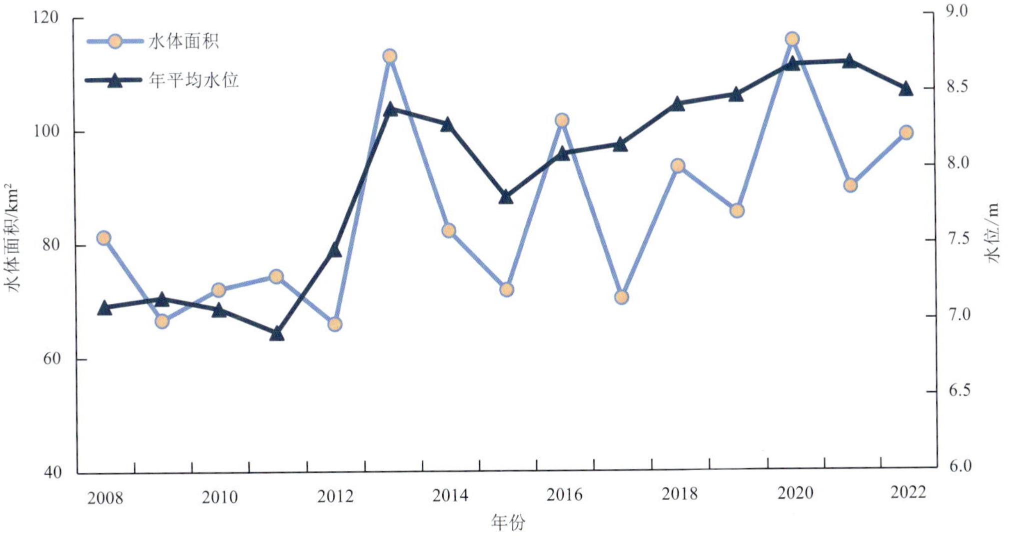

图 8.44 2008—2022 年白洋淀湿地年平均水位和水体面积变化

8.3.2 白洋淀湿地信息提取分析

水生植物一直是白洋淀湿地的主导植被类型，白洋淀湿地芦苇沼泽面积远高于明水面。最近几十年，由于保护不当和区域内水资源不合理的利用，区域内水体面积减小，湿地内水生植物占比逐渐增大。对淀区内主要植被不同生长期的变化特点进行快速监测和对各类地物信息进行有效识别，并利用 2021 年高分二号卫星数据，基于湿地信息提取模型，得到研究区的湿地信息分类结果。可以看出，白洋淀湿地主要组成地物包括开阔水域和水生植物区，部分地物分布较为破碎。而白洋淀湿地的芦苇、荷花等主要水生植被的最佳生长期为每年夏季，冬季白洋淀湿地水生植物覆盖面积减小，湿地开阔水体较多，部分水田裸露，裸露的水面面积增加，可以准确识别水体，但由于白洋淀湿地主要水生植物（芦苇、荷花）还未进入生长期，植物光谱特征不明显，在芦苇和荷花的识别方面存在一定误差。进入春季后主要水生植物进入生长期，植被分布广泛，超过半数水域均被芦苇和荷花所覆盖，水生植物的识别效果较好（图 8.45）。

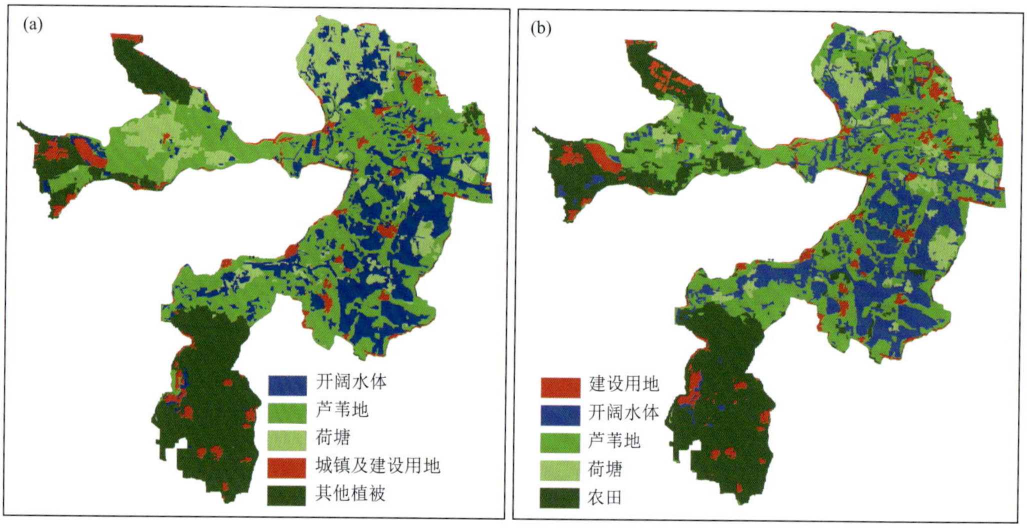

图 8.45 白洋淀湿地信息
（a. 2021 年 3 月白洋淀湿地信息分类；b. 2021 年 5 月白洋淀湿地信息分类）

8.4 雄安新区气候变化和极端事件风险预估

雄安新区地处京津冀融合区域，西边紧邻太行山东麓，东边面朝渤海湾，镶嵌着“华北明珠”白洋淀。该区域属于东亚温带季风气候，夏季温暖湿润，冬季寒冷干燥，春秋季温和怡人。自然环境和区位优势明显，气候相对适宜。年平均气温 12.7 ℃，受白洋淀水体的调节作用，气温年际变率低于北京、天津，增温速率为 0.24 ℃/(10 a)，是我国气候变暖较慢的地区；年降水量 494.4 mm，且以 3.4 mm/(10 a)的速率减少。受季风强弱变化影响，雄安新区年降水量存在明显的年代际变化，其中 20 世纪 70 年代平均降水量最多，为 540.3 mm，21 世纪前 10 年最少，为 459.9 mm，2011 年以后降水量为 519.4 mm，比常年偏多 5%。区域年平均日照时数 2245.3 h，年平均风速 1.6 m/s，年平均暴雨日数 1.5 d，年平均干旱日数 134.9 d，年平均高温日数 12.8 d。

受地理环境和东亚季风北边缘带的影响，全年盛行东北—西南风。特殊的地理位置和地形导致雄安新区气候敏感，随季风进退波动大，生态环境脆弱。受气候变化影响，干旱、暴雨、高温等极端天气气候事件频繁发生。随着雄安新区经济发展、人口增长及城市规模和格局的变化，经济社会的暴露度将增加，迫切需要预估未来的气候变化，评估不同气候变化情景带来的气候风险，探讨"生态、生产、生活"适用气候变化的最优模式，在智能城市绿色技术体系和智慧城市防灾社会管理体系建设中，提出应对气候变化风险的策略和建议，具有重要的科学价值和现实意义。

8.4.1 区域气候变化特征

(1)气温变化

气温升高趋势明显。1974—2020 年，雄安新区年平均气温、年平均最高气温和年平均最低气温总体均呈升高趋势，变化趋势分别为 0.24 ℃/(10 a)、0.24 ℃/(10 a)和 0.29 ℃/(10 a)(图 8.46)，低于全省平均增温水平。平均气温、最高气温和最低气温在春季上升速率最快，分别为 0.29 ℃/(10 a)、0.41 ℃/(10 a)和 0.42 ℃/(10 a)，其次是夏季，平均气温、最高气温和最低气温的上升速率分别为 0.27 ℃/(10 a)、0.25 ℃/(10 a)和 0.32 ℃/(10 a)，冬季的气温变率小于夏季，而秋季的气温变化则很小。

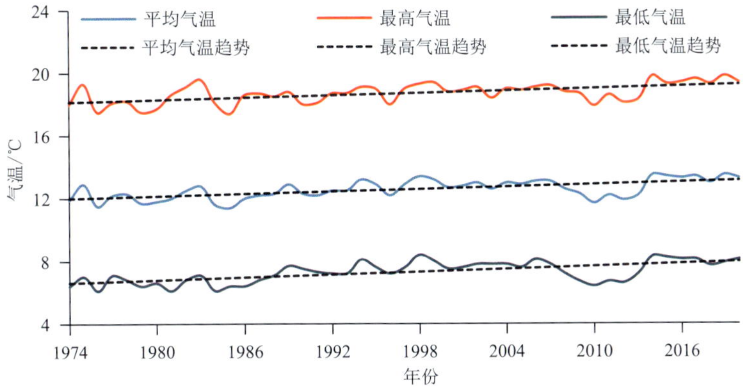

图 8.46 1974—2020 年雄安新区气温线性变化趋势

(2)降水变化

年降水量呈减少趋势，夏季减少明显。1974—2020 年，雄安新区平均年降水量总体呈减少趋势，线性变化趋势为−3.4 mm/(10 a)，年代际变化特征明显，其中 20 世纪 70 年代平均降水量最多，为 540.3 mm，21 世纪前 10 年最少，只有 459.9 mm，2011—2020 年，平均降水量为 519.4 mm，较 1991—2020 年平均(494.4 mm)偏多 5%(图 8.47)。

不同季节，雄安新区平均降水量变化特征有所不同，其中夏季和冬季呈减少趋势，线性变化趋势分别为−14.6 mm/(10 a)和−0.2 mm/(10 a)；春季和秋季降水量呈增多趋势，线性变化趋势分别为 2.8 mm/(10 a)和 8.7 mm/(10 a)。

(3)日照变化

日照时数总体呈减少趋势。1974—2020 年，雄安新区日照时数线性变化趋势为−95.9 h/(10 a)(图 8.48)。从各季节变化来看，冬季减少速率最快，为 33.3 h/(10 a)，其次是秋季和夏

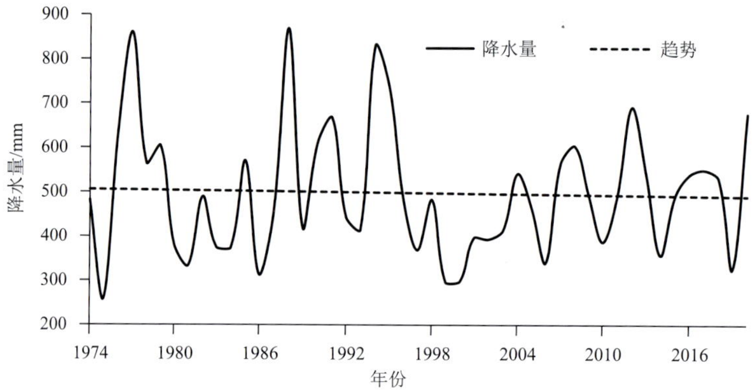

图 8.47 1974—2020 年雄安新区平均降水量变化

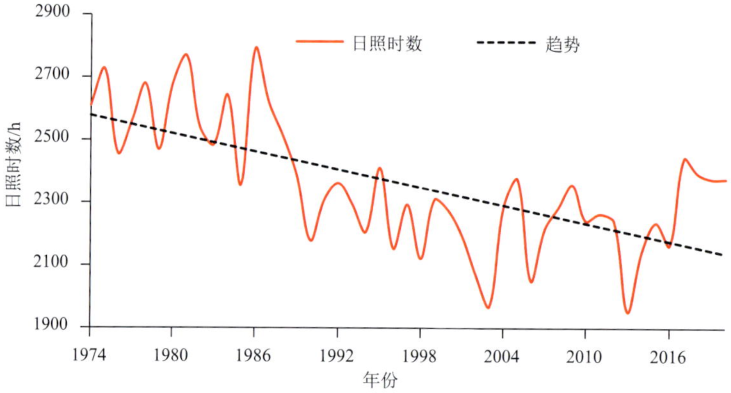

图 8.48 1974—2020 年雄安新区平均年日照时数变化

季，减少速率分别为 30.7 h/(10 a)和 27.6 h/(10 a)，春季减少速率相对最慢，为 5.5 h/(10 a)。

(4)风速变化

平均风速总体呈减小趋势。1974—2020 年，雄安新区年平均风速线性变化趋势为−0.09 m/(s·(10 a))，但年代际变化特征明显，其中 20 世纪 70 年代年平均风速最大，90 年代最小，21 世纪以来又有缓慢增加的趋势(图 8.49)。年内四个季节平均风速总体均呈减小趋势，其中春季减小速率相对最大，夏季相对最小。

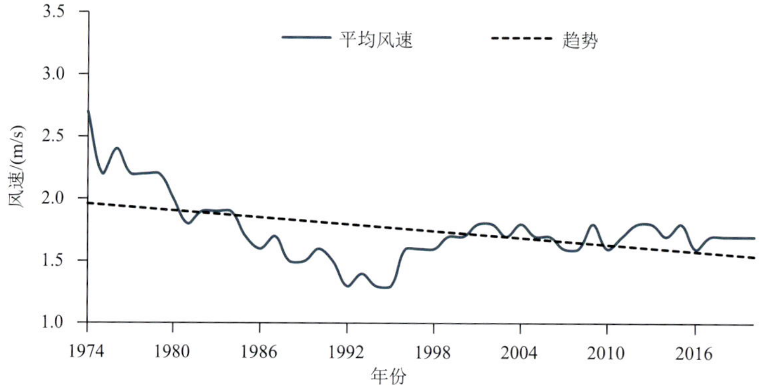

图 8.49 1974—2020 年雄安新区年平均风速变化

(5)暴雨日数变化

暴雨日数略有增加,但最长连续降水日数呈减少趋势。1974—2020 年,雄安新区平均年暴雨日数略有增加,最大日降水量呈增加趋势,线性增加趋势为 3.7 mm/(10 a)。但最长连续降水日数总体呈减少趋势,线性递减率为 0.13 d/(10 a)(图 8.50 和图 8.51)。

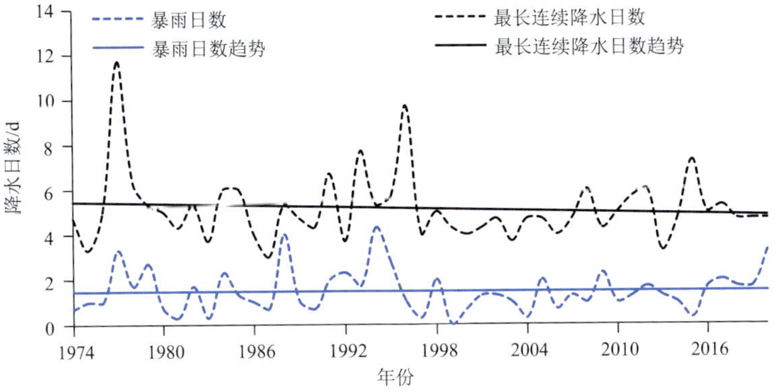

图 8.50　1974—2020 年雄安新区平均暴雨日数、最大连续降水日数变化

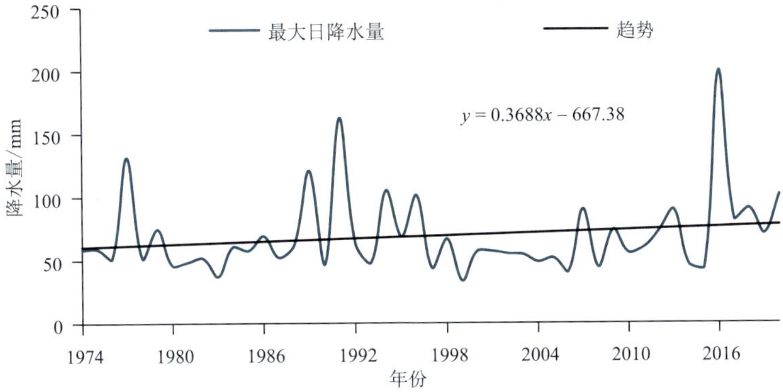

图 8.51　1974—2020 年雄安新区平均最大日降水量变化

(6)干旱日数变化

干旱日数呈减少趋势。1974—2020 年,雄安新区平均年干旱日数总体呈减少趋势,线性趋势为−7.0 d/(10 a)。干旱日数最多年份为 1999 年,达 291 d(图 8.52)。20 世纪 80 年代以来,雄安新区发生轻度以上气象干旱的日数和区域性干旱事件呈明显减少趋势,特别是 2007 年以来雄安新区的干旱化趋势明显减弱,但年际波动变大。

(7)高温日数变化

高温日数呈增加趋势。1974—2020 年,雄安新区年平均高温日数为 12.8 d,最多高温日数为 33 d(1968 年,容城),年际差异大,呈线性增加趋势,速率为 1.4 d/(10 a)(图 8.53)。极端最高气温为 41.7 ℃(2022 年 6 月 25 日,容城)。雄安新区高温初日最早出现在 1986 年 5 月 7 日,容城、安新和雄县分别出现了 35.9 ℃、36.2 ℃和 36.5 ℃的高温;高温终日最晚出现在 2000 年 9 月 16 日,容城最高气温达 35.1 ℃。

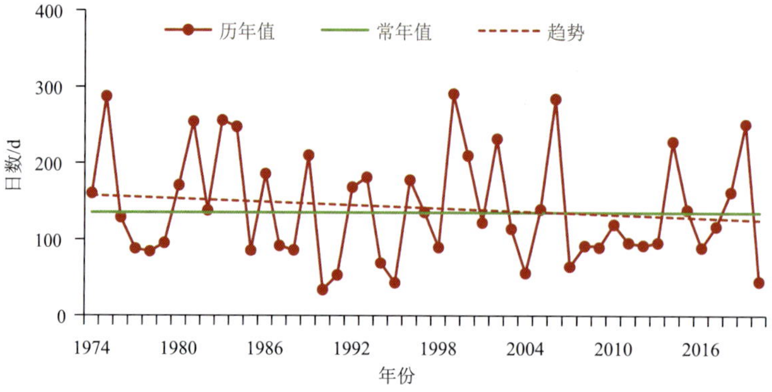

图 8.52　1974—2020 年雄安新区平均干旱日数变化

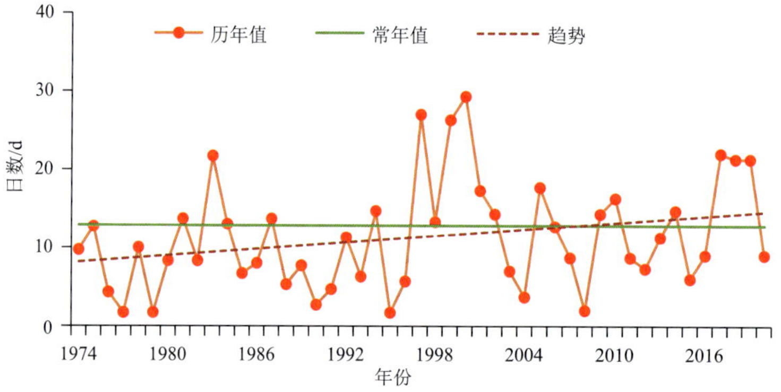

图 8.53　1974—2020 年雄安新区平均高温日数变化

(8)大风日数变化

大风日数呈减少趋势。1974—2020 年,雄安新区平均大风日数常年值为 5.1 d,1974 年大风日数最多,为 17.7 d。1991—2020 年,大风日数呈减少趋势(图 8.54),线性趋势为−2.4 d/(10 a)。雄安新区有正式气象记录以来出现的极大风速是 33.5 m/s(雄县,2021 年 7 月 11 日)。多年平均极端大风出现的频次变化不大,大风造成损失的情况时有发生。安新县在 2002 年 8 月 29 日、2004 年 9 月 6 日,雄县在 2006 年 6 月 29 日、2012 年 6 月 21 日、2013 年 7 月 31 日大风天气中受灾严重。毗邻的霸州 1969 年 8 月 29 日遭受龙卷袭击死亡 98 人。

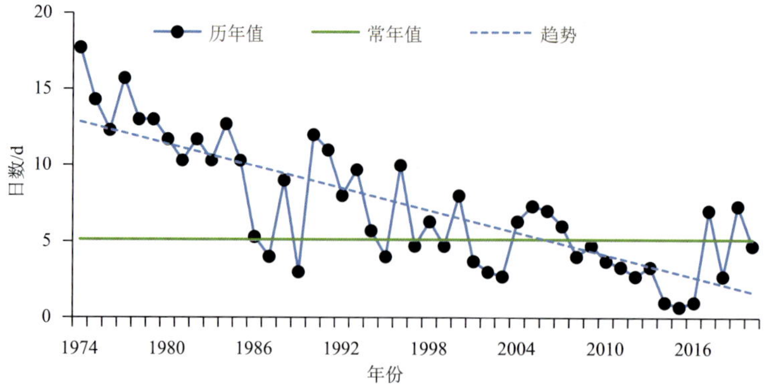

图 8.54　1974—2020 年雄安新区年大风日数变化

(9)雷暴日数变化

雷暴日数呈减少趋势。1960—2013 年,雄安新区容城、安新和雄县雷暴日数常年值分别为 26.9 d、29.3 d 和 28.8 d,区域平均的常年值为 28.0 d;容城、安新和雄县自建站至 2013 年,雷暴日数均呈减少趋势(图 8.55),各站变化趋势分别为 −1.3 d/(10 a)、−1.3 d/(10 a)和 −1.6 d/(10 a),区域平均的雷暴日数变化趋势为 −1.4 d/(10 a)。

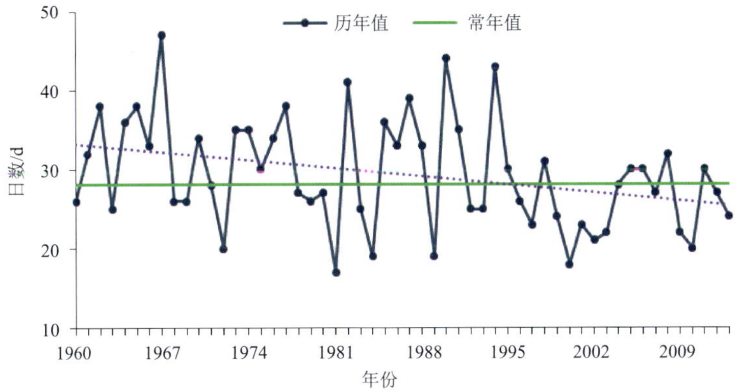

图 8.55　1960—2013 年雄安新区年雷暴日数变化

(10)大雾和霾日数

大雾日数呈明显增加趋势,霾发生日数少于周边地区。1974—2020 年,大雾平均每 10 年增加 1.7 d,特别是 2016 年以来增加速率明显加快(图 8.56),近几年大雾日数每年高达 30~40 d。2016—2020 年,与周边地区相比,雄安新区霾日数明显偏少,空气质量相对较好。雄安新区平均(1991—2020 年)年霾日数 36.4 d,较保定地区(48.8 d)偏少 12.4 d。2017 年京津冀地区空气质量优良率为 38.9%~79.7%,雄安新区空气质量优良率为 61.9%,$PM_{2.5}$ 浓度 68.1 $\mu g/m^3$,明显优于石家庄和保定市。

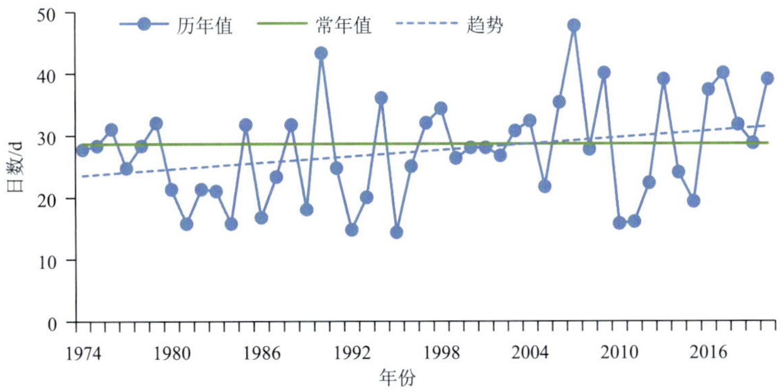

图 8.56　1974—2020 年雄安新区年大雾日数变化

8.4.2　未来气候变化预估

使用 RegCM4 区域气候模式,在四个不同全球模式(包括澳大利亚的 CSIRO-Mk3-6-0、欧洲中期预报中心的 EC-EARTH、英国哈德莱中心的 HadGEM2-ES 及德国马普研究所的

MPI-ESM-MR)驱动下，进行中等温室气体排放情景（RCP4.5）下中国区域水平分辨率为 25 km 的 1980—2099 年长时间连续积分模拟。基于上述四个模拟结果，再进行京津冀区域水平分辨率为 6.25 km 的统计降尺度，对其结果集合平均，以 1986—2005 年为基准期，对雄安新区及其周边地区未来气候变化进行预估。

8.4.2.1 气温未来变化预估

据集合平均预估显示（图 8.57），相对于 1986—2005 年，到 2035 年前后，雄安新区冬季、夏季和年平均气温都是一致增加的，其中冬季平均气温将升高 0.92 ℃，夏季和年平均气温升高值分别为 1.19 ℃和 1.01 ℃，与整个京津冀地区升温幅度相比，冬季平均气温升高值基本相当，均为 0.92 ℃，雄安新区夏季和年平均气温升高值略低于京津冀地区平均水平（1.22 ℃和 1.06 ℃）。

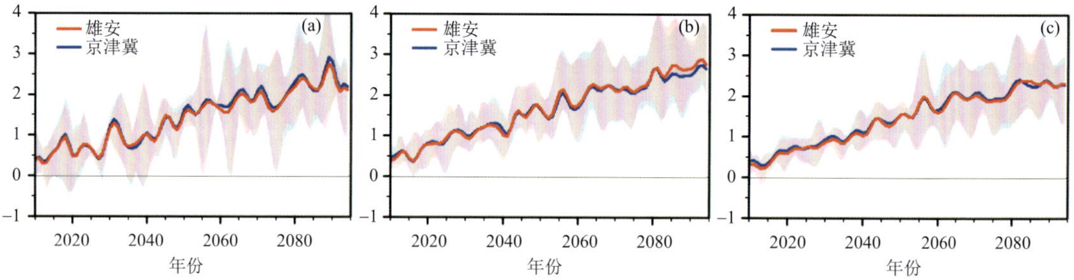

图 8.57 中等排放情景下未来雄安新区（红色）和京津冀地区（蓝色）区域平均气温变化（℃，阴影表示集合预估的不确定性范围）（a. 冬季；b. 夏季；c. 年平均）

相对于 1986—2005 年，到 21 世纪末（2006—2098 年），雄安新区年平均和冬、夏季平均气温呈现一致上升的趋势，上升趋势值分别为 0.26 ℃/(10 a)、0.24 ℃/(10 a)和 0.29 ℃/(10 a)，京津冀地区的趋势值分别为 0.25 ℃/(10 a)、0.25 ℃/(10 a)和 0.27 ℃/(10 a)，两个地区均表现为夏季升温更为显著。

8.4.2.2 降水未来变化预估

据集合平均预估显示（图 8.58），相对于 1986—2005 年，到 2035 年前后，雄安新区年和夏季平均降水量以增加为主，降水量将分别增加 7.4%和 5.5%，而冬季为−10.2%。与京津冀地区降水变化趋势相比，雄安新区冬季降水减少幅度明显大于京津冀地区的−1.2%，夏季降水增加值略低于京津冀地区的 5.8%，年平均降水增加值高于京津冀地区的 6.2%。

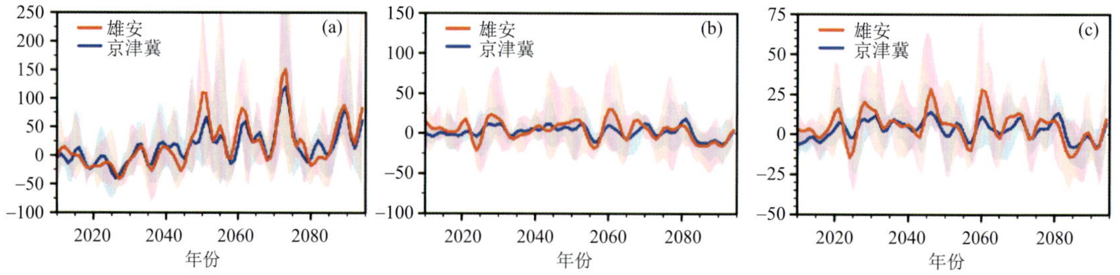

图 8.58 中等排放情景下未来雄安新区（红色）和京津冀地区（蓝色）区域降水相对变化（%，阴影表示集合预估的不确定性范围）（a. 冬季；b. 夏季；c. 年平均）

相对于1986—2005年，到21世纪末(2006—2098年)，雄安新区年降水的年代际变化特征明显，无显著线性趋势。雄安新区年平均和冬、夏季平均降水变化趋势值分别为−0.7%/(10 a)、7.7%/(10 a)和−1.1%/(10 a)。

8.4.3 气象灾害风险未来预估

强降水日数和强度增加，暴雨洪涝灾害风险水平高。雄安新区位于大清河流域白洋淀周边，地势相对低洼，易受大清河洪水侵袭。由于大清河流域主雨区暴雨强度大，山区到平原过渡带短，源短流急，洪水来势猛，预见期短，极易造成暴雨洪涝灾害。预计到21世纪末，雄安新区大雨日数和极端强降水量分别增加14.5%和34.1%，随着极端降水频率和强度的增加，流域防洪形势严峻、城市内涝风险高。洪涝风险评估表明，雄安新区除西北、东北及西南部分地区外，全区约68%的面积洪涝灾害风险水平高，当发生100年一遇洪涝灾害时，按国家基准地理高程估算，雄安新区3县淹没面积可达61%，淹没水深平均4.5 m。

干旱化趋势显著，需防范极端干旱事件不利影响。雄安新区年平均干旱日数134.9 d，20世纪80年代以来，雄安新区发生轻度以上气象干旱的日数和区域性干旱事件总体呈减少趋势，但年际波动变大。在全球气候变暖的背景下，伴随雄安新区城市化进程的不断推进，城市热岛效应将进一步凸显，城区气温升高的速率可能更快，极端性干旱事件发生次数可能增加，强度加剧，需防范阶段性极端干旱事件带来的不利影响。

极端高温事件增加，极端低温事件减少，高温热浪风险高。雄安新区及周边地区未来气温将升高，夏季升温幅度高于冬季，日最高气温升温幅度略高于日平均气温。到2050年前后，新区极端高温日数(日最高气温高于35 ℃)增加约14 d，而极端低温日数(日最高气温低于0 ℃)减少约8 d，极端高温事件增加将导致高温热浪风险加剧，对农业生产、能源供应、人体健康等均造成显著影响。

风速与大气环境容量减小，雾-霾发生风险大。雄安新区地表和低层大气(850 hPa)风速的相对变化较弱，年均大气环境容量(低通风日数)有所减小(增多)。到2050年前后，冬季大气环境容量的减小值可超5%，低通风日数的增加值则可超20%。受大气环境容量降低及风速较小等影响，未来雄安新区雾一霾风险较大。

未来水资源微弱增加，但需水量增加快，水资源和生态风险加大。随着雄安新区社会经济的迅速发展，预计远期将形成拥有300万人口的大城市，大量的企业和人口涌入将进一步增加生产、生活的取用水量，虽有南水北调等调、补水工程的实施可缓解近期缺水压力，但因受气候、沿途损失的影响，补水存在很多不确定性，预计未来人口规模达到300万人时，城镇生活用水需求将达到5亿 m^3/a，加之农村生活用水、生态用水和农业用水需求，总用水需求超过8亿 m^3/a，水资源缺口加大，水资源安全形势不容乐观。此外，水资源短缺也将凸显水环境和面源污染风险，加大河湖生物多样性近一步退化、水污染加重和水生态恶化等风险。

8.4.4 应对气候风险的对策和建议

(1)雄安新区建设需要防范未来气候极端性增加所带来的风险

在全球气候变暖与极端天气气候事件频发的背景下，未来气候极端性风险潜增。未来随着极端降水频率加大、强度增强，城市内涝风险加大，流域防洪形势严峻。建议立足雄安新区未来发展需求，完善防洪排水工程体系，强化应急预案、监测预报预警、风险防控等非工程措施，提升城市防洪排涝能力。

(2)加强引水工程综合研究，规划建设雨洪利用工程，合理利用雨洪资源

当前和未来一段时期，雄安新区生态、生产和生活用水以及地下水回补，主要依赖于引黄和引江工程调水量。应加强对引江工程、引黄工程及白洋淀修复工程的综合研究，特别是气候变化对调水区及海河流域水循环和水资源的综合影响分析研究，为跨流域水资源管理、水库调蓄方案等规划的制定提供支撑。同时，鉴于雄安新区建设和发展面临的水资源供需矛盾大、防洪排涝等水安全风险高等问题，可规划和建设雨洪利用工程，在确保防洪和排涝安全的前提下，合理高效利用雨洪资源。

(3)提高新区干旱和洪涝监测预警能力，强化空中云水资源合理开发利用

雄安新区所在区域气候年际波动大，降水时空分布不均，易旱易涝，建议未来继续加强雄安新区暴雨、洪水、干旱灾害的变化规律研究，提高干旱和洪涝监测预警能力。此外，人工影响天气是大面积抗旱最有效、最经济的手段，据统计，华北地区空中云水资源转化率每增加 1%，每年即可增加降水资源量 190 亿 m^3。因此，建议加强生态修复型人工影响天气能力建设，最大限度开发利用空中云水资源，提升农业和生态用水效益。

(4)建设气候适应性城市，提高城市安全运行的韧性

将适应气候变化纳入雄安新区城市发展规划设计和运行管理的每个环节，根据气象灾害的变化特征和趋势，趋利避害、因地制宜，科学规避气候风险，提高城市韧性，确保城市平稳发展。同时，建立覆盖雄安新区远期控制区的生态气象立体监测体系和覆盖起步区的城市微气候智慧监测系统，实施城市气象环境影响动态评估，指引城市空间结构布局的优化和调整，提高城市安全运行的韧性。

8.5 本章小结

设立雄安新区，是千年大计、国家大事。本章按照雄安新区总体规划格局，提出了全区域通风廊道和核心起步区城市通风廊道两级通风廊道系统的构建方案。通过雄安新区城市、森林、农田、湿地生态系统通量观测网建设，初步研究了典型生态系统的碳通量。结合长时间序列卫星遥感数据，分析了白洋淀水体面积的变化特征。根据城市安全体系建设需要，开展了雄安新区未来百年气候情景和气候灾害风险预估。

第9章 生态修复型人工影响天气

9.1 生态修复型人工影响天气能力建设

“十三五”以来，河北省围绕生态修复型人工影响天气（包括飞机人工增雨（雪）、火箭高炮人工增雨（雪）、火箭高炮人工防雹、地基烟炉人工增雨（雪）），优化全省作业布局，石家庄飞机人工增雨和科学实验基地、冀东和冀西北飞机增雨基地相继投入使用，“一主两副”互补式飞机增雨格局有效形成。建立了“星—空—地”三维立体云降水物理监测网，建成了增雨飞机与增雨火箭、高炮、地基烟炉等装备组成空地一体化人工影响天气作业体系，实现了生态修复型人工影响天气作业全省全年全覆盖。

9.1.1 生态修复型人工影响天气观测能力建设

9.1.1.1 飞机观测能力建设

提升精密监测能力是科学开展人工影响天气作业的前提，河北省自 20 世纪 90 年代开始就注重飞机观测能力建设。2003 年，河北省从美国引进具有国际先进水平的机载 PMS（Particle Measurement System）粒子测量系统，并专门改装一架夏延ⅢA 飞机（图 9.1），于 2005 年正式投入运行（技术装备处于全国领先）。机载 PMS 探测设备包括：云凝结核（CCN）计数仪、被动腔气溶胶分光仪探头 PCASP-100X（0.1～3.0 μm）、前向散射滴谱探头 FSSP-100-ER（1～95 μm）、二维光阵灰度云粒子探头 OAP-2D-GA2（25～1550 μm）、二维光阵灰度降水粒子

图 9.1　夏延增雨作业飞机

探头 OAP-2D-GB2(150～9300 μm)、热线含水量仪(0～5 g/m³)、温度探头、湿度探头、压力传感器、空—地通讯电台、GPS 接收仪器等。

2016 年,河北省政府投资采购一架“空中国王”350 和两架运十二增雨作业飞机全部投入使用,分别加装了国际先进的云降水粒子探测系统,飞机观测能力持续加强。

(1)“空中国王”350 飞机观测平台

“空中国王”350 是一款双涡轮螺旋桨飞机(图 9.2),选用普惠 PT6A-60A 型发动机,最大航程为 2200 km,最大巡航高度为 10058 m,最大起飞重量可以达到 6804 kg(表 9.1)。由于“空中国王”350 具有优异的高低空飞行性能、适中的飞行速度、可靠的飞行稳定性和较高的可维护性等特点,非常适合开展人工影响天气作业。

图 9.2 “空中国王”350 增雨作业飞机

表 9.1 “空中国王”增雨作业飞机基本性能参数

飞机型号	“空中国王”350
空重/kg	4381
最大起飞重量/kg	6804
最大载油量/kg	1550
机长/m	14.2
机高/m	4.4
展翼/m	17.6
最大升限/m	10000
上升速率/(m/s)	10
最小拐弯半径/km	5
最大飞行速度/(km/h)	578
巡航速度/(km/h)	550
巡航时间/h	5
最大航程/km	2200
起飞滑行距离/m	1100
着陆滑行距离/m	980

该架增雨作业飞机加装了云和降水粒子探测设备、气象要素探测设备、气溶胶粒子和云凝结核探测设备等(表 9.2)。

表 9.2 “空中国王”增雨作业飞机安装设备功能一览表

设备名称	测量范围	探测功能	厂家
快速云滴谱探头 FCDP	2～50 μm 测量精度:2 μm	用于测量云滴粒子数浓度、尺度谱、云中含水量计算等	SEPC
高体积降雨分光仪 HVPS	150～19200 μm 图像分辨率:150 μm	用于测量冰雪晶、雨滴粒子数浓度、尺度谱、粒子图像等	SEPC
二维立体粒子图像探头 2DS	10～1280 μm 图像分辨率:10 μm	用于测量大云滴、冰雪晶粒子数浓度、尺度谱、粒子图像等	SEPC
云粒子图像探头 CPI	2.3～2000 μm 图像分辨率:2.3 μm	获取云滴、冰雪晶、雨滴粒子图像	SEPC
被动腔气溶胶分光仪 PCASP-100X	0.1～3 μm	用于测量气溶胶粒子数浓度、尺度谱等	DMT
云粒子组合探头 CCP	云滴谱探头 CDP: 2～50 μm	用于测量云滴粒子数浓度、尺度谱、云中含水量计算等	DMT
	二维云图像探头 CIP: 12.5～1550 μm	用于测量大云滴、冰雪晶粒子数浓度、尺度谱、粒子图像等	
	液态含水量探头 LWC: 0～5 g/m³	用于测量云中含水量	
综合气象要素探头 AIMMS-20	—	获取空速、高度、攻角、侧滑角、GPS 等飞机飞行参数和气压、温度、相对湿度等大气环境参数	Aventech
温度传感器 (Rosemount Total Temperature)	−54～71 ℃ 测量精度 0.002%	温度	Goodrich
结冰探测传感器 (Rosemount Icing Detector)	—	飞机积冰	Goodrich
总含水量仪 Nevzorov LWC/TWC	0.003～3 g/m³	液水和总水含量	Nevzorov
露点仪 Edgtech 137 Vigilant	−40～60 ℃; −50～90 ℃	大气露点温度	Edgtech
双云室云凝结核计数器 CCN-200	0.75～10 μm	云凝结核粒子数浓度	DMT

(2)运十二飞机观测平台

运十二增雨飞机(图 9.3),相较“空中国王”350 飞机,飞机升限、巡航速度较低,但空间较大,可加装设备较多(表 9.3)。运十二增雨飞机加装的机载探测设备主要包括云和降水粒子探测设备(CDP、CIP 和 PIP)、气象要素探测设备(AIMMS)、气溶胶粒子探测设备(PCASP-100X)、云凝结核计数器(CCN)、机载微波辐射计(GVR)等(表 9.4)。

图 9.3　运十二增雨作业飞机

表 9.3　运十二增雨作业飞机基本性能参数

飞机型号	运十二
空重/kg	2840
最大起飞重量/kg	5300
最大载油量/kg	1600
机长/m	14.86
机高/m	5.58
展翼/m	17.24
最大升限/m	5400
上升速率/(m/s)	5
最小拐弯半径/km	3
最大飞行速度/(km/h)	328
巡航速度/(km/h)	292
巡航时间/h	7
最大航程/km	1400
起飞滑行距离/m	425
着陆滑行距离/m	480

表 9.4　运十二增雨作业飞机安装设备一览表

设备名称	测量范围	探测功能	厂家
机载微波辐射计 GVR	—	云中垂直方向液态水和可降水汽累积含量	ProSensing
综合气象要素探头 ARIM-200	—	空速、高度、攻角、侧滑角、气压、温度、相对湿度、GPS	Aventech
热线含水量仪 LWC-300	0～3 g/m^3	液水含量	DMT
云降水粒子探头 CIP	15～930 μm	云降水粒子谱及二维图像、液态水含量、温湿度、气压、飞行高度、空速	DMT

续表

设备名称	测量范围	探测功能	厂家
露点仪 137Vigilant	−40～60 ℃； −50～90 ℃	大气露点温度	Edgtech
云粒子谱探头 CDP	2～50 μm	用于测量云滴粒子数浓度、尺度谱、云中含水量计算等	DMT
降水粒子图像探头 PIP	100～6200 μm	云中降水粒子谱及二维图像	DMT
被动腔气溶胶分光仪 PCASP-100X	0.1～3 μm	用于测量气溶胶粒子数浓度、尺度谱等	DMT
单云室云凝结核计数器 CCN-100	0.75～10 μm	云凝结核粒子数浓度	DMT

9.1.1.2 地基观测能力建设

以现有的气象业务观测系统为基础，重点补充建设应用于人工影响天气作业、指挥和效果评估业务的地面云降水观测设备，构成较为完善的人工影响天气观测系统。结合空地一体化人工影响天气作业，合理设计地面观测仪器布局，开展云降水多尺度宏微观特征和成云致雨机理研究的观测，为提高作业效率和水平，发挥作业实际效益提供有力的科技支撑。截至 2024 年，河北省共布设各类地面云降水探测设备 7 种 99 台/套，主要包括多通道微波辐射计、激光雨滴谱仪、X 波段双偏振雷达、毫米波云雷达、重力波监测仪、微雨雷达、C 波段连续波雷达，详细布局和设备主要功能分别见图 9.4 和表 9.5。

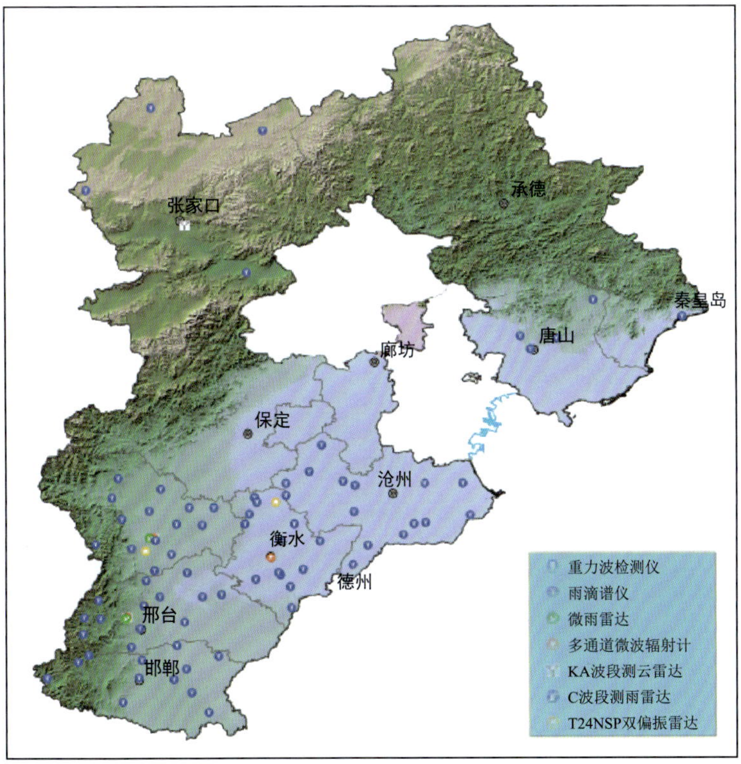

图 9.4 河北省云降水地基观测设备布局

表 9.5 河北省人工影响天气云降水地基观测设备一览表

设备名称	观测物理量及主要功能	观测布局
多通道微波辐射计	大气温压垂直廓线、大气温度、水汽密度、相对湿度、液态水廓线、红外温度、云底高、积分水汽、积分液态水	共有多通道微波辐射计 3 部，分别布设在冀中南地下水压采增雨作业区的石家庄市、衡水市和邢台市
激光雨滴谱仪	降雨强度、累计降水量、雷达反射率、降雨量变化率、降雨强度变化率、动能	共有多通道微波辐射计 77 部，布设在冀中南地下水压采增雨作业区 67 部、冀西北生态环境支撑作业区 5 部、冀东水源涵养作业区 5 部
X 波段双偏振雷达	反射率因子、径向速度、速度谱宽、差分反射率等双偏振参量	共有 X 波段双偏振雷达 3 部，分别布设在冀中南地下水压采增雨作业区的元氏、饶阳和内丘
微雨雷达	雷达反射率、降水率、液态含水量、雨滴谱	共有微雨雷达 2 部，分别布设在冀中南地下水压采增雨作业区的邢台市和石家庄市
毫米波云雷达	HTI 显示、回波强度、垂直速度、速度谱宽、云顶高、云底高、云厚、垂直积分液态水、云强度廓线、云速度廓线、云谱宽廓线、云量	共有毫米波云雷达 3 部，布设在冀中南地下水压采增雨作业区 2 部、冀西北生态环境支撑作业区 1 部
重力波监测仪	观测获得高分辨率气压资料，通过傅里叶变换分析重力波活动	共有重力波监测仪 10 部，布设在冀中南地下水压采增雨作业区的保定市、邢台市和衡水市各 3 部
C 波段连续波雷达	回波强度、径向速度、速度谱宽、功率谱	共有 C 波段连续波雷达 1 部，布设在冀中南地下水压采增雨作业区的石家庄市

9.1.1.3 空—地人工影响天气综合观测能力

充分依托现有气象观测业务，结合人工影响天气飞机观测和地基观测平台可对河北地区云降水过程进行立体综合观测，获得云粒子数浓度、相态、粒子谱分布、过冷水含量、空中风向风速、温度、大气水汽分布、云底、云顶、降水粒子分布等信息，连续跟踪监测云降水系统的宏微观特征和降水的形成机制，以及降水云系的动力和微观物理时空变化特征，为空中云水资源的分析预测、开发利用和人工增雨作业效果检验提供科学的基础依据。空—地主要观测设备见图 9.5 和图 9.6。

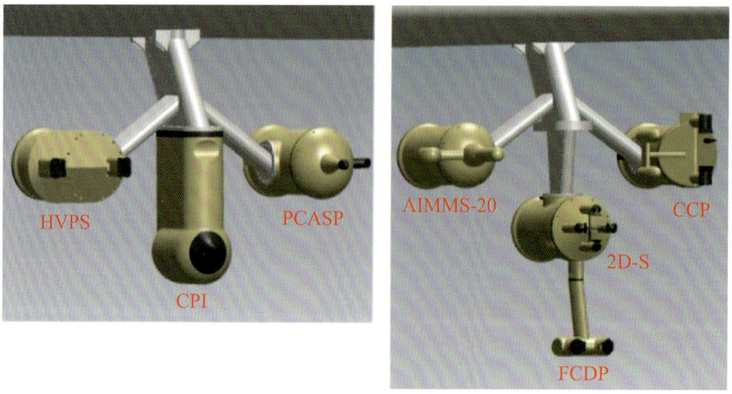

图 9.5 机载探测设备示意图

图 9.6　地基观测设备

(1)云降水宏观观测能力

地基云降水宏观观测设备可对云和降水系统进行多要素、连续跟踪监测，主要包括气象要素(气温、湿度、气压、风向和风速等)、降水粒子谱分布、水汽廓线、云液态水廓线、水汽总量、云顶云底高度、云宏观物理特征等。布设 X 波段双偏振多普勒天气雷达，能鉴别水凝结物的类型，获取降水区风场信息，具有准实时对各类灾害性天气自动识别与追踪能力，对增雨和冰雹天气进行有效监测和预警，可有效覆盖新一代天气雷达观测盲区，解决低空降水观测能力不足的问题。布设地基多通道微波辐射计，能够实时自动计算顶空大气温度、湿度、云水分布以及水汽、液态水含量等多种大气参数，同时还能监测地面气温、湿度、气压、降水等气象要素。布设地基 Ka 波段测云雷达、C 波段调频连续波云雨廓线雷达、微雨雷达，能够实时获取云顶高、云底高、云廓线结构、垂直速度定量降水率、雨滴谱尺寸分布、雨强、雷达反射率因子、粒子下落速度和液态含水量等参数，实现云降水连续演变过程的探测；同时，结合测量范围为 0.2～5 mm 的激光雨滴谱仪可以实现对降水垂直结构分布和演变特征的观测。布设重力波监测仪，能够实现对大气重力波的实时监测，进而得到强对流天气过程发生时间和方位的预判，可用于天气过程短临预报，特别是强对流天气预警。

(2)云微物理观测能力

机载探测设备可实现云滴粒子数浓度及其谱型，冰晶粒子、雪晶和降水粒子数浓度及其形态特征，过冷水分布等参量。云滴粒子谱探头 CDP 和 FCDP，可以测量 2～50 μm 的云滴粒子数浓度、粒子尺度谱、液态水含量等，一般以 10 个/cm^3 作为液态水云的判断标准。粒子图像探头 CIP、2DS、HVPS 和 CPI，使用线性光学阵列(如 CIP、2D-S)的粒子成像探头通常具有像素大小为 10～25 μm 的分辨率，而使用 CCD 的 CPI 探头通常具有更小的分辨率(2～3 μm)，粒子图像探头主要测量冰晶、雪晶、降水粒子数浓度、粒子尺度谱、冰相含水量和粒子的二维图像，能够更好地区分球形和非球形粒子。Rosemount 结冰探测传感器，通过测量一个圆柱形振动探针的固有频率，冰晶粒子会从探针表面弹开，而过冷水在撞击时会在探针表面形成液体膜，然后迅速变成冰，振动频率随着冰在探针表面的堆积而变化，可用于探测云层中过冷水的存在。总水量仪 Nevzorov LWC/TWC 主要用于云中液态水含量(LWC)和总水含量(TWC，包括液态和冰相)的测量，由 LWC 传感器和 TWC 传感器两个独立的传感器组成，LWC 传感器为圆柱状，仅收集激态水滴；TWC 传感器为倒锥形深槽结构，用于采集液态和冰相粒子。传感器通过加热蒸发液态或冰相粒子，测量所需热量以计算 LWC 和 TWC。

9.1.2 生态修复型人工影响天气作业能力建设

生态修复型人工增雨(雪)作业，针对不同季节天气和云系特点，将增雨(雪)作业按季节调整为冬季增雪以飞机和地基烟炉为主，春秋季增雨以飞机、火箭为主，夏季以火箭为主。冀中南(黑龙港流域)地下水压采服务保障作业区和白洋淀水生态修复试验区，重点开展粮食生产安全、地下水补充和白洋淀流域水生态修复人工增雨(雪)作业。冀西北生态环境支撑作业区，重点开展增加地面水资源、防沙育林、降低森林草原火险等级、扑灭森林草原火灾等人工增雨(雪)作业。冀东水源涵养作业区和燕山南麓地形云增雨试验区，重点开展水库蓄水、森林草原防灭火和水源生态涵养人工增雨(雪)作业(图 9.7)。

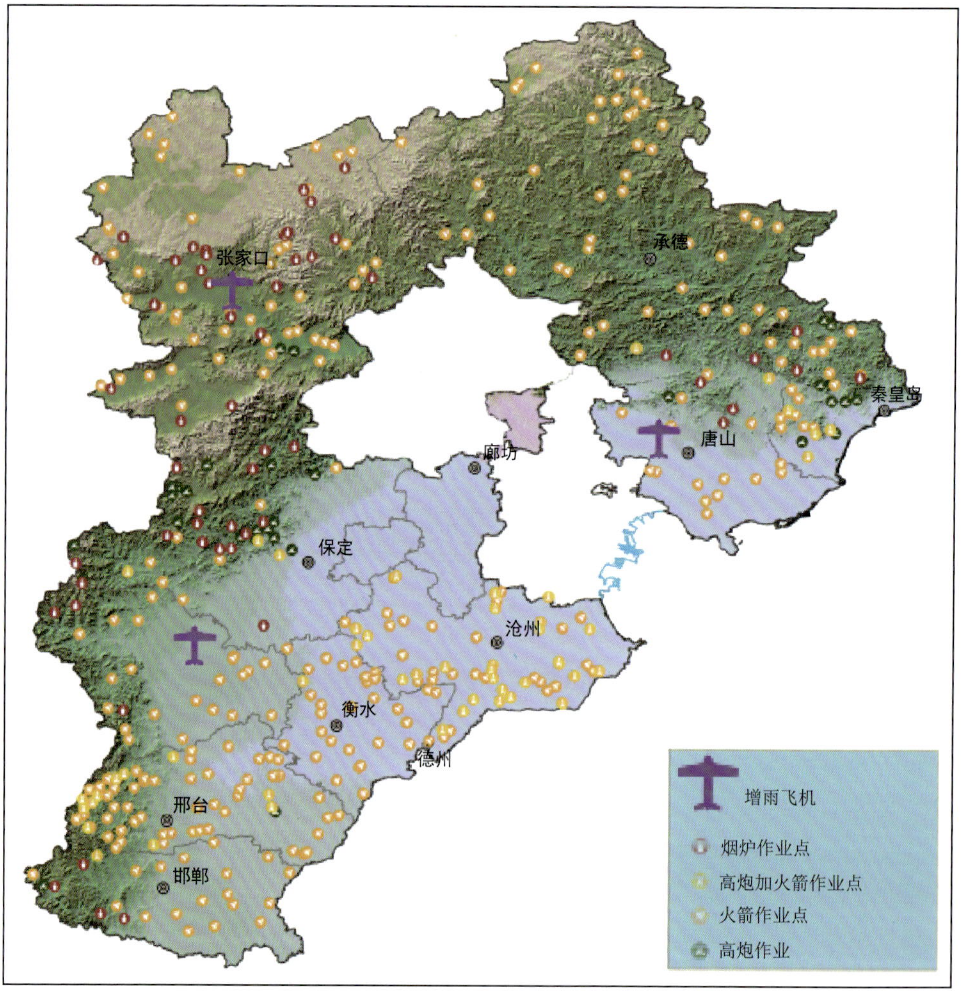

图 9.7 生态修复型作业布局

石家庄飞机人工增雨和科学实验基地、冀东和冀西北飞机增雨基地和213个标准化固定作业点，提供飞机、地基作业基础设施保障。

石家庄飞机人工增雨和科学实验基地，占地面积70亩，建筑面积9200 m^2，包括指挥调度中心、飞行保障中心、科学实验中心，以及双75 m^3膨胀云室、20～180 m/s风洞实验室等5个单体建筑，承担着河北省空地一体化作业指挥调度，飞机增雨机组和作业人员生活保障，重大活动保障试验中心，机载探测装备设备研发、中试和考核，国家重大科技攻关，人工影响天气野外试验，高层次人才培养等任务，是国内一流的具有现代化人工影响天气作业指挥调度系统以及较为完善的飞行保障系统的国家级飞机人工增雨基地，是以机载探测装备和催化剂中试、考核为主的国内一流的科学实验基地。

冀东飞机增雨基地，建筑面积约1325 m^2，具备飞机增雨作业调度指挥、人工影响天气作业天气会商、地面作业预警、机载探测设备维护、机组人员保障等功能，显著提升了冀东地区人工增雨(雪)作业的能力和水平。在云水资源开发、气象防灾减灾保障粮食安全、冀东地区水资源短缺缓解、环首都圈城市供水安全保障、生态建设和保护、森林草原防灭火等领域发挥了积极作用。

冀西北飞机增雨基地，建筑面积约500 m^2，以开发空中云水资源、建立水源涵养和生态支撑型人工影响天气业务体系，提升冬奥会人工增雪气象服务保障能力为重点，承担着冀西北地区空地联合作业方案设计、实时指挥、云降水物理探测、催化剂储存等综合保障功能，具备开展生态修复型空地一体化人工增雨(雪)联合作业、应急人工影响天气服务及重大活动保障的能力。

9.1.3 不同类型作业区建设

围绕河北省环京津生态过渡带、坝上高原生态防护区、燕山—太行山生态涵养区、低平原生态修复区、沿海生态防护区五个生态环境支撑区的需求，充分利用现有作业装备，优化资源配置，提高天气过程利用效率，加大空中云水资源开发力度，服务京津冀生态文明建设和经济发展。划分五个具有不同服务保障功能的人工影响天气特色作业区和试验示范区：冀中南(黑龙港流域)地下水压采增雨作业区、冀西北生态环境支撑作业区、冀东水源涵养作业区、燕山南麓地形云增雨试验区、白洋淀水生态修复试验区(图9.8)。

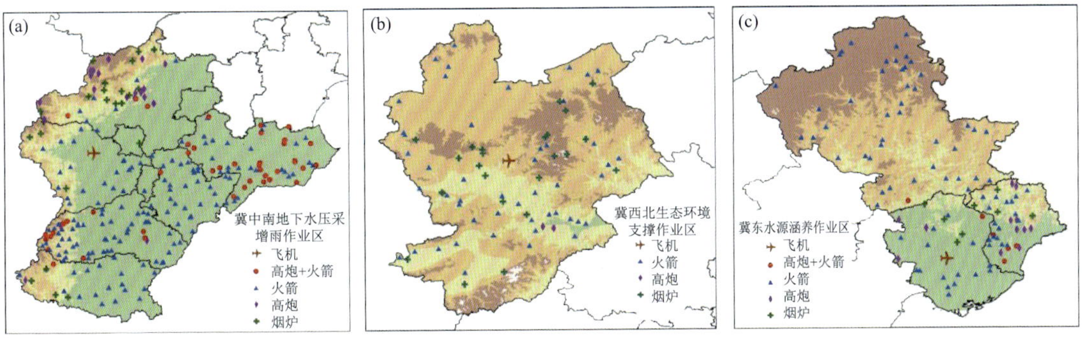

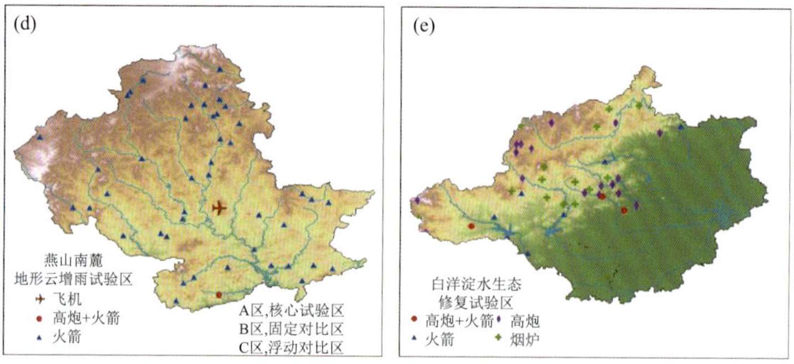

图 9.8　冀中南(黑龙港流域)地下水压采增雨作业区(a)、冀西北生态环境支撑作业区(b)、冀东水源涵养作业区(c)、燕山南麓地形云增雨试验区(d)、白洋淀水生态修复试验区(e)作业装备布局图

9.2　飞机人工增雨(雪)技术

9.2.1　飞机作业天气条件、作业指标和潜力区识别技术

9.2.1.1　适宜作业天气系统和作业云层、部位

根据河北省 2012—2014 年适宜飞机作业天气系统统计分析表明:地面影响系统包括冷锋、气旋、冷高压和低压区(这里的低压区特指低压带、相对低压区、倒槽,而地面没有明显锋面);高空系统(当 700 hPa 没有低涡时,以 500 hPa 系统为主)有低槽、低涡等(表 9.6)。从表 9.6 可知,适宜作业的层状云系统以低槽冷锋、低槽气旋和低槽低压区型为主,分别占 18.57%、22.86%和 15.71%。

表 9.6　河北省 2012—2014 年适宜飞机作业天气系统统计

地面影响系统	冷锋		气旋				冷高压	低压区(倒槽)	
高空影响系统	低槽	低涡	西北涡	西南涡	东北涡	低槽	低涡	低槽	低涡
飞行架次数	13	6	5	1	6	16	7	11	5
百分比	18.57%	8.57%	7.14%	1.43%	8.57%	22.86%	10.00%	15.71%	7.14%

统计 2012—2014 年春秋两季 62 次作业层状云特征表明:春秋季降水性层状云发展时期垂直结构上一般分为三层,最上层为尺度很小的冰晶;中间为冰水混合层,以高层云为主,其物理过程包括冰雪晶的凝华增长、淞附、聚合以及过冷水的直接冻结等;下层为暖层,该层存在明显的零度层回波亮带。发展初期,三层云间存在夹层,夹层限制了上层云对下层云降水的作用,随层状云发展三层云垂直合并,上层层状云内形成的冰晶聚合体等降水粒子在零度层下方融化,形成下降的大滴,降落的大滴与暖层上升的小滴碰并增长形成雨滴,促进地面降水,这种冰相过程为主导的"催化-供给"机制有利于地面降水。冷云人工增雨机制是,当冷云中冰晶浓度低于 20 个/L 时,由于冰核匮乏,减慢水汽凝华增长及冰晶形成速度,进而影响降水粒子形成和地面降水。若此时在云内人工增加适量的碘化银冰核等催化剂可促进冰晶生成,产生更多更大的冰晶聚合体等降水粒子,可增加暖层降水粒子浓度,最终增加地面降水。适宜飞机作业云层一般为高层云或层积云,云底高度在 1000～2000 m,云厚在 3000～4000 m,作业层温

度在−4～10 ℃，云顶温度在−10～20 ℃，云内平均过冷水含量 0.04 g/m³，作业后地面皆有明显降水（表 9.7）。

表 9.7 降水云系分类及其特征

云系	飞行架次	平均云底高度/m	平均厚度/m	平均雨强/(mm/h)
As-Sc	36	1270	3800	0.86
As-Ns	19	950	4400	1.53
Asop	4	3060	2510	0.30
Scop	3	1830	2360	0.59

统计 2021 年 11 月—2022 年 2 月 20 次增雪作业层状云表明：冬季增雪云层 般为单一冷云，云底高度 700～2500 m，云顶高度 1200～5000 m，当云顶温度低于−24 ℃时，云内 CIP 粒子浓度超过 20 个/L，一般在 50 个/L，最多达 81 个/L，而作为过冷水存在的 CDP 粒子稀少，不适宜作业。通常将−24～−10 ℃的温度范围称为"播云温度窗"，作为可播区的重要参考。

9.2.1.2 飞机增雨作业条件监测识别作业指标

根据河北省"八五"以来多项研究成果（段英 等，1998）的汇集，得出飞机增雨作业条件监测识别作业指标（表 9.8）。

表 9.8 飞机增雨监测识别作业指标

判别内容	判别指标	判别方法及途径
云系及云状	Ns-As，Fn；As-Sc，fc	地面或飞机观测
云底高度	<2 km	飞机实测
云顶高度	>4 km	飞机实测
云体厚度	>2 km	飞机实测
过冷层厚度	>1.5 km	飞机实测
云顶温度	−24～−4 ℃	飞机实测
催化层高度	4～5.5 km	飞机实测
催化层温度	−20～−4 ℃	飞机实测
云中过冷水	≥0.01 g/m³ 不考虑冰晶浓度	机载云滴谱探头
云中过冷水	≥0.3 g/m³ 考虑冰晶浓度	机载云滴谱探头
平均冰晶浓度	几个/升～几百个/升	机载二维云粒子探头
组合雷达回波	回波强度≥15 dBZ	雷达
云中水凝物总量	≥1 g/kg	GRAPES 模式产品
垂直累积过冷水	≥0.1 g/kg	GRAPES 模式产品
冰晶数浓度	≤30 个/L	GRAPES 模式产品

9.2.2 增雨(雪)作业条件的飞机观测

9.2.2.1 云结构飞机观测技术

(1)垂直观测的目的主要是了解云的结构和不同层次云微物理特征，以及降水粒子的增长情况和作业条件。应结合降水特征与高空风的分布状况，拟定垂直观测航线如图 9.9 所示。图中显示进行飞机垂直观测，应从云底或最低飞行高度开始，爬高 300 m 或 600 m；左（或右）转弯（半径为 5～10 km）180°；平飞 20 km 转弯 180°后，重复上述飞行动作至云顶或升限高度。取样观测在爬高和平飞的各层过程中连续进行。

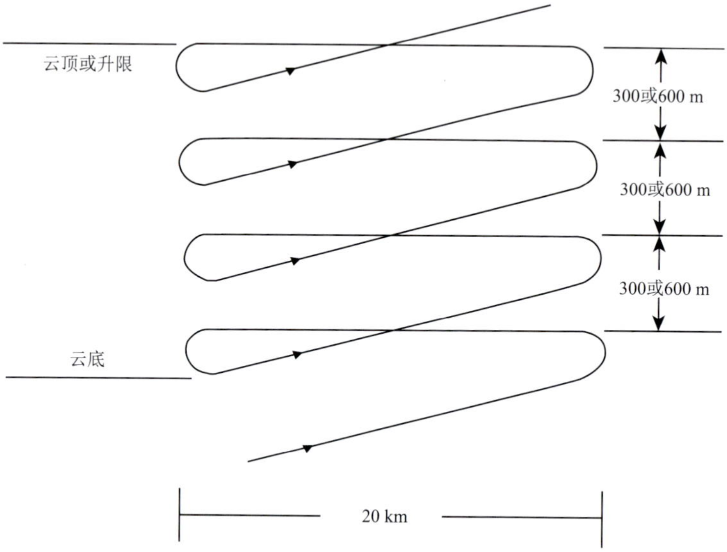

图 9.9　云垂直飞机观测航线示意图

（2）水平观测目的是对云中各参数进行持续的观测取样，以了解云与降水物理结构水平分布特征。水平观测可以结合选择人工增雨（雪）作业地点进行，了解冷层或暖层的含水量大小、温度、高空风等，判断人工增雨条件，作为选择催化层的参考条件（图 9.10）。

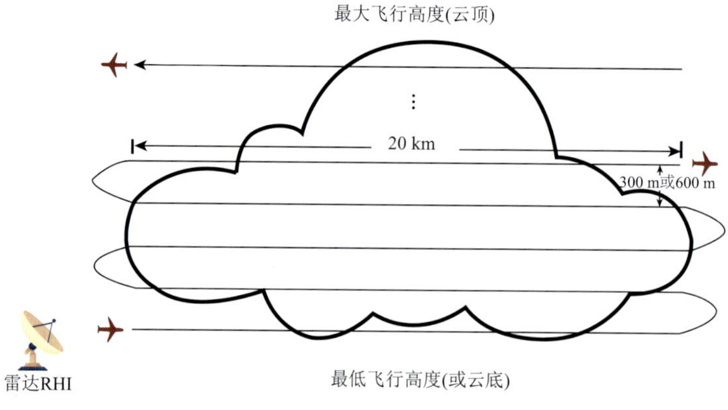

图 9.10　云水平观测航线示意图

9.2.2.2　太行山东麓人工增雨作业条件飞机观测

2017 年 5 月 22 日，受西风槽天气系统的影响，在河北中南部出现积层混合云。为研究太行山东麓区域积层混合云结构特征以及增雨作业后云的响应和增雨效果，飞行方案设计为：首先飞机在作业区(A 区)开展垂直探测,获取增雨作业条件,为地面开展火箭增雨提供观测数据;然后飞到对比区(B 区)开展垂直探测,获取对比区云微物理特征和云垂直结构特征,为 A 区作业效果对比提供观测数据;待 A 区地面火箭增雨作业完成后,飞机再次进入 A 区开展火箭增雨效果物理检验探测。依据高空风和云系移动特征,在试验区域连续进行了 5 次垂直探测,飞机探测飞行轨迹见图 9.11。

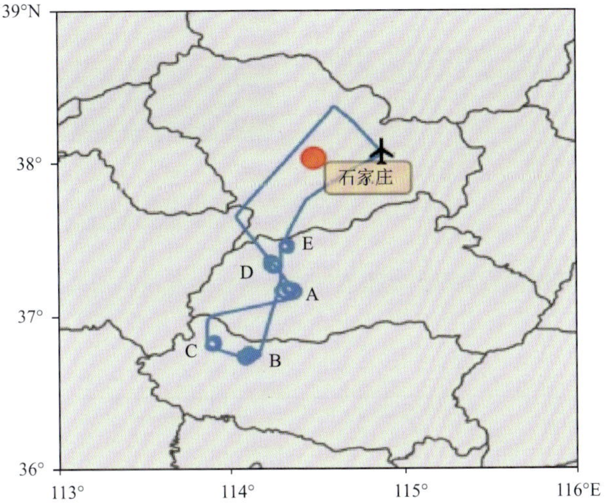

图 9.11　飞机探测设计方案实施实况图(亓鹏 等,2019)

飞机探测实况显示,这次天气过程云系深厚且较稳定,作业区和对比区云中的微物理条件具有可比性,完全具备开展地基增雨作业的云物理条件。亓鹏等(2019)和孙玉稳等(2019)分析了这次飞机探测云结构、云微物理作业条件(图 9.12、图 9.13):回波在 15 dBZ 以上,云中含水量大部分时段大于 0.1 g/m³(图 9.14),云顶温度−17 ℃,云底温度+15 ℃。0 ℃层在 3.4~3.7 km,是理想的人工增雨对象。

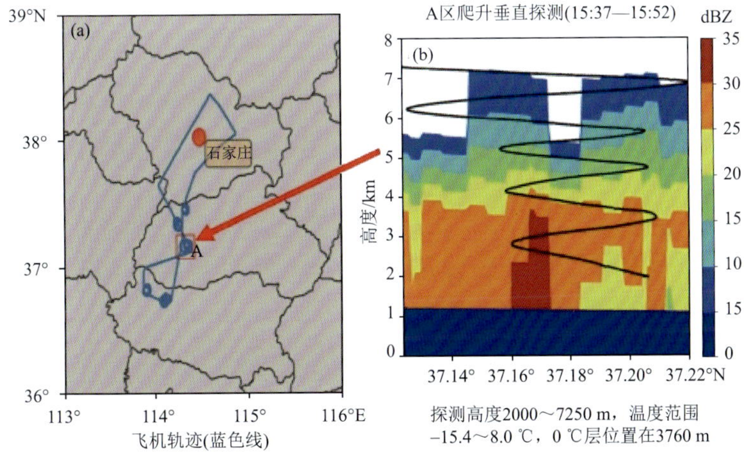

图 9.12　(a)飞机全程连续 5 次垂直探测平面投影图;
(b)飞机在作业区 A 的垂直探测航迹与对应时空的回波强度叠加图

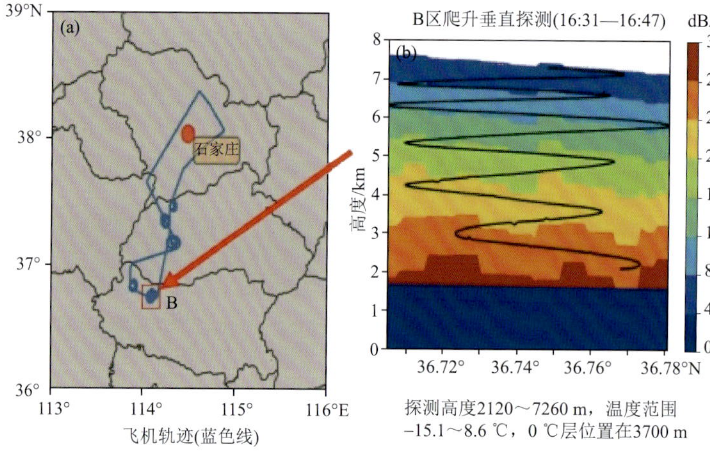

图 9.13　(a)飞机全程连续 5 次垂直探测平面投影图；(b)飞机在对比区 B 区的垂直探测航迹与对应时空的回波强度叠加图

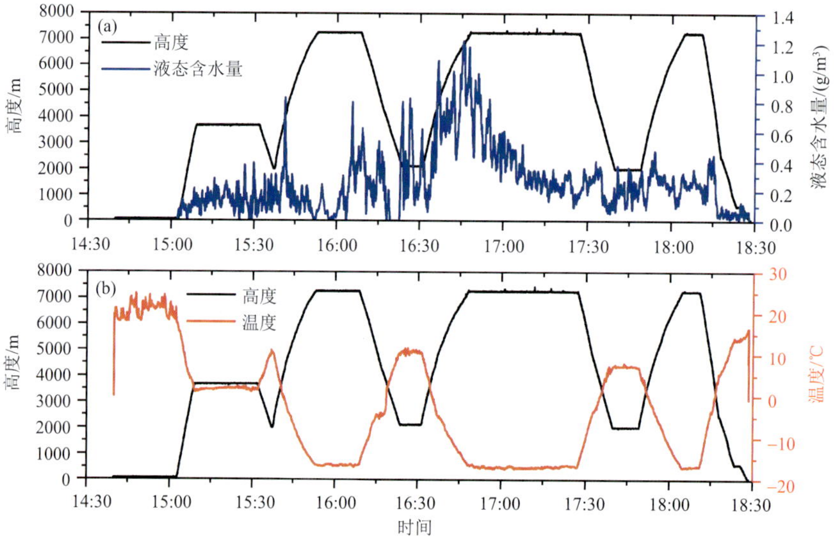

图 9.14　2017 年 5 月 22 日“空中国王”云中液水含量(a)和温度(b)随高度的时间变化廓线(孙玉稳 等，2019)

9.2.3　飞机增雨(雪)作业效果物理检验

人工增雨(雪)作业效果物理检验是在人工影响天气物理概念基础上，通过设计催化试验，模拟自然云演变过程，对比模拟的自然云与试验观测的催化云宏观和微物理特征的差异，从而检验催化云的作业效果的检验方法。物理检验参数包括：一是云微物理参数，如液态水含量、小云粒子浓度、大云粒子浓度和降水粒子浓度等；二是动力学参数，如回波顶高、回波强度、最强回波高度、回波水平、垂直向的尺度、强度梯度和回波持续时间等；三是冰核扩散传输、降水物化学物理特性参数等。尽管物理检验日益受到重视，但是由于其技术难度大，要求装备水平高，至今仍处于探索发展阶段。

9.2.3.1 飞机催化作业方案设计

河北省飞机作业高度通常选在温度为－12～－5 ℃、过冷水丰富的层状云上部浓密云层，作业航线可在同一高度层沿垂直高空风方向“S”形航线飞行，考虑催化剂扩散，航线从高空风的下游逐步向上游延伸，航线之间的距离在 5～6 km。当作业完成后，为验证作业效果，可在同高度垂直作业航线飞行(图 9.15)。

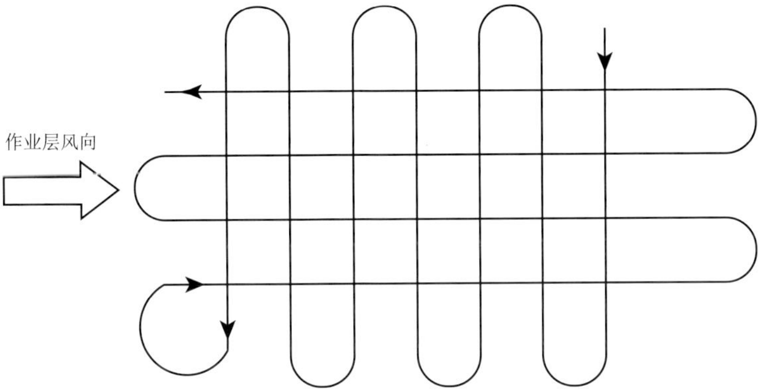

图 9.15　水平作业及效果检验设计方案示意图

9.2.3.2 飞机增雨(雪)作业效果物理检验

(1)2013 年 4 月 19 日河北中南部地区受回流和西风槽天气系统的影响，0 ℃温度层出现在 250 m 左右，适宜催化过冷层深厚的层状云系，针对层状云特征采用在作业区分层催化，然后依靠高空风水平扩散的催化作业方案，即分别在 11 个高度层（1071 m、1379 m、1986 m、2596 m、3180 m、3916 m、4532 m、5113 m、5724 m、6333 m、6922 m）从石家庄至高邑水平飞行催化，作业后，在系统下游栾城影响区做垂直穿云探测(图 9.16)。作业燃放 18 根碘化银烟条(含量 10 g/根)。根据天气系统移动方向和速度，确定影响区和对比区(图 9.17)。以对比区云作为自然云，比较对比区和催化影响区云参量差异，从而检验催化云物理响应。作业后影响区雷达反射因子、卫星反演参量和实测云内微物理特征量都有明显变化。影响区地面平均降

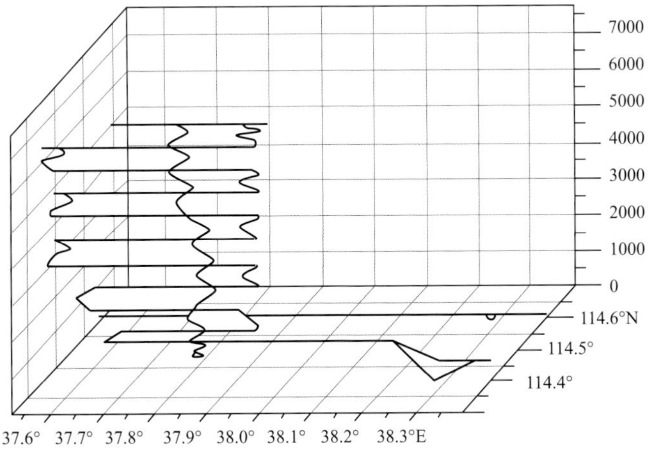

图 9.16　2013 年 4 月 19 日飞机增雨催化作业航线图

水量 21 mm，对比区平均降水量 11.4 mm，地面降水的区域变异经 t 检验显著。

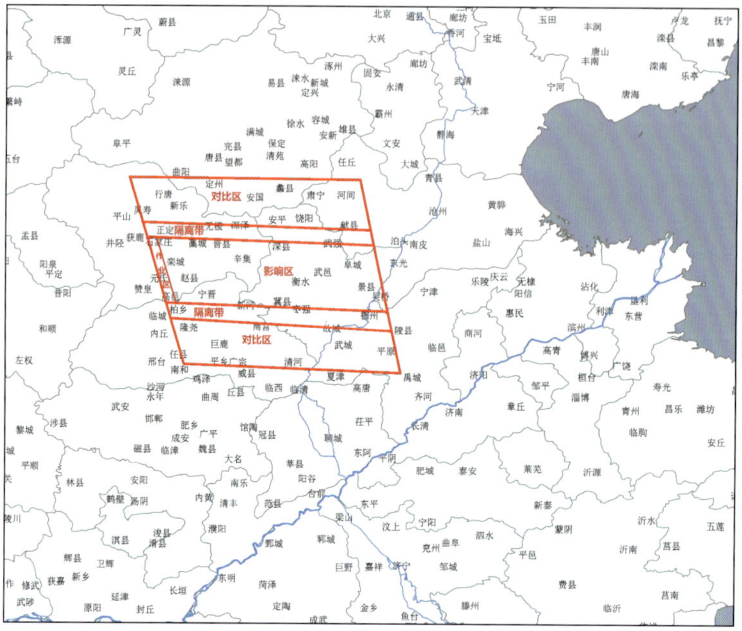

图 9.17　2013 年 4 月 19 日效果区与对比区示意图

(2)2020 年 11 月 21 日出现冷锋过程，层状云云层较薄，3000 m 以上透光度较好，针对层状云特征，首先在 2700 m 作圆形催化，然后在催化区域下方 2000 m 高度层作效果检验观测，并利用卫星进行同步观测，以验证催化后层状云的物理响应的催化观测方案。本次飞行从正定机场起飞，向南飞行至 2100 m 高度的实验地点后，飞机首次从 2100 m 向下飞行至 900 m，然后从 842 m 到 3907 m 缓慢飞行，了解云垂直结构的基础上，进行向下飞行至 2700 m 高度的人工增雨催化试验，共播撒 13 根碘化银烟条。飞机继续盘旋返回 2700 m 处的播撒位置，观测云微物理特性的响应。完成第一次播云试验后，飞机进行第二次播云试验，在 2000 m 高空播撒了 7 根碘化银烟条，然后继续在 2000 m 处飞回播撒位置，以测量云微物理特性的响应。作业示意图见图 9.18(Dong et al.,2021)。

图 9.19 显示了播云前后 2700 m 高度飞行轨迹上的云滴数浓度。云播种实验主要从 A 到 B(顺时针)区域进行。播云前后的云粒子图像(图 9.20)显示，在播云之前，云粒子是小的球形液滴；播云后，部分云滴迅速变成不规则的大冰晶，以板柱为主。播云使总云粒径谱变宽，雾滴数浓度降低；CIP 的最大粒径增加，HVPS 的最大粒径增加。因此，云播种有助于将球形云滴转化为冰粒子。

播云后 20 min 地面气象雷达观测到初始半圆形雷达带形成(图 9.21)，回波强烈，形状与飞机飞行轨迹相似，双极化多普勒天气雷达(CINRAD-SA)确定的云中粒子形状，主要为冰晶、雪和毛毛雨，这与飞机上云图观测器的发现一致。FY-4 地球静止卫星在 12:34 观测到可见云反射，卫星云图上显示了播云作业的痕迹(图 9.22)，即在云催化径迹下风方向(飞行圆形轨迹以东约 18 km 处)形成的半圆形云顶凹陷，表明播云使云上部过冷水滴变成了冰晶、雪花后下沉。

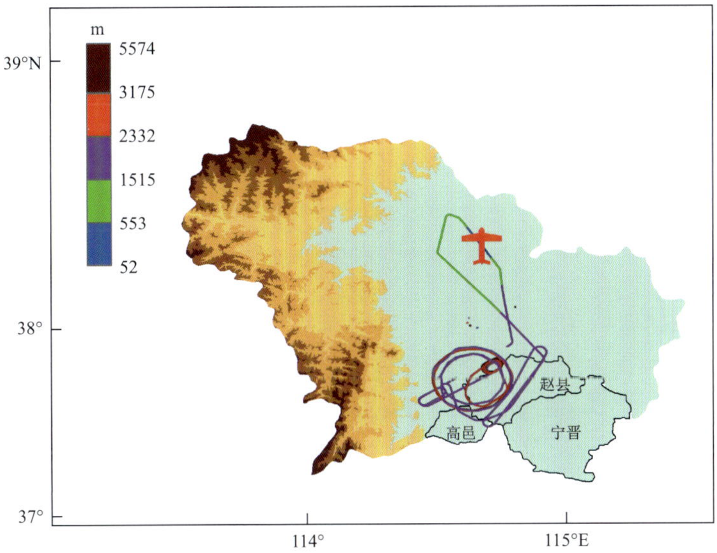

图 9.18　2020 年 11 月 21 日野外试验区海拔地形及飞机飞行轨迹

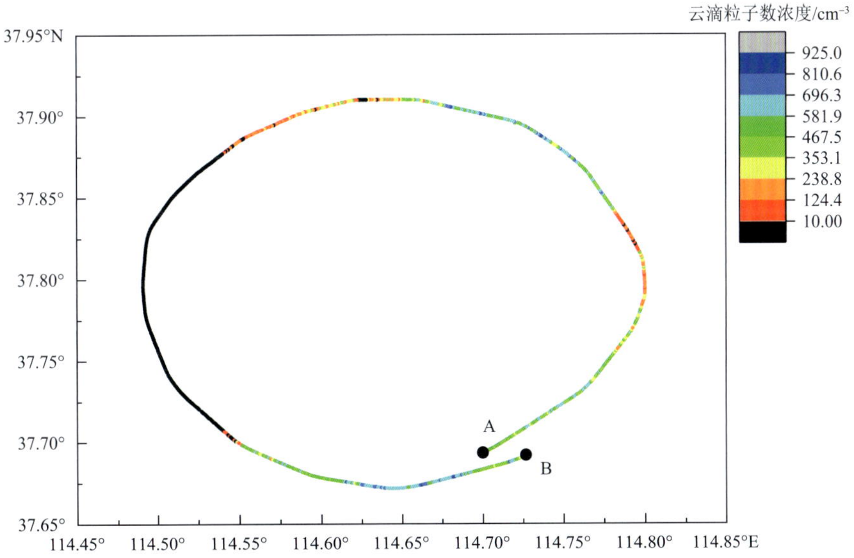

图 9.19　播云前后在 2700 m 高度沿飞行路径的云滴数浓度

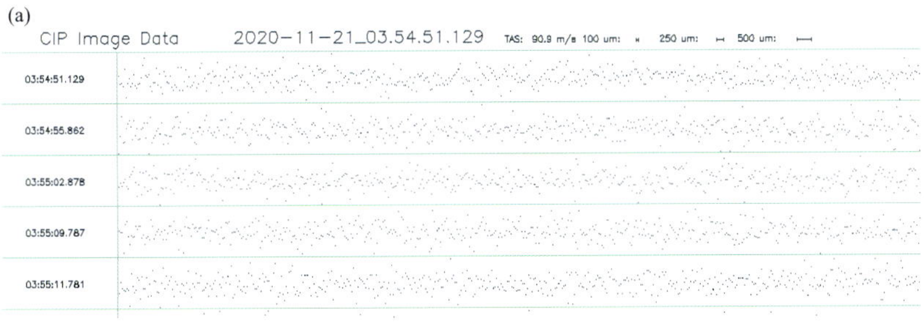

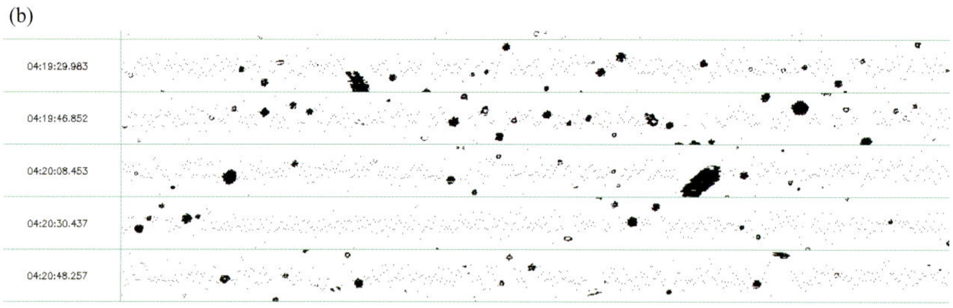

图 9.20　播云之前(a)和播云之后(b)的云粒子图像

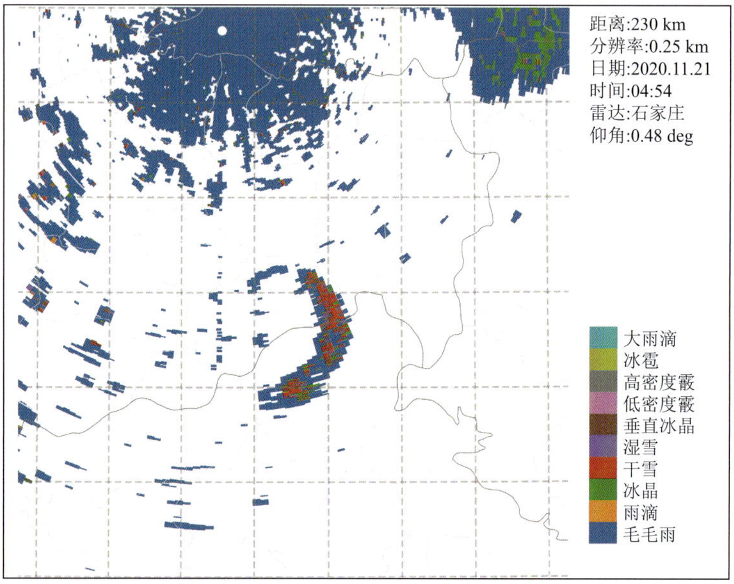

图 9.21　用双极化多普勒天气雷达(CINRAD-SA)识别的粒子形状

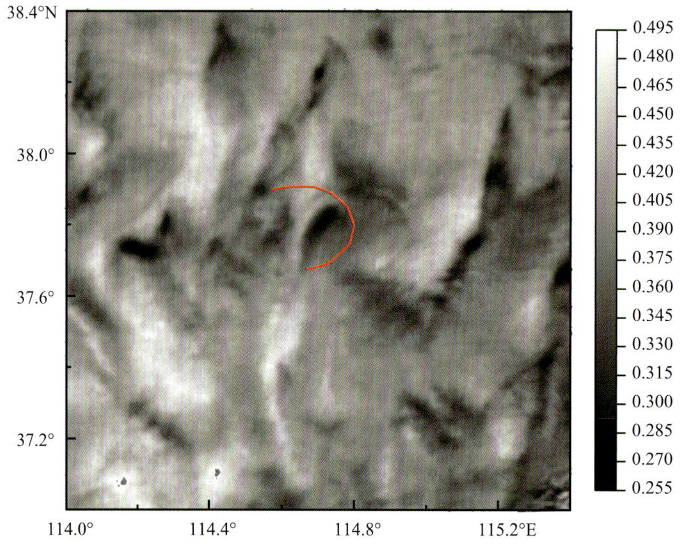

图 9.22　FY-4 对地静止卫星的可见光云层反照率(红线是带有云播种的飞行轨迹)

地面降水图 9.23 显示，2020 年 11 月 21 日 09:00 自然降水结束，赵县又出现两次短时降水，分别在 12:54—12:56 和 13:26—13:34；宁晋两次短时降水发生在 13:05—13:14 和 14:13—14:22，总降水量分别为 0.04 mm 和 0.042 mm。而不受播云实验的影响高邑 21 日 09:00 以后不再降水。

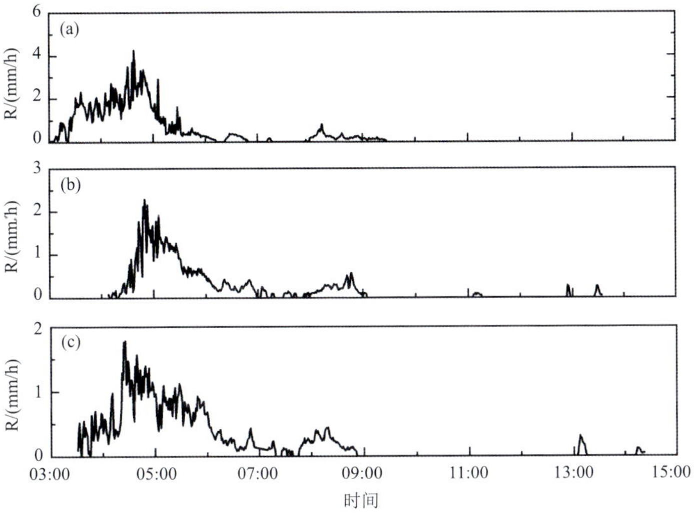

图 9.23 2020 年 11 月 21 日 03:00—15:00 在高邑(a)、赵县(b)、宁晋(c)地面站观测到的降水量

9.3 火箭高炮人工增雨防雹技术

9.3.1 冰雹发生规律与人工防雹

9.3.1.1 河北省冰雹的地理分布

利用 1979—1993 年历时 15 年的全省降雹资料统计分析表明，河北省降雹的地理分布特征为：北部多于南部，山区多于平原，高纬度地区多于低纬度地区。地处冀北高原的张家口为降雹最多的地区，如崇礼县 15 年累计降雹日数达 107 d。

研究结果还表明，张家口地区是河北省冀西北地区雹云的主要发源地。承德、保定西部也是降雹相对多的地区，年平均降雹日数 4～7 d。其中，涞源县降雹最多的年份降雹 27 d；另外，太行山东麓的石家庄、邢台、邯郸三市的西部山区，年降雹日数 2～3 d，也相对比平原多。当降雹发生时，破坏力极强，常常对农业、交通、城市设施等造成严重危害，尤其是对农业生产的危害最大。一场猛烈的冰雹，往往使几十万乃至几百万亩庄稼毁于一旦，冰雹灾害的频繁发生，不仅影响农业生产和国民经济的快速稳步发展，而且会对生态环境造成不同程度的影响。河北省冰雹主要路径和年降雹日数地域分布如图 9.24 所示。

需要强调的是，河北省冰雹主要路径分布图(9.24a)中的冰雹路径，是依据常规气象台站多年降雹资料绘制的。由于常设的气象台站比较少，冰雹又常常发生在中小尺度天气系统内且受地形或下垫面状况影响明显，所以降雹的观测往往有很强的局地性，而大多数常规气象台

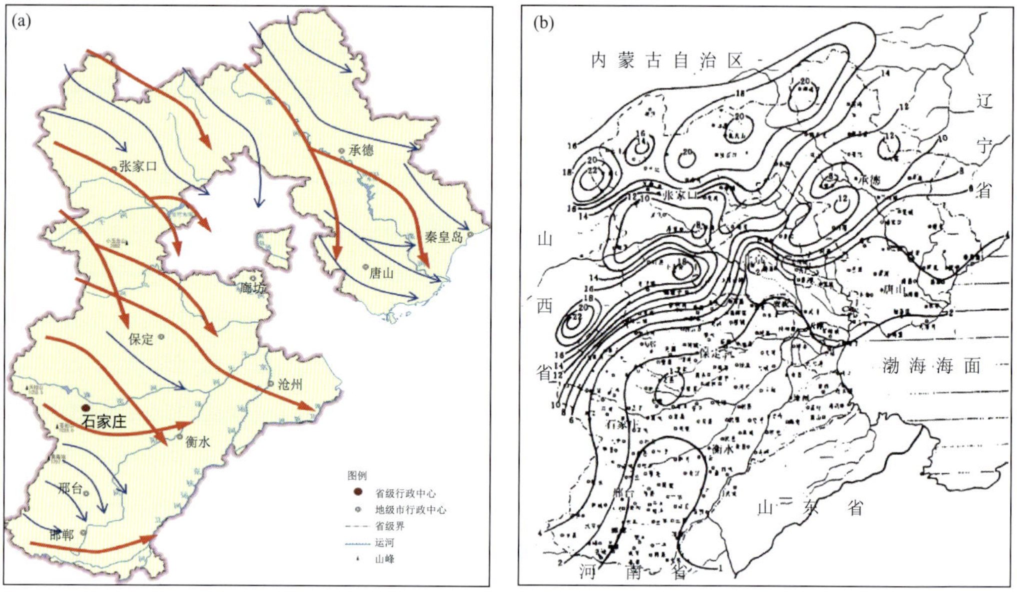

图 9.24 河北省冰雹主要路径分布(a)和京津冀年降雹日数的地域分布(b)

站又多布设在城镇,以至于即使在同一天内发生在同一县级行政区内(除观测站所在的有限区域外)不同地点的冰雹漏测。因此,在进行某一地区的降雹地域分布规律研究和总体防雹点设置方案设计时,要尽可能地利用区域内水文站、防雹点的降雹观测资料,同时对区域内的冰雹灾情报告也有很好的分析参考价值。

图 9.24b 是根据 1951—1998 年北京、天津、河北三个地方的气象站、有关防雹炮点、水文站及冰雹灾情报告资料,并参考了周边山西、辽宁、内蒙古三省(区)的有关资料,综合分析后绘制的京津冀冰雹日数地域分布图(段英 等,1999)。图中显示,河北省的山区和坝上地区的降雹日数比本节前面描述的仅用常规气象台站降雹资料得出的区域降雹日数要多得多。由此可见,对于这一重要事实,各地在进行防雹总体方案设计和进行防雹作业点布设规划时,要引起足够的重视。

9.3.1.2 雹灾与人工防雹

受地理位置与天气背景条件影响,河北省是冰雹多发省份,20 世纪年平均降雹面积约 1000 万亩,开展人工防雹需求强烈。全省有组织群众性的人工防雹活动始于 20 世纪 60 年代的 1958 年,至今已经延续 60 多年,期间也出现过波动。防雹技术手段从起初的土炮、土火箭作业技术逐步发展到 20 世纪 80 年代开始在全国范围陆续采用的“三七”高炮防雹技术所代替。从 1990 年起,全省高炮防雹工作得到了迅速的发展,截至 2000 年,全省有 10 个市的近 73 个县开展高炮防雹工作,在全省范围基本建成了人工防雹作业和业务技术体系。作业保护区内基本上避免了雹灾的损失,有效地保护了全省农业特别是“两高一优”农业生产。人工防雹工作受到各级政府和广大农民群众的高度赞扬。据历史资料统计分析,1990 年开展高炮防雹之前全省年平均雹灾面积 1000 万亩左右,1990—2006 年雹灾面积降到 600 万亩左右,见图 9.25。

进入 21 世纪初,随着我国人工影响天气技术装备和作业技术的不断发展,利用火箭携带

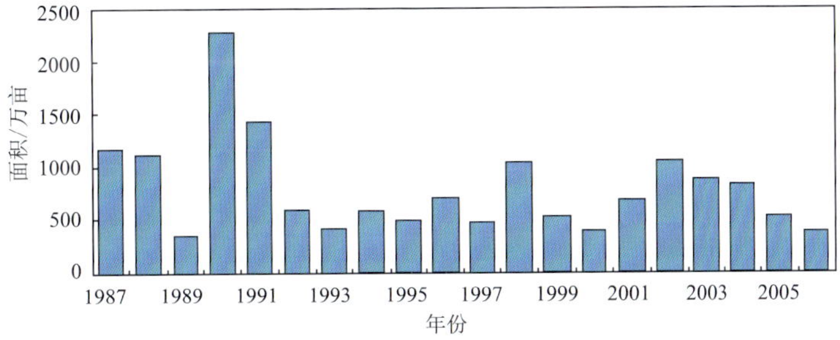

图 9.25　1987—2006 年逐年平均雹灾面积

播云催化剂的人工影响天气作业技术在河北省得到迅速发展。人工增雨防雹的作业目的由原来单纯的抗旱减灾向云水资源开发利用、水库蓄水、补充地下水、森林灭火、生态环境修复与保护、大型社会活动保障等方面转变，且发挥的作用越来越大。

9.3.2　火箭高炮作业布局调整与作业进展

9.3.2.1　火箭高炮作业布局调整

从 2014 年开始，随着太行山东麓地下水压采对加大区域人工增雨作业力度的需求，河北省中南部区域的地基人工增雨防雹作业布局在扩大规模的同时，通过调整和增加山区标准化作业点布局建设，逐步实现了在太行山山区加大增雨防雹作业力度的目的。

太行山东麓人工增雨防雹试验区人工影响天气地面作业高炮火箭站点布局见图 9.26。太行山东麓地基火箭高炮增雨防雹的作业布局和规模的不断扩大，使其地基人工影响天气技术在区域防雹减灾、云水资源开发利用、缓解区域旱情、流域和水库蓄水、森林灭火、生态环境保护与修复、大型社会活动保障等方面发挥的作用越来越明显。

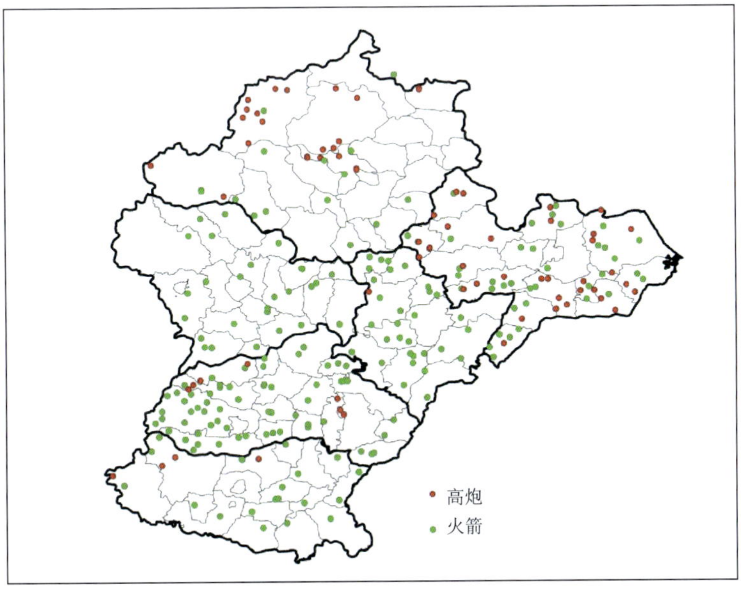

图 9.26　太行山东麓试验区火箭高炮作业站点布局

在上述太行山地基人工增雨作业技术试验区的保定区域内，全区域面积约 2.2 万 km^2，开展人工增雨防雹作业的县(市、区)18 个，即涿州市、安国市、高碑店市、安新县、阜平县、高阳县、涞源县、涞水县、蠡县、曲阳县、容城县、顺平县、唐县、望都县、雄县、易县、满城区、徐水区。有火箭作业站点 20 个，高炮作业站点 26 个，遥控碘化银地基烟炉 10 个，其中已建成标准化人工影响天气作业站点 25 个，详见图 9.27。

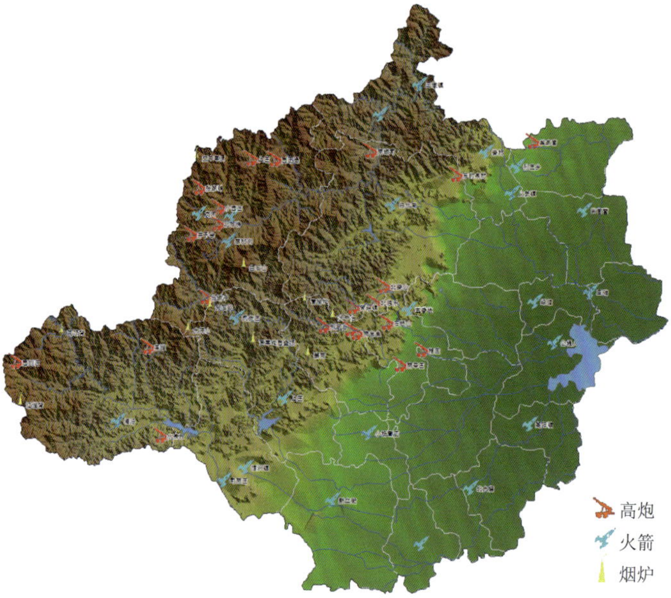

图 9.27　保定区域地基人影作业布局图

9.3.2.2　生态修复型人工增雨防雹作业目标

进入 21 世纪以来，干旱、冰雹、暴雨等气象灾害引发的泥石流等次生灾害频繁发生，引发京津冀地区的生态环境问题进一步恶化。比如降水量减少，导致区域水库蓄水不足、河流断流、湖泊干涸、土地沙化、草原退化、风沙和沙尘天气多发，保护与改善区域生态环境的任务趋于加重，引起了社会各界的广泛重视。因此，利用现代人工影响天气技术防雹减灾，开发空中云水资源，增加地面降水量，涵养水源，改善生态环境，加强人工影响天气能力建设，成为增雨防雹作业的目标。

9.3.3　防雹技术研究进展

9.3.3.1　防雹技术研究进展简述

自从 20 世纪 50 年代我国开展有组织、有科学概念指导的防雹以来，河北省的人工防雹活动就一直与有关的科研相互伴随着延续发展至今。其中 20 世纪 50 年代由原中央气象局专家和河北省气象部门人员在河北省涞源县开展的防雹外场试验至今仍然还有一定的影响力。

20 世纪后期，由河北省气象部门与中国气象科学研究院等单位分别于 1985—1990 年和 1990—2000 年以及 1996—2001 年，先后完成了在河北张家口地区、保定满城、保定涞源三个人工防雹科学研究和外场试验计划。

上述研究针对我国人工防雹中存在的关键科学技术问题，采用当时国际上使用的先进雷达、闪电定位仪、测雹板等新型设备对冰雹云进行多种探测手段联合监测，并采用常规资料以及外场试验与数值模拟相结合的方法，开展了多方面的研究内容。通过对不同类型冰雹云结构的综合观测和“爆炸防雹”等外场试验，对冰雹增长机制、作业条件、作业综合判别指标和作业技术等问题开展多学科攻关，最终建立了防雹科学概念模型(许焕斌 等，2000，2004)。在高炮火箭防雹方面获得了系列成果(陈光学 等，2008；段英，2009)，并建成省市两级冰雹云监测和防雹决策指挥系统，推动了河北省人工防雹总体科技水平的明显提高，取得了显著的经济社会和生态环境效益。

9.3.3.2 爆炸防雹技术外场试验

早在 20 世纪后期，为了探讨爆炸对云和降水的影响，中国科学院、中国气象科学研究院等一些研究机构相继进行了专门的试验。结果表明，炮击促进了未降水对流云产生降水，已降水云增强了降水，炮击后雨滴谱变宽，出现双峰；雷达观测发现，炮击后雹云强度减弱，回波分裂、分叉，有的在炮击部位出现回波窟窿。黄美元等(1999)为了研究冲击波对气流的影响，专门进行了爆炸影响烟粒的实验。初步结果表明，炮击后 0.2～0.3 s，在爆炸波的作用下，出现烟道摆动和升速减弱现象，并认为爆炸产生的冲击波和爆炸碎片的高浓度粒子群作用，可以直接扰动或改变云中原来的上升气流，进而破坏了云的自然发展过程，或者产生不强烈的降雨、降雹，或者使冰雹云得不到进一步发展，在尚未形成大雹块的云中，有可能抑制冰雹的形成。

在上述工作基础上，1996—2001 年，河北省气象部门依托河北省科学技术委员会立项资助的“九五”科技攻关项目“人工防雹与农业减灾的研究”的支持，联合国家和河北省有关科研业务单位，结合我国高炮防雹的爆炸作用，进一步研究了爆炸产物中的冲击波、声波和扰动气流场对防雹产生的动力机制(许焕斌，2001)，以及微物理机制(段英 等，2001)，并进行了外场和模拟试验研究。结果表明，爆炸产物包括爆炸气体、高速飞溅物、冲击波、声波和扰动气流场，“三七”高炮的定点或分段序列爆炸，可在爆炸点周围形成一等效压强场，并在 100 m 范围内对 3～4 m/s 的上升气流制动至零。模式试验表明，按冲击波强度和距离关系推算，炮弹在离爆炸点 7 m，临界强度为 100 g/cm^2，在 20 m 为 20 g/cm^2，故“三七”炮弹可影响 3 m/s 的环境气流场，而且维持时间达 2～4 min。因此认为，对雹云“穴道”区进行几十甚至上百发炮弹炮击爆炸，会明显影响“穴道”的动力性能和干扰大雹增长运行的进程，并在此认识基础上阐述了爆炸作用与播撒作用的结合过程，指出炮弹在冰雹“穴道”中的连续爆炸作用，使“穴道”破裂或变弱，使其内在的冰雹或大雹胚落出，达到“提前降水”，而较小的粒子仍留在“穴道”中参与“竞争”的过程(许焕斌，2021)。

经外场试验中对自然中等大小浓积云的观测表明，其生命期 30～40 min，移向、移速、强度等变化相对稳定，未发现突然减弱或消散等现象。而爆炸影响试验结果表明，单块小积云在爆炸影响后 5 min 之内都可发生突变，如云体断裂、减弱、消散以及出现涡旋和云体下塌等。对层状云的爆炸影响作用更为明显，爆炸后，云中迅速出现云洞，随即消散。

上述河北省爆炸防雹技术外场试验分别于 1998 年 6 月 8 日—8 月 26 日和 1999 年 6 月 10 日—7 月 12 日在河北省涞源县艾河镇进行(图 9.28 和表 9.9)。

艾河镇位于保定涞源县偏西方向 12 km 处，南、北、西三面环山，海拔高度约 1000 m，西北部山峰最高海拔高度 1600 m，东到东南部为山间盆地，地势比较平缓。受地形和气候的共同影响，该地成为冰雹多发区。每到夏、秋两季，局地性积云发展旺盛，且比较稳定，为外场试验提供了较好的云系背景条件。

有关该外场试验的观测和作业设计：试验中应用双经纬仪方法对云体进行测量，以确定云体的高度和位置，积状云选择左、右边界，云顶和云底等特征点，而层状云则应用释放测风小球方法观测小球入云点的方位和仰角，以确定层状云的云底高度。双经纬仪 A 点位置设在距炮点 WSW 方向约 50 m，B 点设在 A 点 112.05°方向，A、B 两点间距离 778.5 m。详见图 9.28a。

为准确记录每次爆炸试验的基本信息，在高炮上安装高炮瞄准镜，并对瞄准镜进行严格校准，以保证炮弹弹着点处于云中预定位置。另外，考虑被作业云体高度相对较低，垂直厚度又不大的特点，本试验选用引信爆炸时间较短(时间为 8 s)的炮弹进行作业，这样既可以保证作业仰角不致太低，又不致使炮弹穿出云体在云外爆炸。与此同时，为保证观测、计算、指挥和作业及资料获取等协调一致，应用对讲机进行联络，使获得的数据更加可靠。还应用录像机、照相机和目测等综合对作业云和对比云进行实时观测和记录。

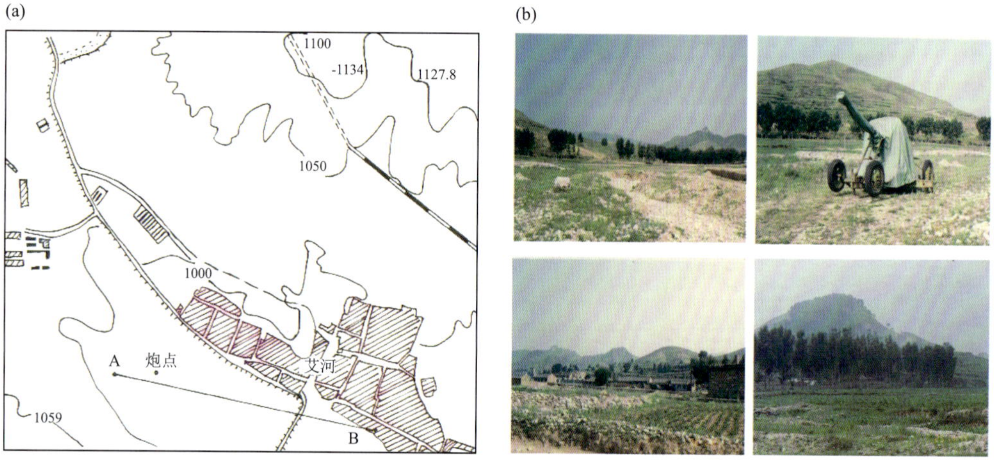

图 9.28　河北省爆炸防雹外场试验设计(a)与试验环境(b)

爆炸影响云体的试验分别于 1998 年和 1999 年两个夏季在涞源县艾河镇进行，试验情况如表 9.9 所示，共实施对云体作业 14 次，发射“三七”炮弹(未含碘化银催化剂)212 发，其中有 4 次未打入云体(目测到炸点)，未受爆炸影响的云体变化不明显；在云中产生爆炸的 10 次作业云体，在爆炸后 5 min 以内，云体的宏观特征都出现明显变化，其中浓积云作业 9 次，作业后在爆炸部位云体出现断裂，产生涡旋或减弱、消散等现象，层状云作业 1 次，在爆炸部位出现圆形云洞。

表 9.9　爆炸影响云体试验情况

时间	云状	仰角/°	爆炸高度/m	用弹量/发	爆炸部位	云体变化情况
1998 年 7 月 11 日 10:33	Asop	21	1146	10	云下爆炸	无变化
1998 年 7 月 11 日 10:35	Asop	28	1583	18	云中爆炸	爆炸部位出现云洞
1998 年 8 月 19 日 17:05	Cu cong	40	2278	20	云中爆炸	云体减弱消散
1998 年 8 月 22 日 15:54	Cu cong	50	2783	15	云中爆炸	云体减弱消散
1998 年 8 月 22 日 16:00	Cu cong	40	2278	13	云中爆炸	爆炸部位云体断裂
1999 年 6 月 18 日 14:12	Cu cong	40	2278	18	云中爆炸	云体减弱
1999 年 6 月 18 日 14:36	Cu cong	40	2278	18	云中爆炸	云体减弱

续表

时间	云状	仰角/°	爆炸高度/m	用弹量/发	爆炸部位	云体变化情况
1999 年 6 月 23 日 14:08	Cu cong	50	2783	20	云上爆炸	无变化
1999 年 6 月 23 日 14:37	Cu cong	30	1704	10	云下爆炸	云体发展
1999 年 6 月 23 日 16:05	Cu cong	40	2278	18	云下爆炸	基本无变化
1999 年 6 月 23 日 16:15	Cu cong	55	3003	10	云中爆炸	爆炸部位云体断裂
1999 年 7 月 8 日 13:24	Cu cong	60	3198	12	云中爆炸	云体减弱消散
1999 年 7 月 8 日 13:34	Cu cong	45	2540	14	云中爆炸	云体减弱消散
1999 年 7 月 8 日 14:20	Cu cong	44	2490	16	云中爆炸	云体减弱消散
合计	14 次	583	32620	212		
平均		41.6	2330	15		

除表 9.9 所列爆炸试验以外，1999 年 6 月 18 日对未进行爆炸影响的小积云的自然变化进行了一次跟踪照相观测，结果显示，其生消时间为 10:03—10:44，生命期为 41 min（图 9.29 中第 1—6 行共计 18 张图），移向、移速、强度等变化相对稳定，期间未发现突然减弱或消散等现象。而对 1999 年 6 月 23 日的一次试验结果跟踪照相观测显示，受爆炸影响的小积云的生消时间为 16:10—16:22，其生命期只有 12 min（图 9.29，第 7　9 行共计 9 张图）。

在外场进行爆炸试验的同时，还在外场进行了二维、三维数值模拟炮击云底试验，结果表明：①爆炸产物冲击波、声波和扰动气流场，可以拉伸和扭曲气流，可以影响粒子的气流末速，从而破坏或削弱“穴道”的成雹功能，爆炸也应在“作用区”施行。②爆炸对“穴道”的作用是快速的，在炸后 1～5 min；而播撒作用是滞后的，在播撒后 10 min。二者同时对“作用区”作业，可望得到更佳的防雹效果（数值模拟图，省略）。③多普勒雷达 RHI 的速度—强度剖面（并结合 PPI 判定移向），可清楚地看出零速度线的位置，作用区就位于云内零速度线下部的迎风方。

有关爆炸防雹的外场观测和模拟结果（许焕斌 等，2001），证明了爆炸对云体影响外场试验结果的可靠性，为爆炸防雹提供了科学依据。

9.3.4 火箭高炮增雨防雹作业技术指标

9.3.4.1 作业技术指标

（1）人工增雨作业试验预设的技术指标

2017—2020 年完成的河北省生态修复型人工增雨作业技术示范项目“太行山东麓人工增雨防雹作业技术试验示范”中，依据河北省 1990—2015 年的研究成果，汇集确定的火箭增雨作业关键技术指标包括以下三个方面。

①作业时机。当降水系统处于中前期，层状云雷达回波强度＞15 dBZ，对流云回波强度＞30 dBZ，当作业区云系覆盖面积占比不小于 1/3，云顶高度＞6 km 和云厚＞4 km，云顶温度低于－10 ℃，满足上述条件后启动作业。

邢台、衡水试验区，依据三年 300 多点次的增雨作业试验，在依据原有作业技术指标开展试验的基础上，进一步补充、完善的增雨作业技术指标如下：

②当降水系统处于中前期，层状云雷达回波强度＞25 dBZ，对流云回波强度＞30 dBZ，垂

图 9.29 积云自然生消(1—6 行)和经爆炸影响(7—9 行)的影像对比

直积分液态水(Vil)大于 10 kg/m²,当作业区云系覆盖面积占比不小于 1/3,云顶高度大于 6 km 和零度层以上云厚度大于 2 km,云顶温度低于−10 ℃,满足上述条件后启动作业。

③与试验开始前初设的作业指标比较可以看出,层状云雷达回波强度>25 dBZ(修改)、垂直积分液态水(Vil)大于 10 kg/m²(补充),零度层以上云厚度大于 2 km(修改),这三项指标是修改或补充的指标。

（2）人工防雹作业试验预设的技术指标

①作业时机。利用三部 X 波段雷达（12 层体扫）对目标云系进行扇形扫描，给出冰雹云立体流场，识别冰雹云中相态，给出早期判别指标，实现冰雹云早期识别。根据已有的冰雹判据和识别指标（零度层高度，零度层以上 45 dBZ 回波厚度，云顶高度），确定冰雹云强弱，确定作业用弹量，开展作业（视情况进行一次催化、二次催化；识别单体、强单体、超级单体）；根据强回波面积、厚度、体积计算防雹所需的用弹量（火箭和高炮用弹量）。也可以给出不同的作业指标进行试验。

②作业部位。依据飞机前期探测信息，选择过冷水含量丰富（>0.05 g/m^3），温度低于 −5 ℃的潜力区作为作业部位区。

③作业剂量。不同降水云系在不同的发展期给出不同的作业用弹量，见表 9.10。表中的火箭用弹量是参照河北省“十五”科技攻关项目给出的火箭增雨用弹量。依据试验结果，修改火箭用弹量。

表 9.10　太行山东麓火箭增雨作业技术指标

云状	回波强度	回波移速	地面作业量	作业间隔时间
层状云	大于 25 dBZ	小于 20 km/h	5～8 枚火箭/次，点	20 min
弱单体积云	大于 30 dBZ	20～40 km/h	4～6 枚火箭/次，点	10 min
中强单体积云	大于 35 dBZ	大于 40 km/h	6～8 枚火前/次，点	5 min
强积层混合云	大于 40 dBZ	大于 40 km/h	6～10 枚火箭/次，点	5 min

（3）偏振雷达识别雹云指标

由于试验区使用双偏振雷达相对较晚，在双偏振雷达的相态自动识别方面还未开展情况下，通过对回波强度（Zh）、差分反射率（Zdr）、差分相移率（Kdp）和相关系数（ρ）的分析进行判断。邢台冰雹天气过程的双偏振雷达观测的特征显示，在冰雹云体位于 0 ℃层以上负温区的区域，当雷达回波强度（Zh）大于 45 dBZ，差分反射率（Zdr）小于 1.5 dB，相关系数（ρ）大于 0.9（干增长区）时表明空中有冰雹存在，要进行连续跟踪观测或开展防雹作业。差分相移率（Kdp）对滴谱的分布不敏感，与液态水含量有关，液态水含量越多，Kdp 值越大，能用来区分冰雹干、湿增长区。目前双偏振雷达处理软件已经实现相态的自动识别。

（4）太行山东麓的防雹综合判别指标

依据邢台、衡水两个试验区三年试验，通过总结初步明确防雹综合作业技术指标：

① 天气雷达回波组合反射率强度大于 45 dBZ，回波顶高大于 8 km，Vil 大于 10 kg/m^2。

②双偏振雷达 0 ℃层以上负温区的回波强度大于 45 dBZ，差分反射率（Zdr）小于 1.5 dB，ρ 大于 0.9（干增长）。湿增长差分相移率（Kdp）较大，ρ 小于 0.9 。

③作业时机与部位：通过雷达回波移向前侧径向速度对逆时针旋转一侧作雷达径向垂直剖面，有穿过 0 ℃层的悬挂状强回波存在，悬挂状回波内 0 ℃层以上有大于 45 dBZ 的强回波核，有径向速度的零线存在的位置及对应时间。

9.3.4.2　太行山东麓地基增雨防雹作业技术（部分）指标汇集

通过三年试验区不同降水天气系统和云系结构条件下的火箭人工增雨作业条件进行综合观测和作业试验，部分补充完善了基于雷达观测的增雨作业条件判别指标（表 9.10）。

有关太行山东麓防雹作业炮弹和火箭弹用量，见表 9.11。

表 9.11　太行山东麓防雹作业炮弹和火箭弹用量

指标来源	防雹方式	雹云种类	初生期用炮弹量/发	发展期用炮弹量/发	用弹总量/发
试验方案指标	高炮	中等雹云	50	100～150	150～200
		弱单体	<50	≤100	100
		强单体	100	200	>300
		弱复合单体	50	100	150
新增指标	火箭	孤立单体	10～15	16～20	26～35

9.3.5　生态修复型防雹增雨作业技术试验

9.3.5.1　防雹作业技术试验

2000—2020 年，河北邢台内丘县富岗集团在邢台市气象局的帮助扶持下在富岗苹果园区建立了高炮人工防雹基地，并成功地进行了 60 多次防雹作业，结果连续多年免遭冰雹危害，为富岗的果业丰收和集团的经济发展奠定了坚实的基础，成为中国名优果品生产基地。此外，近年来在太行山东麓和黑龙港流域开展的地基增雨防雹作业技术试验，不仅仅是显著增加了降水量、减少了雹灾损失，而且在保护或修复生态环境方面，均获得显著的效益。

9.3.5.2　火箭增雨作业技术试验

2020 年结束的太行山东麓增雨防雹作业技术外场试验，其主要目的之一是补充区域地下水资源，修复以往因超采地下水引发的生态环境问题，而开展的区域性大范围雨季典型降水性天气过程的火箭增雨作业技术试验。

本小节介绍在邢台试验区（包括邯郸）分别于 2017 年 5 月 22 日和 2018 年 5 月 21 日开展的两次有科学设计的区域性火箭增雨作业试验基础上，采用统计学方法，获得的增雨效果定量评估结果。

2017 年 5 月 22 日的地基火箭增雨作业针对的是一次明显的西风槽天气系统，属于“低槽冷锋类”降水过程。2018 年 5 月 21 日过程高空风以纬向环流为主，高空槽经向度相对较弱。两次过程的天气背景形势和降水特征见图 9.30。

依据试验区地形特征、降水天气系统的移向两方面因素，对比区应选在作业区的侧风方或上风方，确保其不受催化作业影响；对比区的地形、面积与作业影响区大体相仿；对比区和作业影响区受同一天气系统影响；对比区与作业影响区的历史降水量相关性较高。依此标准设定作业区与对比区，并依式(9.1)对两区域历史日降水量进行相关性分析，确保两区域日降水量相关系数 $r \geqslant 0.6$。

$$r = \frac{\sum_{i=1}^{n}(x_i - \overline{x})(y_i - \overline{y})}{\sqrt{\sum_{i=1}^{n}(x_i - \overline{x})^2 \sum_{j=1}^{n}(y_i - \overline{y})^2}} \tag{9.1}$$

2017 年 5 月 22 日火箭增雨作业与对比区如图 9.31 所示。

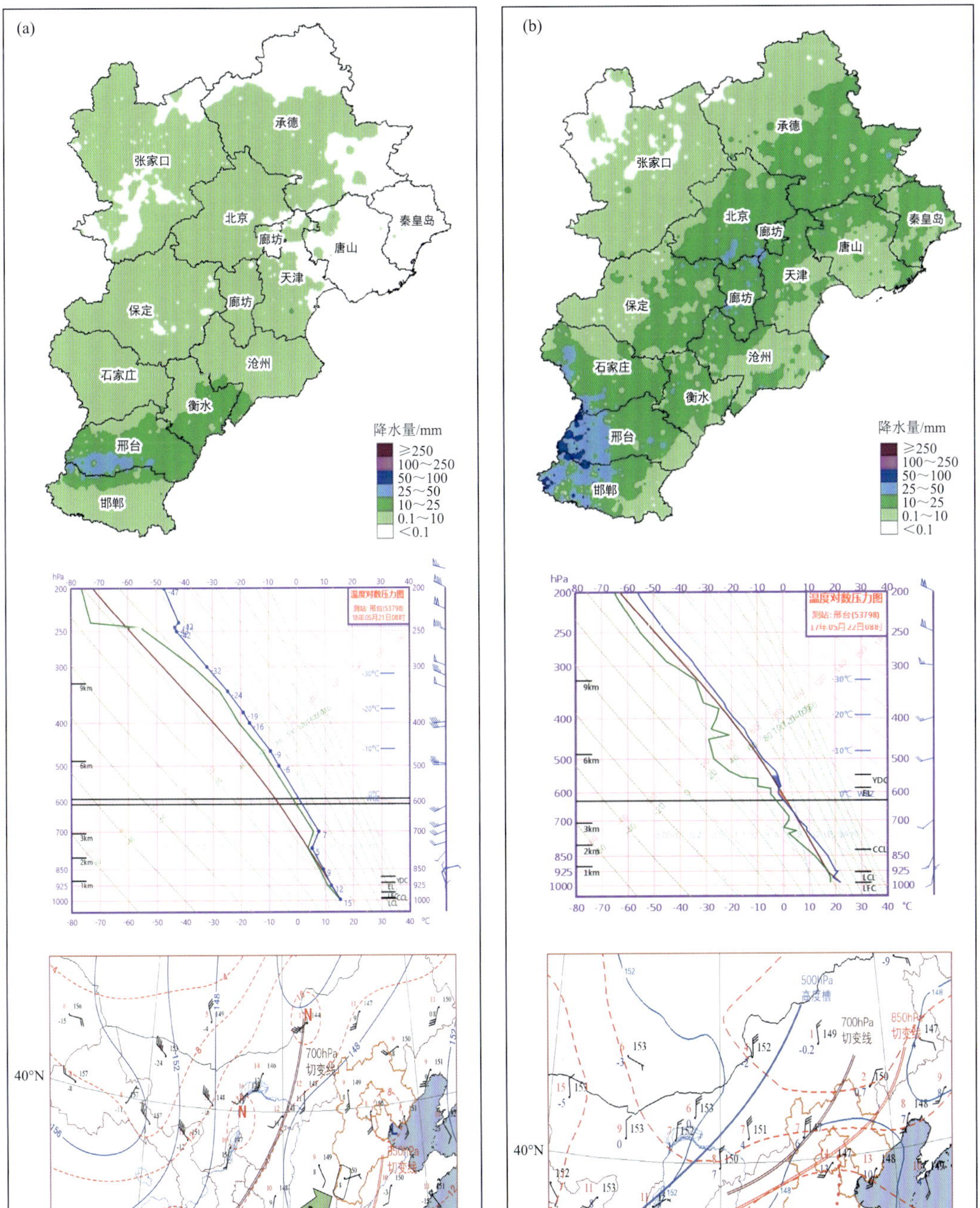

图 9.30　2017—2018 年 5 月太行山东麓两次增雨作业技术试验天气背景

（a. 2017 年 5 月 22 日降水和天气形势；b. 2018 年 5 月 21 日降水和天气形势）

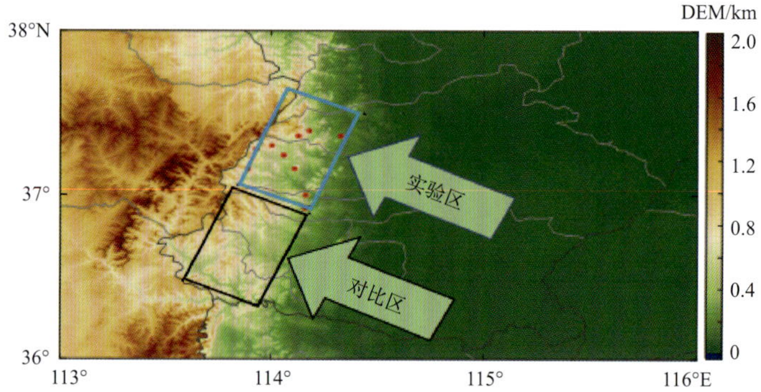

图 9.31　2017 年 5 月 22 日位于太行山东麓地基火箭增雨作业与对比区域图

(1)作业条件分析及选择

针对这次西风槽降水过程的区域性火箭增雨作业试验，增雨作业试验前(15:39—15:54)，利用河北省人影办“空中国王”人影飞机对皇寺站区域(位置见图 9.32)的云物理特征进行了垂直探测。垂直探测点与试验区中心距离约为 30 km，由于降水以层状云降水为主，皇寺站探测资料可用于试验区云水特征的分析。观测表明，0 ℃层位于 3764 m，云顶高度大于 7 km，云顶温度低于−15 ℃，云体上升运动较强，最大过冷水含量约 1 g/m^3(4149 m，−1.7 ℃)，4.5～6 km 液态含水量约 0.1 g/m^3，温度为−9～−3 ℃，过冷水含量丰富，粒子浓度不大，具有较高的增雨潜势，有利于播撒作业(亓鹏 等，2019)。此外，低层暖云区含水量丰富，有助于在上升气流的抬升中为冰晶粒子供给水汽。飞机在上游对比区武安垂直探测时段(16:31—16:49)信

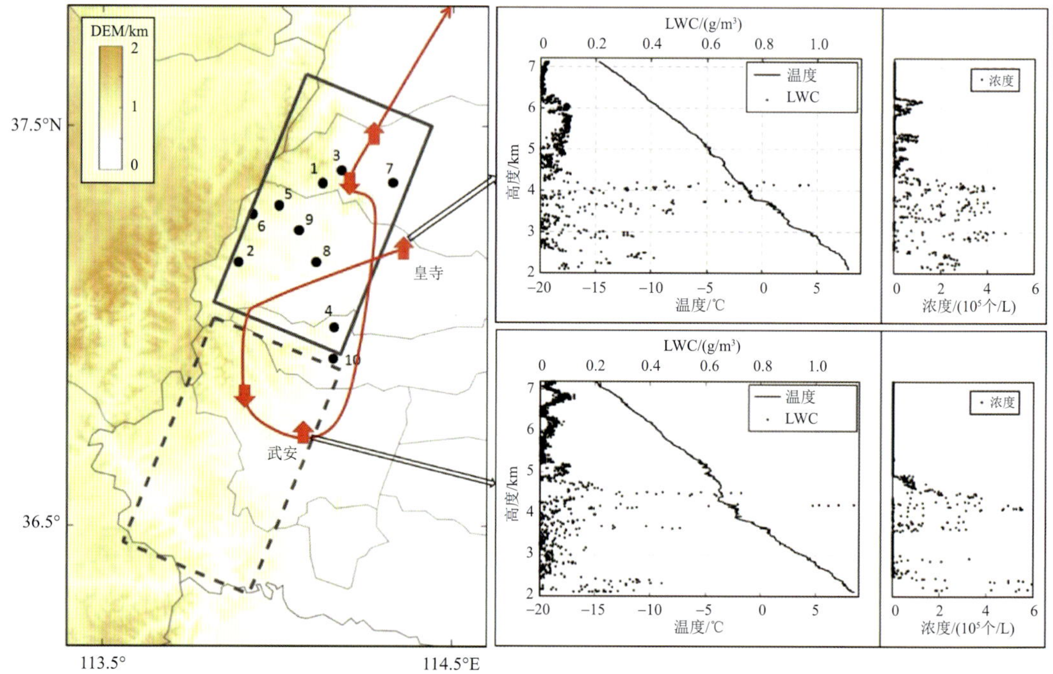

图 9.32　2017 年 5 月 22 日试验区作业点分布及 15:39—18:06 飞机探测信息

和 分别表示飞机垂直上下探测，表示火箭作业点，和 分别表示作业区和对比区

息显示，可见对比区 0 ℃层位于 3652 m，过冷水含量最大约 1 g/m^3（飞机实测，4222 m，−3 ℃），过冷水含量高值区与粒子数大值区均位于 4～5 km，同样具有较高的增雨潜势，两区的云物理条件几乎相同。对作业区而言，垂直向上低层含水量丰富不仅有助于为高层供应水汽，从平流输送而言，同样具有较好的水汽供应。综上所述，5 月 22 日 16 时邢台西部山区云水条件满足火箭冷云增雨作业指标，云中物理特性显示了较大的增雨潜势，该阶段对试验区进行火箭增雨，作业条件与时机的选择科学合理。

2017 年 5 月 22 日的作业试验，在邢台试验区内的摩天岭等 10 个作业点开展作业（表 9.12），共发射火箭弹 50 枚，17:01 试验区停止作业。2018 年 5 月 21 日的作业试验，在邢台试验区内的花木等 16 个作业点开展作业（表省略），共发射火箭弹 73 枚，10:42 试验区停止作业。

表 9.12　2017 年 5 月 22 日试验区火箭增雨作业信息

序号	县名	作业点	作业时间	数量/枚	方位	仰角/°	海拔/m
1	内丘	摩天岭	16:29—16:30	5	西南西	60	653.4
2	邢台县	大寨	16:36—16:37	5	西	60	890.5
3	临城	南沟	16:38—16:39	5	西北	60	410.4
4	沙河	黑硇	16:40—16:43	6	北北西	60	602.4
5	邢台县	孟家嘴	16:40—16:43	5	西北	60	515.2
6	邢台县	禅林寺	16:44—16:45	3	西	60	780.1
7	内丘	鹿峪	16:48—16:50	5	西	60	665.8
8	邢台县	古道	16:51—16:53	5	西南西	60	489.7
9	邢台县	槐树庄	16:52—16:54	6	北北西	60	625.3
10	沙河	渡口	16:58—17:01	5	西北西	60	328.6

针对两次增雨作业过程，基于石家庄站天气雷达回波信息，可见作业前试验区、对比区存在明显层状云降水回波，试验区内降水回波覆盖率为 100%，强回波主要分布于太行山东麓区域，与本研究选取的研究区空间对应关系较好。作业开始时试验区内雷达回波强度约为 30 dBZ，播撒部位均满足回波强度大于 25 dBZ 的作业标准。

综合多种观测手段分析，两次作业前试验区雷达回波强度＞25 dBZ，云系覆盖面积约为 100%，0 ℃层高度大于 4 km，云顶高度大于 6 km，云顶温度低于−10 ℃，云厚＞4 km，过冷水含量丰富。各项指标符合预先实施方案设计，满足通常国内火箭冷云增雨作业指标，火箭增雨作业时机选择科学合理。

（2）资料来源与利用

针对两次增雨作业效果评估研究需求，利用 2014—2018 年全国高空观测资料进行历史相似个例选取，利用本次试验作业在邢台西部作业与对比区进行的历时近 4 h 的飞机连续云物理探测资料，皇寺站地面遥感观测资料，作业时段降水前石家庄 S 波段天气雷达观测资料，在进行作业条件综合分析的基础上开展了作业区域多点次火箭增雨作业；随后利用 2014—2018 年河北省国家站、区域站气象日（20:00—20:00）降水量数据（其中对比区共计 51 个站，试验区共计 70 个站）建立历史回归方程。

（3）作业条件技术指标选择

本试验基于火箭冷云增雨作业指标，按照试验设计的作业区（A 区）和对比区（B 区）开展作业。作业条件分析与技术指标选择如下：

针对两次增雨作业过程，基于石家庄站天气雷达回波信息，可见作业前试验区、对比区存在明显层状云降水回波，试验区内降水回波覆盖率为100%，强回波主要分布于太行山东麓区域，与本试验选取的研究区空间对应关系较好。作业开始时试验区内雷达回波强度约为30 dBZ，播撒部位均满足回波强度大于25 dBZ的作业标准。

综合多种观测手段分析，两次作业前0 ℃层高度大于4 km，云顶高度大于6 km，云顶温度低于−10 ℃，云厚>4 km，过冷水含量丰富。各项指标符合预先实施方案设计，满足火箭冷云增雨作业指标，火箭增雨作业时机选择科学合理。

(4)基于历史回归法的区域对比作业效果评估

按照历时回归区域对比分析法评估增雨效果所应遵循的方法与步骤，通过历史个例选取、区域平均降水量的计算、统计变量的正态检验和正态变换、建立区域历史回归方程、计算人工增雨作业的绝对增雨量和相对增雨率、统计检验结果的显著性检验(t检验)等步骤，最终得出了这两次经科学设计作业方案的火箭人工增雨效果。

(5)作业效果评估检验

基于上述效果评估方法，首先针对两次相似的降水天气特征，依照以下条件选取历史相似个例：①天气背景在高空为西风槽系统；②降水系统移向基本为西南—东北向；③试验区、对比区降水云系性质相同，降水特征相似，降水过程具有可比性。由于山区区域站布设较晚，为确保充分的样本数量，除了本次作业前的历史个例外，对作业后的相似天气过程同样选入个例库，用于回归方程的建立，以满足样本数量的要求。经筛选，共提取29组样本，具体信息见表9.13。

表9.13　降水过程样本信息

过程时间	对比区雨量/mm	试验区雨量/mm
2014-05-24	3.77	3.48
2014-06-19	13.26	18.02
2015-05-01	30.71	29.62
2015-05-05	0.47	0.73
2015-05-07	2.47	2.24
2015-05-10	2.11	4.06
2015-05-29	0.93	0.09
2015-06-07	1.64	0.48
2015-06-25	7.29	7.45
2015-07-17	13.09	14.72
2015-07-21	13.87	11.90
2015-08-03	33.69	31.03
2016-05-14	12.78	19.23
2016-06-10	3.44	2.96
2016-06-12	1.66	1.53
2016-06-23	8.60	4.16

续表

过程时间	对比区雨量/mm	试验区雨量/mm
2016-09-06	2.83	2.46
2016-09-21	1.07	1.32
2017-05-03	3.66	3.24
2017-06-05	14.45	6.50
2017-07-04	7.33	10.40
2017-07-29	12.66	14.09
2017-08-02	0.59	0.79
2018-05-01	2.31	2.40
2018-05-15	7.68	2.34
2018-05-19	3.53	2.48
2018-06-03	1.22	0.27
2018-06-08	17.23	27.84
2018-06-17	2.76	2.04

对筛选后的两区域降水过程进行相关性分析，显示两区域降水相关系数达 0.9298，高于所有历史降水过程的相关系数 0.7884，表明通过严格筛选相似个例，可以有效剔除弱相关的个例资料，进而提高历史资料拟合回归方程对相似降水过程的代表性。进而依(4)所述方法对筛选出的相似个例降水过程雨量进行正态检验，结果表明，样本不满足正态分布，经反复试验，对样本雨量做三次方根变换后，数组近似服从正态分布。对正态变换后的样本雨量数据，采用最小二乘法建立一元线性回归方程(图 9.33)。可见对比区和试验区相似历史过程雨量显著相关，R^2 达到 0.8688，并通过 0.05 显著性检验。拟合线性回归方程为

$$y=1.0546x-0.1574 \tag{9.2}$$

式中：y 为试验区过程雨量(正态变换后)；x 为对比区过程雨量(正态变换后)。

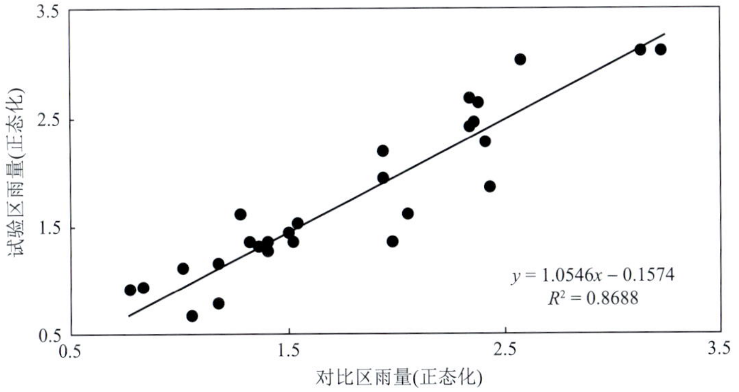

图 9.33　历史相似个例对比区、试验区降水量(正态化)回归分析

对 2017 年 5 月 22 日试验区、对比区雨量进行计算，得到本次作业中，对比区过程降水量为 34.9 mm，作业区降水量为 42.9 mm。将对比区过程雨量 34.9 mm 代入拟合方程，求算得

到试验区期望雨量为 35.6 mm，增雨率为 20.58%，增雨量为 18305000 m^3。对增雨效果进行显著性 t 检验，求得 $t=2.2716$，查表得 α 为 0.05，统计显示作业增雨效果通过 0.05 显著性检验。

对 2018 年 5 月 21 日试验区、对比区雨量进行计算，得到本次作业中，对比区过程降水量为 18.55 mm，作业区降水量为 23.43 mm。将对比区过程雨量 18.55 mm 代入拟合方程，求算得到试验区期望雨量为 18.2809 mm，增雨率为 28.17%，增雨量为 12873000 m^3。对增雨效果进行显著性 t 检验，求得 $t=2.697$，查表得 α 为 0.02，统计显示作业增雨效果通过 0.02 显著性检验。

9.4 本章小结

针对河北省重点生态功能区服务需求，本章介绍了结合优化布局，构建以“空中国王”、运十二增雨飞机及火箭、高炮、碘化银烟炉等装备组成的空地一体化生态修复型人工影响天气作业体系。飞机人工增雨(雪)形成全链条技术，涵盖云物理探测、条件识别、方案设计到效果评估，支撑了防灾减灾与生态修复双重需求。通过开展太行山东麓夏季对流云火箭人工增雨、保定山区“爆炸防雹”外场试验，形成了典型的地基作业技术示范。

参考文献

曹涤环，2014. 梨木虱对梨的危害与防治[J]. 农村科学实验(1)：22-23.

曹阳，2009. 冬季温室补光对果菜类作物生长发育的影响[J]. 河北农业科学，13(3)：10-12.

柴东红，杨晓亮，吴紫煜，等，2017. 京津冀地区雷暴大风天气的统计分析[J]. 暴雨灾害，36(3)：193-199.

常有宏，刘永锋，王宏，等，2008. 梨黑斑病菌的治病条件[J]. 江苏农业学报，24(3)：316-320.

陈端生，2005. 日光温室小气候环境及其调节[J]. 中国花卉园艺(8)：47-52.

陈光学，段英，吴兑，2008. 火箭人工影响天气技术[M]. 北京：气象出版社.

陈怀亮，张弘，李有，2007. 农作物病虫害发生发展气象条件及预报方法研究综述[J]. 中国农业气象，28(2)：212-216.

陈秀敏，李科江，贾银锁，2008. 河北小麦[M]. 北京：中国农业科学技术出版社：13-18.

崔彦生，曹刚，韩江伟，等，2011. 河北省 2009—2010 年度冬小麦冻害发生原因及防止措施[J]. 现代农村科技(5)：28-30.

代立芹，李春强，姚树然，等，2010. 气候变暖背景下河北省冬小麦冻害变化分析[J]. 中国农业气象，31(3)：467-471.

代立芹，于长文，康西言，等，2014a. 河北省冬小麦春季霜冻害发生规律及风险分析[J]. 干旱区资源与环境，28(5)：134-139.

代立芹，康西言，姚树然，等，2014b. 河北冬小麦冬季不同类型冻害气候指标及风险分析[J]. 生态学杂志，33(8)：2046-2052.

代立芹，王猛，李春强，等，2019. 河北省棉花连阴雨灾害定量化评估指标与风险分析[J]. 气象与环境学报，35(5)：108-114.

代立芹，康西言，姚树然，等，2022. 河北省玉米高温热害监测与定量评估指标研究[J]. 干旱区资源与环境，36(4)：171-176.

狄政敏，聂承华，郄东翔，等，2010. 河北省蔬菜生产应对 2009 年特大暴雪的措施和启示[J]. 中国瓜菜，23(2)：54-55.

段英，2009. 冰雹灾害[M]. 北京：气象出版社.

段英，吴志会，石立新，1998. 飞机人工增雨催化条件的研究[J]. 生态农业研究，6(1)：80-83.

段英，赵亚民，1999. 冰雹(河北 1950—1999)[M]. 北京：气象出版社.

段英，许焕斌，2001. 爆炸防雹中的云微物理机制的探讨[J]. 气象学报，59(3)：334-340.

封超年，郭文善，施劲松，等，2000. 小麦花后高温对籽粒胚乳细胞发育及粒重的影响[J]. 作物学报，26(4)：399-405.

河北省人民政府办公厅，河北省统计局，2021. 河北农村统计年鉴 2021 [M]. 北京：中国统计出版社.

胡景辉，孙丽敏，雷雅坤，等，2014. 1986—2010 年河北省坝上高寒区种植结构演化分析[J]. 河北农业科学，18(2)：77-80.

环境保护部，2012. 环境空气质量指数(AQI)技术规定(试行)：HJ 663—2012[S]. 北京：中国环境科学出版社.

黄峰,杨晓琳,方瑜,等,2022.适应水土资源条件的华北地区农业种植布局研究[J].中国工程科学,24(5):89-96.
黄美元,徐华英,1999. 云和降水物理[M].北京:科学出版社.
霍治国,刘万才,邵振润,等,2000.试论开展中国农作物病虫害危害流行的长期气象预测研究[J].自然灾害学报,9(1):117-121.
霍治国,陈林,刘万才,等,2002a.中国小麦白粉病发生地域分布的气候分区[J].生态学报,22(11):187-188.
霍治国,叶彩玲,钱拴,等,2002b.气候异常与中国小麦白粉病灾害流行关系的研究[J].自然灾害学报,11(2):85-90.
贾银锁,郭进考,2009. 河北夏玉米与冬小麦一体化种植[M].北京:中国农业科学技术出版社:60-102.
居为民,高苹,2000. 气象条件对小麦白粉病发生影响的研究[J].气象,26(2):50-53.
康西言,乐章燕,车少静,等,2012. 河北省冬小麦干旱综合监测模型研究[J].中国农学通报,28(30):16-21.
李伯宁,周益林,段霞瑜,2008. 小麦白粉病与温度的定量关系研究[J].植物保护,34(3):22-25.
李二杰,张智,祁妙,等,2021,石家庄近地层风场辐合与重污染关系研究[J]. 环境科学研究,34(1):63-70.
李江波,王宗敏,王福侠,等,2011.华北冷涡连续降雹的特征与预报[J].高原气象,30(4):1119-1131.
李江波,杨晓亮,连志鸾,等,2020.京津冀雾和霾预报[M].北京:气象出版社:145-147.
李茂松,王道龙,张强,等,2005. 2004—2005年黄淮海地区冬小麦冻害成因分析[J].自然灾害学报,14(4):51-55.
李秀芹,刘莉,崔彦,等,2015. 二点委夜蛾的预报影响因子指标研究[J].中国植保导刊,35(7):53-56.
李旭辉,2018. 边界层气象学基本原理[M]. 北京:科学出版社:129-140.
李艳,刘爱婷,刘玢,2013.河北邢台黑龙港地区棉花生产中的问题及对策[J].中国棉花,40(10):37.
连志鸾,杨晓亮,2022.河北省强对流天气个例图集[M].北京:气象出版社:1-18.
廖国莲,2005.大气混合层厚度的计算方法及影响因子[J].中山大学研究生学刊(自然科学、医学版),26(4):66-73.
刘宏举,姚树然,董航宇,2019. 近57年来河北省冬小麦干热风时空分布及突变检验[J].江苏农业科学,47(1):242-246.
刘洪利,龚山陵,何建军,等,2018. 环境气象评估指数EMI原理及应用[C].合肥:第35届中国气象学会年会.
刘金哲,刘杏访,郑丽锦,2013.梨树常见病虫害的发生与防治[J].河北林业科技(1):70-71.
刘明春,蒋菊芳,史志娟,2009.小麦蚜虫种群消长气象影响成因及预测[J].中国农业气象,30(3):440-444.
刘巧英,王景盛,石志忠,2014.日光温室湿度特点与调控技术[J]. 农业技术与装备,289(13):85-86.
刘清春,千怀遂,任玉玉,等,2004. 河南省棉花的温度适宜性及其变化趋势分析[J].资源科学,26(4):51-56.
娄丽萍,赵长伟,2016. 果树病虫害的发生现状及防治策略[J].现代农村科技(14):26-27.
亓鹏,郭学良,卢广献,等,2019. 华北太行山东麓一次稳定性积层混合云飞机观测研究:对流云/对流泡和融化层结构特征[J]. 大气科学,43(6):1365-1384.
郄东翔,狄政敏,张建峰,等,2020. 河北省塑料大棚蔬菜生产现状及建议[J].中国瓜菜,33(6):63-66.
全国农业气象标准化技术委员会,2023.植被生态质量的气候变化影响评价:GB/T 42961—2023[S].北京:中国标准出版社:1-9.
任玉玉,千怀遂,2006. 河南省棉花气候适宜度变化趋势分析[J].应用气象学报,17(1):87-93.
石琳琪,董灵迪,韩建会,等,2005. 河北省冬季日光温室光热资源评价及安全生产技术研究[J]. 河北农业科学(3):68-71.
宋善允,彭军,连志鸾,等,2017.河北省天气预报手册[M].北京:气象出版社:15-19.
孙玉稳,董晓波,李宝东,等,2019.太行山东麓一次低槽冷锋降水云系云物理结构和作业条件的飞机观测研究[J].高原气象,38(5):971-982.

王纯枝，霍治国，张蕾，2020. 北方地区小麦蚜虫气象适宜度预报模型构建[J]. 应用气象学报，31(3)：280-289.

王国平，2002. 苹果梨山楂病虫害诊断与防治原色图谱[M]. 北京：金盾出版社.

王恒铨，1992. 河北棉花[M]. 石家庄：河北科学技术出版社：290-296.

王焕玉，1992. 中国果树病虫志(第2版)[M]. 北京：中国农业出版社.

王丽，霍治国，张蕾，等，2012. 气候变化对中国农作物病害发生的影响[J]. 生态学杂志，31(7)：1673-1684.

王勤英，1997. 气候变化对河北省棉花生产及病虫害的可能影响[J]. 生态农业研究，5(3)：45-48.

王宗敏，丁一汇，张迎新，等，2012. 太行山东麓焚风天气的统计特征和机理分析Ⅰ：统计特征[J]. 高原气象，31(2)：547-554.

魏瑞江，2010. 日光温室黄瓜低温寡照灾害预警技术研究[D]. 兰州：兰州大学.

魏瑞江，赵春雷，2005. 基于GIS的河北果菜日光温室最佳发展区域确定[J]. 中国农业资源与区划(1)：39-42.

魏瑞江，康西言，姚树然，等，2009. 低温寡照天气形势及温室蔬菜致灾环境[J]. 气象科技，37(1)：64-66.

魏瑞江，王春乙，范增禄，2010. 石家庄地区日光温室冬季小气候特征及其与大气候的关系[J]. 气象，36(1)：97-103.

魏瑞江，王鑫，乐章燕，等，2018. 华北日光温室小气候及其高效利用[M]. 北京：气象出版社.

魏瑞江，乐章燕，王鑫，等，2019. 不同材质墙体日光温室内气温演变[J]. 干旱气象，37(3)：483-489.

许焕斌，2001. 爆炸防雹中可能动力机制的探讨[J]. 气象学报，59(1)：66-76.

许焕斌，2021. 中国的防雹实践和理论提炼[M]. 北京：气象出版社.

许焕斌，段英，吴志会，2000. 防雹现状回顾与新防雹概念模型[J]. 气象科技(4)：1-12.

许焕斌，段英，刘海月，2004. 雹云物理与防雹的原理和设计[M]. 北京：气象出版社.

杨金深，孙丽敏，2000. 河北省1949—1998年种植制度演变分析[J]. 华北农学报，15(4)：126-130.

杨晓亮，杨敏，2014. 一次雾霾过程中气象因子与细颗粒物浓度关系的研究[J]. 干旱气象，32(5)：781-787.

杨晓亮，杨敏，李江波，等，2018. 一次太行山焚风对霾强度的影响分析[J]. 气象，44(2)：313-319.

杨晓亮，杨敏，隆璘雪，等，2020a. 冷涡背景下河北雷暴大风环境条件与对流风暴演变个例分析[J]. 暴雨灾害，39(1)：52-62.

杨晓亮，杨敏，2020b. 2017年秋季河北一次飑线引发的雷暴大风过程分析[J]. 气象与环境学报，36(6)：1-9.

杨晓亮，杨敏，段宇辉，等，2021a. 京津冀一次暖区大暴雨的成因分析[J]. 暴雨灾害，40(5)：455-465.

杨晓亮，杨敏，隆璘雪，等，2021b. 影响环渤海地区的北上台风特征及其各类典型大暴雨过程分析[J]. 海洋预报，38(4)：99-106.

杨晓亮，王秀明，杨敏，等，2022. 副热带高压控制下河北局地强降水触发与维持机制分析[J]. 气象，48(6)：677-690.

姚树然，李春强，王贵生，2006. 河北夏蝗大发生与气象条件的关系[J]. 昆虫知识，43(4)：482-486.

姚树然，康西言，李二杰，2008a. 河北棉区气候影响效应的时空变化[J]. 中国农业气象，29(3)：325-328.

姚树然，李春强，霍治国，等，2008b. 河北小麦白粉病流行的气象指标研究[J]. 自然灾害学报，17(4)：38-43.

姚树然，王鑫，李二杰，2009. 河北省棉花气候适宜度及其时空变化趋势分析[J]. 干旱地区农业研究，27(5)：24-29.

臧建升，2008. 中国气象灾害大典·河北卷[M]. 北京：气象出版社：1-76.

张明洁，2012. 日光温室气候适宜性区划[D]. 南京：南京信息工程大学.

张明洁，赵艳霞，2012. 日光温室气候适宜性研究——以北方地区为例[J]. 中国农业资源与区划，33(5)：40-48.

张亚红，2003. 中国温室气候区划及连栋温室采暖气象参数的研究[D]. 北京：中国农业大学.

张迎新，张守保，2010. 2009年华北平原大范围持续性高温过程的成因分析[J]. 气象，36(10)：8-13.

张志斌，2002. 赴美参加国际农用塑料大会及农用塑料考察的报告[J]. 农业工程学报(18)：42-45.

赵玉广,何丽华,张南,等,2012.河北省寒潮天气形势分析及预报[J].干旱气象,30(1):94-99.

朱德胜,2005.浅议蔬菜日光温室内气体特点及调节方法[J].现代农业科技(1):15-16.

BALDOCCHI D D, 2020. How eddy covariance flux measurements have contributed to our understanding of Global Change Biology [J]. Global Change Biology, 26(1): 242-260.

DONG X B, ZHAO C F, HUANG Z C, et al. 2021. Increase of precipitation by cloud seeding observed from a case study in November 2020 over Shijiazhuang, China[J]. Atmospheric Research(IF:5.369), 262, 105766, doi:10.1016/j.atmosres.2021.105766.

LEE X, MASSMAN W, LAW B, 2004. Handbook of Micrometeorology: A Guide for Surface Flux Measurement and Analysis [M]. Dordrecht: Springer Science & Business Media.

MCDERMITT D, BURBA G, XU L, et al, 2011. A new low-power, open-path instrument for measuring methane flux by eddy covariance[J]. Applied Physics B,102:391-405.

MAUDER M, FOKEN T, 2004. Documentation and Instruction Manual of the Eddy Covariance Software Package TK2[M]. Bayreuth:University of Bayreuth.

WEBB E, PEARMAN G, LEUNING R, 1980. Correction of flux measurements for density effects due to heat and water vapour transfer[J]. Quarterly Journal of the Royal Meteorological Society, 106(447): 85-100.

YANG X L, YAO X P, YANG Y, et al, 2022. Characteristics of an explosive cyclone over Northeast China revealed by satellite water vapor imagery[J]. Journal of Tropical Meteorology, 28(3):261-272.